岩溶山区基础工程与结构设计实践

赖庆文　申晨龙　邓　曦◎著

中国建筑工业出版社

图书在版编目（CIP）数据

岩溶山区基础工程与结构设计实践 / 赖庆文，申晨龙，邓曦著. — 北京：中国建筑工业出版社，2024.6.
ISBN 978-7-112-29973-7

Ⅰ . TU47

中国国家版本馆 CIP 数据核字第 20243ND835 号

本书分两篇。第一篇介绍山区较破碎岩中嵌岩桩单桩竖向承载力、岩石地基基础受剪承载力、岩溶岩石地基超深超长地下结构裂缝控制、山区坡地建筑物等的设计研究成果，以及贵阳龙洞堡国际机场 T3 航站楼基础、贵阳南明河壹号工程、茅台镇酒厂扩建技改工程、化学灌浆加固建筑岩溶地基、岩溶山区深回填地基处理等工程实例。第二篇介绍了贵阳龙洞堡国际机场航站楼改扩建工程、贵州省人民大会堂配套综合楼、贵州省地质博物馆、贵州省图书馆、凉都体育中心及贵州医科大学体育中心、黄果树游客集散中心、江门市邮电通信枢纽楼等工程设计案例，以及基于我国规范的地震波选取工具的开发等，内容涉及大跨度空间结构、超高层结构、扩建加固改造工程、复杂超限结构等各种结构类型。

本书适合在岩溶岩石山区从事工程项目结构设计、建造和研究的工程技术人员参考使用。

责任编辑：刘婷婷　李天虹
责任校对：赵　力

岩溶山区基础工程与结构设计实践

赖庆文　申晨龙　邓　曦　著

*

中国建筑工业出版社出版、发行（北京海淀三里河路 9 号）

各地新华书店、建筑书店经销

国排高科（北京）信息技术有限公司制版

北京云浩印刷有限责任公司印刷

*

开本：787 毫米×1092 毫米　1/16　印张：23 ½　字数：540 千字
2024 年 6 月第一版　　2024 年 6 月第一次印刷
定价：**128.00** 元
ISBN 978-7-112-29973-7
（42900）

序

近年来，我国的基础设施建设及建筑工程建设领域的设计、建造经历了一段飞速发展期，特别是自《国务院关于进一步促进贵州经济社会又好又快发展的若干意见》（国发〔2012〕2号）发布以来，贵州省进入了高速发展的黄金十年，其中建筑产业增长了约10倍，很多新作品、新技术不断涌现。贵州作为我国西南部浅内陆山区欠发达地区的交通枢纽，属于最典型的岩溶发育山区，其自然条件及社会需求对本地工程结构设计提出了新的挑战，与此同时，行业技术水平也在大量工程实践中得到了长足发展。总结既往成功经验，只有继续保持创新意识，加强新技术推广，才能适应社会需求，促进本地建筑业的高质量发展。

贵州省建筑设计研究院有限责任公司相继主编了《贵州建筑地基基础设计规范》DBJ 52/T045—2018、《贵州省建筑岩土工程技术规范》DBJ 52/T046—2018、《贵州省建筑桩基设计与施工技术规程》DBJ 52/T088—2018等地方建设标准，使国家和行业标准在贵州的应用和补充有了一定依据。为了更好地实现专业知识与经验的集成和共享，推动行业发展，设计团队汇集了贵州省内有代表性的大中型建筑和市政工程项目的设计研究成果，编撰成《岩溶山区基础工程与结构设计实践》一书，以记录、总结团队在长期实践过程中积累的宝贵经验和取得的卓越成绩，特别是在山区岩溶岩石、坡地、超深地下室、深回填等地基上大型工业与民用建筑、市政地下结构的工程实践；研究的重要成果也纳入了贵州省地基基础设计的地方标准。

本书所选项目涉及大跨度空间结构、超高层结构、扩建加固改造结构、复杂超限结构等结构类型，团队把每一个项目都努力当成一个研究课题来完成，深入探讨设计原理，总结技术要点，从最初的结构方案选型，到设计过程中的结构布置思考与优化，再到结构专项技术分析、构造设计和试验研究等，进行了系统性的梳理归纳，力求呈现大型复杂工程在设计全过程中的思维方式和处理策略，并将提炼出的经验分享给更多的同行们。所选项目获得过国家优质工程奖、全国勘察设计行业奖、中国建筑学会建筑结构奖、中国钢结构金奖和贵州省土木工程创新奖等诸多奖项。相信项目设计人员和业内同行、爱好结构设计的读者都将在对这些项目的研究探讨中不断拓展自己的知识边界和设计技术边界。

目前，国内尚无全面、系统介绍贵州山区岩溶岩石和深回填地基、坡地上大型工业与民用建筑、市政地下结构的工程实践的同类书籍，相信本书一定能给大家带来不少启发，帮助结构工程师不断进步、不断成长，也为推动新型城镇化建设，实现绿色建筑，做出突出贡献，从而促进我国建筑业的蓬勃发展和持续进步。

中国工程院院士　贵州大学教授

2024 年 1 月

前　言

　　贵州省地处我国西南内陆地区腹地，全省岩溶地貌发育且分布广泛，是全国唯一没有平原的省份，喀斯特面积和山地面积均占全省面积近62%，地质条件独特，建筑场地岩石遍布、地形起伏、场地平整挖填方量大、山地地基稳定性差、岩溶地下水复杂，这些自然条件使得工程项目基础设计和建造有较大难度。近二十年来，随着经济社会和建筑业高速发展，给贵州省基础设施、公共建筑和住宅建筑、城市更新、生态环境治理等工程建设带来了不少挑战。

　　多年来，本书作者设计团队在贵州完成了数百项省内重点和大中型工程项目设计及研究工作，主编了贵州省地基基础设计相关的地方标准。在因地制宜、节约资源，加强地质环境特征和岩土工程条件分析，发展完善岩溶岩石地基基础设计理论和方法，结合贵州省抗震烈度设计各类建筑和市政结构等方面，积累了大量经验，取得了一些有代表性的成果。

　　全书分为两篇。第一篇结合修编的《贵州建筑地基基础设计规范》DBJ 52/T045—2018，介绍山区较破碎岩中嵌岩桩单桩竖向承载力、岩石地基基础受剪承载力、岩溶岩石地基超深超长地下结构裂缝控制、山区坡地建筑物等的设计研究成果，以及贵阳龙洞堡国际机场T3航站楼基础、贵阳南明河壹号工程、茅台镇酒厂扩建技改工程、化学灌浆加固建筑岩溶地基、岩溶山区深回填地基处理等工程实例。

　　第二篇介绍了贵阳龙洞堡国际机场航站楼改扩建工程、贵州省人民大会堂配套综合楼、贵州省地质博物馆、贵州省图书馆、凉都体育中心及贵州医科大学体育中心、黄果树游客集散中心、江门市邮电通信枢纽楼等工程设计案例，以及基于我国规范的地震波选取工具的开发等，内容涉及大跨度空间结构、超高层结构、扩建加固改造结构、复杂超限结构等各种结构类型。

　　本书撰写分工为：引言、第1~4章主要撰写人赖庆文，第5章主要撰写人赖庆文、申晨龙，第6~7章主要撰写人申晨龙，第8章主要撰写人李光耀，第 9 章主要撰写人杨泉，第 10～12 章主要撰写人赖庆文，第 13～15 章主要撰写人邓曦，第 16 章主要撰写人聂世杰，第 17 章主要撰写人赖庆文，第 18 章主要撰写人付康、申晨龙；全书由赖庆文统稿。本书编写得到贵州省建筑设计研究院有限责任公司和分院领导王剑、王朔、程鹏、杨通文、金礼、白文胜、涂振勇等的大力支持，工程案例得到公司总建筑师董明、张晋的指导，夏恩德、刘刚林、夏先勇、陈尧文、蒲师钰、龙家涛、曾祥勇、胡汝君、王星星、袁德钦、林如锴、盛暄、王文彬、张延军、周莉、王梅、陈获屹、曾旭、于虹、邹玮、罗晓倩等多位工程师提供了资料或帮助，部分案例还引用了参建工程项目合作单位的技术资料（详见书中参考文献），在此一并向上述人员和相关单位表示衷心的感谢。

本书全面反映了作者团队近十余年在贵州省建筑和市政工程项目结构设计、研究的成果，特别是在山区岩溶岩石、坡地、超深地下室、深回填等地基上大型工业与民用建筑、市政地下结构的工程实践。包括：龙洞堡机场超深回填土岩溶场地变截面百米长桩项目，承载力达 780kPa 块石强夯回填地基项目，275m 超高层建筑下深约 47m 复杂岩溶地基项目，深达 30 余米岩石地基上大型地下污水厂的 178m 超长、45000m³ 大体积混凝土底板项目，高差约 110m 的坡地上贵阳南明河壹号工程，高差达 200m 的坡地上茅台镇酒厂扩建技改项目以及数个复杂结构设计等。这些项目充分利用自然地形和工程地质条件，因地制宜进行基础和上部结构设计，分别获得过国家优质工程奖、全国勘察设计行业奖、中国建筑学会建筑结构奖、中国钢结构金奖和贵州省土木工程创新奖等奖项，达到国内先进水平，对同类工程设计建造具有很好的学术参考价值和工程应用价值。

本书适合在岩溶岩石山区从事工程项目结构设计、建造和研究的工程技术人员参考使用，通过在各地岩溶岩石山区工程结构设计特别是基础设计中，综合考虑工程地质条件和建筑结构类型，为推动新型城镇化建设、践行绿色低碳发展提供有益的参考。

感谢中国建筑工业出版社给予作者的大力帮助。

由于编写时间仓促，作者工作经历和学术水平所限，书中疏漏和不当之处敬请读者见谅和指正。

目 录

0 引　言

　　我国西南地区处于岩溶发育十分有利的热带和亚热带气候带，岩溶形态类型齐全，岩溶地貌特征突出，属于中国最典型的岩溶发育区，其中贵州、广西和重庆等是西南地区最具代表性的岩溶发育区域。

　　贵州省是西南地区的浅内陆山区欠发达地区，也是交通枢纽，全省岩溶地貌发育、分布广泛，且是全国唯一没有平原的省份，92.5%的面积是山地和丘陵，其中山地面积占全省国土面积近61.7%，喀斯特（出露）面积占全省国土面积近61.9%。地质构造位于华南板块内，处于东亚中生代造山与阿尔卑斯-特提斯新生代造山带之间，横跨扬子陆块和南华活动带两个大地构造单元；多次造山作用的地应力场形成了挤压型、直扭型和旋扭型三类构造交织的形式，具有地层发育齐全、碳酸盐岩广布、沉积类型多样、古生物化石丰富、岩浆活动微弱、变质作用单一、薄皮构造典型、地壳相对稳定等特点。

　　岩浆岩、沉积岩和变质岩三大类岩石在贵州都有分布，但以沉积岩最为发育，素有"沉积王国"之称。沉积岩不仅分布广泛，且岩石类型多样，既有碳酸盐岩、硅质岩、锰质岩、磷质岩，也有陆源碎屑岩、火山碎屑岩等，其中以碳酸盐岩分布最广，且以生物成因者居多，其中岩溶普遍发育，山间低处红黏土分布广泛。自然地质条件独特、工程场地岩石遍布、地形起伏、场地平整挖填方量大、山地地基稳定性差、岩溶地下水复杂等因素，造成建筑地基基础设计建造难度较大[1]。

　　随着新型工业化和城镇化的高速发展，多高层建筑物、大中型构筑物和桥梁越来越多，地基表面土层一般很难满足上部荷载的要求，下伏岩体的承载力和稳定性研究及评价尤为重要。贵州地区工程设计时，常用的基础形式有置于岩石或土层上的扩展基础（独立基础或条形基础）、持力层基岩埋深大于等于3.0m时的桩基础、持力层为岩石或土层的筏板基础，其中扩展基础及大直径（桩径大于等于800mm）灌注桩基础应用最为广泛，桩端持力层几乎都为岩石，且多数为中风化基岩。

0.1　岩石地基岩体质量单元的划分

　　决定岩石地基建筑条件的主要因素是地基承载力、变形性质和稳定性，划分岩体单元主要以岩体承载力和稳定性为划分因子。贵州地区建筑地基岩体单元第一级岩性划分指标常见的为石灰岩与白云岩的过渡岩类（石灰岩、含白云岩灰岩、白云质灰岩、灰质白云岩、含灰质白云岩、白云岩），泥岩与石灰岩的过渡岩类（泥岩、钙质泥岩、云质泥岩、泥灰岩、泥云岩、泥质灰岩、泥质白云岩、石灰岩、白云岩）。第二级岩性划分指标是根据岩石坚硬程度、岩体完整程度划分岩体基本质量单元（表 0.1-1）[2-3]，提出各单元岩体的地基参数指标进行地基基础设计，这是岩石地基勘察的重要评价内容。根据贵州地区岩石特性，将岩石坚硬程度与岩体完整程度综合考虑，更能反映出岩体的基本质量情况。

岩体基本质量等级划分   表 0.1-1

坚硬程度	完整程度				
	完整	较完整	较破碎	破碎	极破碎
坚硬岩	I	II	III	IV	V
较硬岩	II	III	IV	IV	V
较软岩	III	IV	IV	V	V
软岩	IV	IV	V	V	V
极软岩	V	V	V	V	V

岩石地基（岩体）的承载力，主要决定于岩石（岩质）强度和岩体的完整性，岩体完整程度划分有两类常用指标：一类是完整性分类指标，另一类是风化程度分类指标。用岩体完整性指标定量划分岩体完整程度，是贵州省岩土工程勘察中普遍采用的、比较有效的指标之一，且按压缩波速划分的岩石风化程度与岩体完整程度可以相互对应；当采用风化程度划分岩体亚单元时，确定岩基承载力特征值的折减系数一般可以按所对应的岩体完整程度取值。

当建筑地基近旁存在临空面时，还应以软弱结构面的特性作为岩体稳定的第三级单元划分指标[2]。位于临空面近旁的建筑地基，当岩体中存在倾向临空面的软弱结构面时，软弱结构面的特征决定着岩体的稳定程度。"软弱结构面"是指岩层层面、构造节理面、断层面（破碎带）、风化裂隙面、滑坡滑动面（带）等，其特征是表示结构面的成因、岩性、产状（倾向、倾角）、粗糙度、结合程度、夹泥程度、地下水的赋存状态等。根据岩体中的结构面及其组合与斜坡坡面的关系，采用赤平极射投影法定性划分边坡岩体稳定性，然后可根据边坡稳定性优势面进行数值分析，定量划分边坡岩体的稳定程度。

0.2 岩溶岩石地基基础工程和结构设计

贵州工程建设的地基约 70% 是碳酸岩，即白云岩和灰岩，其强风化岩普遍不厚，下伏的中风化岩绝大多数是岩石基本质量等级为IV级的较破碎岩或破碎岩（表 0.1-1），工程上采用中风化岩作为持力层更为经济。长期以来，《建筑地基基础设计规范》GB 50007—2011[4]中扩展基础的受剪和受弯计算公式，《建筑桩基技术规范》JGJ 94—2008[5]中嵌岩桩和端承桩的竖向承载力计算公式并不完全适用于此类地基基础的设计，造成工程设计偏于保守或偏于不安全。2018 年实施的《贵州建筑地基基础设计规范》DBJ 52/T045—2018[3]和《贵州省建筑桩基设计与施工技术规程》DBJ 52/T088—2018[6]根据近十年贵州省的工程实践对此问题作出了相关规定，文献[6]还针对碳酸盐岩基岩面起伏剧烈和岩溶发育，对高填方地层等补充了全套管管内取土（岩）成孔灌注桩。

山区自然地形和岩溶岩石地质条件造成建筑地基出现大量的不等高嵌固，设计时应特别重视岩质边坡在考虑上部结构水平荷载作用下的稳定性和结构嵌固端的合理确定；正确定性划分边坡岩体稳定性，在边坡稳定性分析时，对重要和超限边坡还宜进行抗震性能设计，文献[3]结合《建筑边坡工程技术规范》GB 50330—2013[7]对此作了补充规定。超长超深的地下结构尚应采取措施考虑岩石和抗浮锚杆（桩）对基础底板约束下的防水抗裂设计问题[8]。贵州多数工程处于抗震设防低烈度地区，风荷载也较小，结构设计时要结合这一条件选择合适的基础形式，合理确定抗震性能目标和耗能减震方法；从基于抗倒塌设计向可修复设计转变，抗震设防 6 度区一般可适当从严控制结构的位移角限值以保证结构有足够的刚度和舒适度。对于超限高层和复杂建筑结构特别是山地建筑，在进行动力时程计算时，宜针对结构类型和结构不规则的特点，选取多个主要周期点上与规范反应谱一致的地震波，以提高分析的准确性。

参 考 文 献

[1] 赖庆文, 孙红林. 山区岩石地基基础设计问题探讨[J]. 建筑结构, 2016, 46(23): 95-100.

[2] 贵州省工程勘察设计协会. 建筑工程勘察设计常见问题及处理[R]. 贵阳, 2006.

[3] 贵州省住房和城乡建设厅. 贵州建筑地基基础设计规范: DBJ 52/T045—2018[S]. 北京: 中国建筑工业出版社, 2018.

[4] 住房和城乡建设部. 建筑地基基础设计规范: GB 50007—2011[S]. 北京: 中国建筑工业出版社, 2011.

[5] 住房和城乡建设部. 建筑桩基技术规范: JGJ 94—2008[S]. 北京: 中国建筑工业出版社, 2008.

[6] 贵州省住房和城乡建设厅. 贵州省建筑桩基设计与施工技术规程: DBJ 52/T088—2018[S]. 北京: 中国建筑工业出版社, 2018.

[7] 住房和城乡建设部. 建筑边坡工程技术规范: GB 50330—2013[S]. 北京: 中国建筑工业出版社, 2013.

[8] 住房和城乡建设部. 超长混凝土结构无缝施工标准: JGJ/T 492—2023[S]. 北京: 中国建筑工业出版社, 2023.

第 一 篇

岩溶山区地基基础设计及案例

第 1 章

嵌岩桩单桩竖向承载力设计

1.1 嵌岩桩单桩竖向承载力计算

《建筑桩基技术规范》JGJ 94—94[1]综合了十多年桩基模型与小直径嵌岩桩试验研究成果和工程应用经验，首次在桩基规范里给出了嵌岩桩单桩竖向承载力计算公式，现行《建筑桩基技术规范》JGJ 94—2008[2]积累了更多资料，对嵌岩桩承载性状进一步深化，重新修订了嵌岩桩单桩竖向承载力计算公式里的桩嵌岩段侧阻力和端阻力综合系数。

桩端置于完整、较完整基岩的嵌岩桩单桩竖向极限承载力（嵌岩段）按文献[2]第 5.3.9 条设计，但规范未明确嵌岩段基岩的风化程度。《建筑桩基技术规范应用手册》[3]和文献[1]第 5.2.11 条条文说明指出，嵌岩桩指桩端嵌入中等风化岩或微风化基岩中的桩，对于嵌入强风化岩中的桩，由于强风化岩不能取样成型，其嵌岩段极限承载力可根据岩石风化程度按砂土碎石类土取值。

贵州岩溶地区，桩基持力层绝大多数为较破碎岩层，文献[2]无较破碎基岩的桩嵌岩段侧阻力和端阻力综合系数，工程上对于嵌岩桩，长期偏于安全地按摩擦端承载设计，桩基承载力较低，岩层承载力指标未完全利用，造成桩基施工成本增加。大量工程中的嵌岩桩因置于较破碎中风化基岩，无法直接按文献[2]设计，近年来机械成孔的大直径嵌岩桩，特别是后注浆的嵌岩桩日益增多，此时计算单桩竖向承载力按文献[2]第 5.3.9 条嵌岩桩、第 5.3.6 条大直径桩或按《建筑地基基础设计规范》GB 50007—2011[4]第 8.5.6 条计算均不尽合理。桩端嵌入较破碎中等风化岩中的嵌岩桩设计计算一直是困扰贵州省工程结构中桩基设计的一个难题。

嵌岩桩采用钻孔法施工，导致桩与岩石接触的侧壁凹凸不平，对于较破碎岩，混凝土浇筑过程中，将有部分水泥浆液渗入较破碎岩体的裂隙中，混凝土浇筑完成后将形成咬合状界面和混凝土浆液形成的小柱体。随着荷载的增加，桩岩界面上的凹凸体产生剪切变形，使荷载由桩顶通过凹凸体及小柱体向下传递，桩侧上的凹凸体及小柱体发生剪切破坏，荷载传递到桩端，在桩侧，凹凸体及小柱体增加了桩与岩石的摩擦力；混凝土与岩石混合体起到了类似于桩端扩大头的效果，增大了接触面积，使桩端应力产生重分布。嵌岩桩侧阻力的发挥是一个维持接触面法向刚度不变的过程，桩径的膨胀促使桩基表面法向应力的提高，从而提高侧阻力。侧阻力的发展首先是粗糙的混凝土与岩石界面的粘结力起作用，即剪切机理；其后产生滑移膨胀，使侧阻力大为增加，即膨胀滑移机理[5]（图 1.1-1、图 1.1-2）。

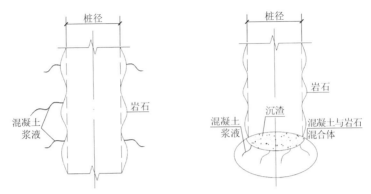

图 1.1-1　较破碎嵌岩桩桩侧传力机理　图 1.1-2　较破碎嵌岩桩桩端传力机理

1.2　较破碎岩嵌岩桩数值分析

文献[6]和文献[7]进行了较破碎岩体的极限承载力试桩试验分析。每根桩根据试验所埋设应力元件的断面分析后，采用锚桩反力装置，不同嵌岩段各得到一个极限侧摩阻力标准值，采用自平衡装置，荷载箱上、下段各得到一个极限侧摩阻力标准值。根据对多个地层较破碎岩层的研究，对嵌岩桩的侧阻力影响系数和端阻力影响系数及综合系数进行研究统计，并针对不同岩性较破碎岩地基上的大直径灌注桩进行系统试验研究，验证了较破碎岩大直径嵌岩桩的适用性，通过整理、分析所积累的案例和数据，提出了较破碎岩嵌岩桩竖向承载力参数影响系数建议取值。

岩土体采用摩尔-库仑模型，桩体采用弹性模型，桩土界面之间的摩擦角 δ 是影响摩擦桩承载性能的关键因素。从模拟情况来看，FLAC3D 软件在处理单桩静载试验模拟时能达到一定的效果，根据所选取参数进行嵌岩桩承载特性数值分析，随着嵌岩深径比增加，桩侧摩阻力随着位移增加逐渐发挥。嵌岩深径比增加时，侧摩阻力值减小，深径比大于 6∶1 时，侧摩阻力发挥基本趋于稳定。岩体的弹性模量总是比岩块的小，且受结构面发育程度及风化程度等因素影响十分明显，根据不同弹模值的 Q-s 曲线可知，岩体完整性越好，弹性模量值越大，岩石完整性系数 K_v 从 0.35 增大到 0.55 时，桩基承载力特征值逐渐增大，表明岩体越破碎，桩基承载力越小，岩体越完整，侧阻力值呈增大趋势。

1.3　贵州嵌岩桩单桩竖向承载力计算

根据近年来中国建筑科学研究院[3]、贵州大学[5-8]、贵州省建筑设计研究院有限责任公司[9]、贵州中建建筑科研设计院有限公司[6-7]等科研院校的研究成果，特别是贵州地区自平衡法桩基载荷试验研究[8]表明，桩端岩体岩石风化程度只是影响嵌岩桩侧阻力和端阻力的主要因素之一，其他如桩端岩体坚硬程度、完整程度和桩径、嵌岩深度、桩身材料强度、孔壁粗糙度、施工工艺、桩底沉渣等都是影响单桩承载力的因素。对于桩端置于较破碎基岩的嵌岩桩单桩竖向承载力（嵌岩段）的计算，文献[10]～[16]等行业和地方标准中有相关的一些规定，但因各行业荷载规范、地基规范的取值标准和基础受力特点有所不同，不宜直接套用。文献[17]编制组在 2016 年分析如下（贵州地区岩石，中风化对应较破碎，微风化对应较完整）。

（1）按文献[10]第 5.3.4 条计算，桩端置于较破碎中风化岩的嵌岩桩为置于完整、较完整微风化岩嵌岩桩单桩轴向受压承载力容许值的 0.6～0.63 倍。

（2）按文献[11]第 10.2.4 条计算，桩端置于较破碎基岩的嵌岩桩为置于完整、较完整基岩嵌岩桩单桩竖向承载力特征值的 0.6～0.67 倍。

（3）按文献[13]第 8.3.12 条计算桩端置于中风化岩的嵌岩桩单桩竖向极限承载力为按文献[2]第 5.3.9 条置于完整、较完整基岩极限承载力标准值的 0.835～1 倍。

（4）按文献[14]第 4.2.4.4 条，计算桩端置于中风化基岩的嵌岩桩单桩轴向受压承载力设计值时，需乘以系数 0.7～0.8。

（5）按文献[15]和文献[12]第 4.2.3 条条文说明，对于岩石地基，岩体完整、较完整、较破碎时，岩质地基极限承载力标准值可由岩石抗压强度标准值乘以地基条件系数确定，岩体完整时地基条件系数取 1.60～1.20（坚硬岩、较硬岩取较小值），较完整时取 1.20～0.85，较破碎时取 0.85～0.55。

（6）按文献[16]第 6.2.2 条第 2 款计算，桩端置于较破碎基岩的嵌岩桩为置于完整基岩嵌岩桩单桩轴向受压容许承载力的 0.6～0.8 倍。

综合以上几点，针对不同岩性较破碎岩地基上的大直径灌注桩进行系统试验研究，验证了较破碎岩大直径嵌岩桩的适用性，通过整理、分析所积累的案例和数据，提出了较破碎岩嵌岩桩竖向承载力参数影响系数建议取值。参考文献[12]第 4.2.3 条条文说明中岩体完整时地基条件系数较破碎时取 0.55～0.85 和文献[8]的结论，再与文献[2]第 5.3.9 条对比并按式(5.3.9-3)的格式和要求推导，可得到计算桩端置于较破碎基岩嵌岩桩单桩竖向极限承载力的桩嵌岩段侧阻力和端阻力综合系数 ζ_r，如表 1.3-1 所示，其中较破碎岩中 ζ_r 下限值和完整岩石上 ζ_r 比值在硬质岩上约为 0.48～0.5 倍，在较软岩上约为 0.54～0.65 倍，比按文献[10]～[16]和自平衡法桩基载荷试验[8]的实测值稍小。对于较破碎的软岩、极软岩及破碎岩岩体中的嵌岩桩，考虑到岩体基本质量等级偏低，自平衡法桩基载荷试验所得的单桩承载力实测值较低且实测数据不多，为避免破坏剪切面过早地出现在岩体一侧，表中暂未列出。

嵌岩段侧阻力和端阻力综合系数 ζ_r　　　　　　表 1.3-1

嵌入岩层	岩石坚硬程度	嵌岩深径比 h_r/d							
		0	0.5	1	2	3	4	5	6
极软岩、软岩	完整	0.60	0.80	0.95	1.18	1.35	1.48	1.57	1.63
	较完整			0.92	1.08	1.20	1.31	1.40	1.45
	较破碎	—	0.45	0.55	0.60	0.65	0.71	—	—

嵌入岩层	岩石坚硬程度	嵌岩深径比h_r/d							
		0	0.5	1	2	3	4	5	6
较硬岩、坚硬岩	完整	0.45	0.65	0.81	0.90	1.00	1.04	—	—
	较完整			0.72	0.79	0.87	0.92	—	—
	较破碎	—	0.32	0.40	0.44	0.48	0.52	—	—

注：1. 介于软岩～较硬岩之间可内插取值（可根据f_{rk}插值而得）。
　　2. h_r为桩身嵌岩深度，当岩面倾斜时，以坡下方嵌岩深度为准；当h_r/d为非表列值，ζ_r可内插取值。
　　3. 人工挖孔矩形桩、椭圆桩可近似取等面积圆桩的直径计算嵌岩深径比。
　　4. 表中置于较破碎岩体上的嵌岩桩，当嵌岩深度小于1倍桩径或1m时，按（摩擦）端承桩设计。
　　5. 较破碎岩ζ_r可视岩石坚硬程度和完整性指数的不同在表中较完整岩ζ_r（对应完整性指数0.55）和较破碎岩值ζ_r（对应完整性指数0.35）之间插值得到。

《贵州省建筑桩基设计与施工技术规程》DBJ 52/T088—2018[17]第5.3.3条首次规定，对于桩端置于较破碎基岩的嵌岩桩单桩极限竖向承载力嵌岩段总极限阻力可按下式估算：

$$Q_{rk} = \zeta_r f_{rk} A_p \tag{1.3-1}$$

式中参数含义同文献[2]第5.3.9条。

贵阳市两组置入较破碎岩层嵌岩桩通过桩基静载试验[8]得到的嵌岩段单桩承载力极限值、按文献[2]得到的单桩承载力极限值和按式(1.3-1)得到的单桩承载力极限值，如表1.3-2所示。

试验嵌岩桩单桩承载力极限值　　　　　　　　　　　表 1.3-2

嵌入岩层类型	完整性指数	嵌岩深度（m）	试桩直径（m）	饱和单轴抗压强度（MPa）	静载试验单桩承载力极限值（kN）	文献[2]单桩承载力极限值（kN）	按表1.3-1插值得ζ_r	式(1.3-1)单桩承载力极限值（kN）
中风化白云岩	0.42	4.0	1.0	36.4	20600	29717	0.66	18859
中风化泥灰岩	0.44	3.6	1.2	21.1	19200	28828	0.80	19091

通过对比可知，按文献[2]求得的单桩承载力极限值比试验值大很多，偏于不安全；式(1.3-1)求得的单桩承载力极限值比试验值稍小，比较合理。根据文献[17]第5.3.3条第2款，桩端置于较破碎基岩的嵌岩桩单桩竖向极限承载力设计估算后尚应通过单桩静载试验确定。自2019年以来，较破碎岩嵌岩桩在贵州地区工程中得到大规模推广使用，取得良好的经济效益。文献[18]进一步结合收集的桩基静载试验数据和数值模拟结果，对嵌岩桩侧阻力影响系数、端阻力影响系数及综合影响系数按照岩石的坚硬程度和完整性程度进行分类，分析得出结论：对于较破碎岩石上桩基，试验实测综合影响系数与文献[17]的取值较吻合，根据文献[17]推导出较破碎岩石桩基的侧阻力、端阻力影响系数取值较合理。

1.4　嵌岩桩设计案例分析

1.4.1　嵌岩桩设计对比分析

上节说明了贵州较破碎中风化岩可根据《贵州省建筑桩基设计与施工技术规程》DBJ 52/T088—2018[17]设计嵌岩桩，《高层建筑岩土工程勘察标准》JGJ/T 72—2017[13]颁布后，其中第 8.3.12 条对桩身下部嵌入中等风化、微风化岩石的嵌岩灌注桩，根据岩石坚硬程度、单轴抗压强度和岩石完整程度也提出了一个单桩极限承载力计算公式，即根据岩石极限侧阻力 q_{sir}、岩石极限端阻力 q_{pr} 值进行估算，如表 1.4-1 所示。

嵌岩灌注桩岩石极限侧阻力、极限端阻力经验值　　　　表 1.4-1

岩石风化程度	岩石饱和单轴极限抗压强度标准值 f_{rk}（MPa）	岩体完整程度	岩石极限侧阻力 q_{sir}（kPa）	岩石极限端阻力 q_{pr}（kPa）
中等风化	软岩 $5 < f_{rk} \leq 15$	极破碎、破碎	300～800	3000～9000
中等风化或微风化	较软岩 $15 < f_{rk} \leq 30$	较破碎	800～1200	9000～16000
微风化	较硬岩 $30 < f_{rk} \leq 60$	较完整	1200～2000	16000～32000

由表 1.4-1 可知，岩石饱和单轴极限抗压强度标准值 f_{rk} 为工程地质勘察报告提供，文献[17]中 ζ_r 主要与岩石坚硬程度、完整性指数、嵌岩深径比 h_r/d 有关；文献[13]中 q_{sik}、q_{pk} 主要与 f_{rk}、岩石坚硬程度、完整性指数 K_v 有关，与文献[2]第 5.3.9 条及条文说明比较，可表达为 $q_{sik} = \zeta_s f_{rk}$、$q_{pk} = \zeta_p f_{rk}$。不同规范的系数 ζ_s、ζ_p 会有一定的差别，特别是地方标准与国家或行业标准有时会有较大差别（见文献[17]第 5.3.3 条条文说明）。令嵌岩段文献[2]计算的承载力与文献[17]计算的承载力比值为 m，则：

$$m = (q_{sik}\pi d l_i + q_{pk}A_p)/(\zeta_r f_{rk}A_p)$$
$$= (q_{sik}\pi d h_r + q_{pk}\pi d^2/4)/(\zeta_r f_{rk}\pi d^2/4)$$
$$= (\zeta_s 4h_r/d + \zeta_p)/\zeta_r \tag{1.4-1}$$

由式(1.4-1)可知，对于具体的每个桩基，f_{rk}、岩石坚硬程度、完整性指数 K_v 确定后，系数 ζ_r、ζ_s、ζ_p 均可按相关的规范计取，则比值 m 主要由嵌岩深径比 h_r/d 决定，与单独的桩长、桩径无关。下面举例对按文献[17]和文献[13]进行嵌岩桩设计作对比分析。

【案例一】贵阳市某大型高层公共建筑，框架结构，层数为地下 3 层，地上 7 层。根据地勘资料，基础持力层为中风化泥质白云岩，其完整系数 K_v 为 0.45，岩体较破碎，岩石单轴抗压强度标准值 f_{rk} 为 17.675MPa，岩石坚硬程度为较软岩，岩体基本质量级别为Ⅳ类。承载力特征值 $f_a = 3000$kPa，极限侧阻力、极限端阻力未提供。现按常用桩径 $d = 1.0$m、1.2m、1.5m、1.6m、1.8m、2.0m、2.2m、2.5m 进行计算比较。

1）文献[17]计算步骤

（1）地基为较软岩，文献[17]表 5.3.3-1 中无直接对应的数值，先根据本节表 1.3-1 注

5，按完整性指数 K_v 查出软岩及较硬岩所对应的值，然后进行插值计算：软岩 $K_v = 0.55$、0.35 时对应系数为 0.92、0.55，则 $K_v = 0.45$ 时插值为 0.735；较硬岩 $K_v = 0.55$、0.35 时对应系数为 0.72、0.40，则 $K_v = 0.45$ 时插值为 0.56。

（2）根据本节表 1.3-1 注 1，结合文献[4]第 4.1.3 条，软岩对应 $f_{rk} = 15MPa$、较硬岩对应 $f_{rk} = 30MPa$，本工程 $f_{rk} = 17.675MPa$，系数 ζ_r 插值计算为：$f_{rk} = 15MPa$、30MPa 时对应系数为 0.735、0.56，则 $f_{rk} = 17.675$ 时插值为 0.703。同理，本工程嵌岩 2 倍、3 倍、4 倍桩径时的系数 ζ_r 分别为 0.799、0.880、0.958。

2）文献[13]计算步骤

地基为中等风化岩、较软岩，可根据文献[13]表 8.3.12 进行插值计算：$f_{rk} = 15MPa$ 时对应 q_{sik}、q_{pk} 为 800kPa、9000kPa，$f_{rk} = 30MPa$ 时对应 q_{sik}、q_{pk} 为 1200kPa、16000kPa，则本工程 $f_{rk} = 17.675MPa$ 时插值为 $q_{sik} = 871kPa$、$q_{pk} = 10248kPa$。

3）计算比较

比较结果如表 1.4-2 所示。

案例一计算比较结果　　　　　　　　　　　　　　表 1.4-2

桩编号	桩径 d （m）	周长 U （m）	桩底部面积 A_p （m²）	单轴抗压强度标准值 f_{rk} （kPa）	嵌岩深度 h_r （m）	极限端阻力 q_{pk} （kPa）	极限侧阻力 q_{sik} （kPa）	综合系数 ζ_r	桩承载力特征值 R_a （kN） 文献[17]	桩承载力特征值 R_a （kN） 文献[13]	承载力比值 m
嵌岩深径比 $h_r/d = 1$											
ZJ-10	1.00	3.142	0.785	17675	1.0	10248	871	0.70	4879	5393	90%
ZJ-15	1.50	4.712	1.767	17675	1.5	10248	871	0.70	10979	12135	90%
ZJ-20	2.00	6.283	3.142	17675	2.0	10248	871	0.70	19518	21573	90%
嵌岩深径比 $h_r/d = 2$											
ZJ-10	1.00	3.142	0.785	17675	2.0	10248	871	0.80	5546	6762	82%
ZJ-15	1.50	4.712	1.767	17675	3.0	10248	871	0.80	12478	15214	82%
ZJ-20	2.00	6.283	3.142	17675	4.0	10248	871	0.80	22183	27048	82%
嵌岩深径比 $h_r/d = 3$											
ZJ-10	1.00	3.142	0.785	17675	3.0	10248	871	0.88	6108	8131	75%
ZJ-15	1.50	4.712	1.767	17675	4.5	10248	871	0.88	13743	18294	75%
ZJ-20	2.00	6.283	3.142	17675	6.0	10248	871	0.88	24432	32522	75%
嵌岩深径比 $h_r/d = 4$											
ZJ-10	1.00	3.142	0.785	17675	4.0	10248	871	0.96	6649	9499	70%
ZJ-15	1.50	4.712	1.767	17675	6.0	10248	871	0.96	14961	21373	70%
ZJ-20	2.00	6.283	3.142	17675	8.0	10248	871	0.96	26598	37997	70%

注：1. 根据文献[17]计算时，桩承载力极限值 $Q_{uk} = \zeta_r f_{rk} A_p$；根据文献[2]计算时，桩承载力极限值 $Q_{uk} = u q_{sik} l_i + q_{pk} A_p$。

2. 桩承载力特征值 $R_a = Q_{uk}/2$。

3. 承载力比值 m = 按文献[17]计算桩承载力特征值/按文献[13]计算桩承载力特征值。

由表 1.4-2 可知,【案例一】较破碎中风化岩石上的桩基,按文献[17]计算时的桩承载力特征值,比按文献[13]根据经验参数法计算的桩承载力特征值低,嵌岩深度为 1 倍、2 倍、3 倍、4 倍桩径时约降低 10%、18%、25%、30% 的承载力。

【案例二】贵阳市某高层住宅建筑,基础持力层为中风化泥质白云岩,其完整系数 $K_v = 0.41$, $f_{rk} = 24.03$MPa,较软岩,较破碎,承载力特征值 $f_a = 3100$kPa。按桩径 $d = 1.5$m 对不同嵌岩深径比进行计算比较,如表 1.4-3 所示。

案例二计算比较结果 　 　 　 　 　 　 　 　 　 表 1.4-3

桩编号	桩径 d（m）	周长 U（m）	桩底部面积 A_p（m²）	单轴抗压强度标准值 f_{rk}（kPa）	嵌岩深度 h_r（m）	极限端阻力 q_{pk}（kPa）	极限侧阻力 q_{sik}（kPa）	综合系数 ζ_r	桩承载力特征值 R_a（kN）		承载力比值 m
									文献[17]	文献[13]	
嵌岩深径比 $h_r/d = 1$											
ZJ-15	1.50	4.712	1.767	24000	1.5	13200	1040	0.56	11918	15339	78%
嵌岩深径比 $h_r/d = 2$											
ZJ-15	1.50	4.712	1.767	24000	3.0	13200	1040	0.62	13232	19014	70%
嵌岩深径比 $h_r/d = 3$											
ZJ-15	1.50	4.712	1.767	24000	4.5	13200	1040	0.68	14505	22690	64%
嵌岩深径比 $h_r/d = 4$											
ZJ-15	1.50	4.712	1.767	24000	6.0	13200	1040	0.74	15692	26366	60%

【案例三】镇宁县某高层住宅建筑,基础持力层为中风化白云岩,其完整系数 $K_v = 0.41$, $f_{rk} = 49.0$MPa,较软岩,较破碎,承载力特征值 $f_a = 5300$kPa。按桩径 $d = 1.5$m 对不同嵌岩深径比进行计算比较,如表 1.4-4 所示。

案例三计算比较结果 　 　 　 　 　 　 　 　 　 表 1.4-4

桩编号	桩径 d（m）	周长 U（m）	桩底部面积 A_p（m²）	单轴抗压强度标准值 f_{rk}（kPa）	嵌岩深度 h_r（m）	极限端阻力 q_{pk}（kPa）	极限侧阻力 q_{sik}（kPa）	综合系数 ζ_r	桩承载力特征值 R_a（kN）		承载力比值 m
									文献[17]	文献[13]	
嵌岩深径比 $h_r/d = 1$											
ZJ-15	1.50	4.712	1.767	49000	1.5	26133	1707	0.50	21474	29123	74%
嵌岩深径比 $h_r/d = 2$											
ZJ-15	1.50	4.712	1.767	49000	3.0	26133	1707	0.55	23596	35154	67%
嵌岩深径比 $h_r/d = 3$											
ZJ-15	1.50	4.712	1.767	49000	4.5	26133	1707	0.60	25847	41186	63%
嵌岩深径比 $h_r/d = 4$											
ZJ-15	1.50	4.712	1.767	49000	6.0	26133	1707	0.64	27709	47218	59%

从以上几个实际工程案例可知,较破碎中风化岩石上的桩基,按文献[17]计算的桩承载力特征值,比按文献[13]根据经验参数法计算的桩承载力特征值低。两者的承载力比值 m 为 90%～59% 不等,即按文献[17]计算比按文献[13]计算承载力降低 10%～40%,且嵌岩深径比 h_r/d 越大,比值 m 越低。结合文献[8]和文献[18]中桩基载荷试验的结果可知,按文献[17]计算时与试验结果较为吻合,按文献[13]参数法计算的结果偏于不安全。综上所述,贵州地

区设计较破碎中风化岩石中嵌岩桩，特别是嵌岩为单一岩性时，应按文献[17]进行设计，当嵌岩桩穿过中风化岩以微风化岩作为桩端持力层时，按文献[13]设计能获得合理的结果。

1.4.2 桩端阻力特征值 q_{pa} 与地基承载力特征值 f_a 计算比较

根据文献[17]，按嵌岩桩设计或按经验参数采用极限端阻力标准值 q_{pk}（端阻力特征值 $q_{pa} = 0.5q_{pk}$）、极限侧阻力标准值 q_{sik}（侧阻力特征值 $q_{sia} = 0.5q_{sik}$）进行桩基设计时，均需要单桩静载试验验证其计算结果后方可使用。但实际工程中，通常有部分工程，由于桩的数量少或时间紧，若进行单桩静载试验，会较大地增加时间成本或经济成本。此时，部分工程师会结合地质勘察的建议采用地基承载力特征值[19]f_a 来替换 q_{pa}，按端承桩或摩擦端承桩来进行设计，并在施工前与当地质量监督部门沟通，一般不再另外进行单桩静载试验验证，从而节省试桩的成本。

当用 f_a 来替换 q_{pa} 时，嵌岩段承载力的区别主要就是 $0.5\zeta_r f_{rk} A_p$ 与 $0.5uq_{sik}h_r + f_a A_p$ 的区别。其中侧阻值 q_{sik} 仍按经验值采用，但应控制摩擦力占比较小，能满足摩擦端承桩的要求。根据前文的【案例一】～【案例三】，按2倍、3倍、4倍桩径嵌岩时会有 $0.5uq_{sik}h_r > f_a A_p$，摩擦力占比大于50%，不满足要求（按1.5倍桩径嵌岩时也有部分工程桩摩擦力占比接近或大于50%），因此下文主要按嵌岩深度为1倍桩径时的情况进行计算比较。令嵌岩桩计算与摩擦端承桩计算的承载力比值为 n，相关计算结果对比如表1.4-5～表1.4-7所示。

案例一对比　　　　　　　　　　　　　　　　　　表 1.4-5

桩编号	桩径d（m）	周长U（m）	桩底部面积A_p（m²）	单轴抗压强度标准值f_{rk}（kPa）	嵌岩深度h_r（m）	承载力特征值f_a（kPa）	极限侧阻力值q_{sik}（kPa）	综合系数ζ_r	文献[17]桩承载力特征值R_a（kN）	摩擦端承桩承载力特征值R_a（kN）	承载力比值n
嵌岩深径比$h_r/d = 1$										
ZJ-10	1.00	3.142	0.785	17675	1.0	3000	871	0.703	4879	3725	131%
ZJ-15	1.50	4.712	1.767	17675	1.5	3000	871	0.703	10979	8381	131%
ZJ-20	2.00	6.283	3.142	17675	2.0	3000	871	0.703	19518	14900	131%
嵌岩深径比$h_r/d = 2$										
ZJ-15	1.50	4.712	1.767	17675	3.0	3000	871	0.799	12478	11461	109%

案例二对比　　　　　　　　　　　　　　　　　　表 1.4-6

桩编号	桩径d（m）	周长U（m）	桩底部面积A_p（m²）	单轴抗压强度标准值f_{rk}（kPa）	嵌岩深度h_r（m）	承载力特征值f_a（kPa）	极限侧阻力值q_{sik}（kPa）	综合系数ζ_r	文献[17]桩承载力特征值R_a（kN）	摩擦端承桩承载力特征值R_a（kN）	承载力比值为n
嵌岩深径比$h_r/d = 1$										
ZJ-10	1.00	3.142	0.785	24000	1.0	3100	1040	0.562	5297	4068	130%
ZJ-15	1.50	4.712	1.767	24000	1.5	3100	1040	0.562	11918	9154	130%
嵌岩深径比$h_r/d = 2$										
ZJ-15	1.50	4.712	1.767	24000	3.0	3100	1040	0.624	13232	12829	103%

案例三对比　　　　　　　　　　　　　　　　　　　　　　表 1.4-7

桩编号	桩径d（m）	周长U（m）	桩底部面积A_p（m²）	单轴抗压强度标准值f_{rk}（kPa）	嵌岩深度h_r（m）	承载力特征值f_a（kPa）	极限侧阻力值q_{sik}（kPa）	综合系数ζ_r	文献[17]桩承载力特征值R_a（kN）	摩擦端承桩承载力特征值R_a（kN）	承载力比值为n
					嵌岩深径比$h_r/d=1$						
ZJ-10	1.00	3.142	0.785	49000	1.0	5300	1707	0.496	9544	6843	140%
ZJ-15	1.50	4.712	1.767	49000	1.5	5300	1707	0.496	21474	15398	140%
					嵌岩深径比$h_r/d=2$						
ZJ-15	1.50	4.712	1.767	49000	3.0	5300	1707	0.545	23596	21430	110%

由以上结果对比可知，较破碎中风化岩石上同一直径的桩基，当嵌岩深度为 1 倍桩径时，用f_a代替q_{pa}进行设计的摩擦端承桩，比按文献[17]计算的桩承载力特征值小 30%～40%。可见若工程项目桩基数量较多时，可与建设方协商进行单桩静载试验，试验结果满足要求后按嵌岩桩设计，能有效减少工程造价。

当嵌岩深度小于 1 倍桩径或 1m 时，一般不按嵌岩桩设计，可按端承桩或摩擦端承桩（嵌岩深度不大于 0.5m 时不计嵌岩段的侧阻力）设计。此时入岩段的承载力特征值主要为$0.5uq_{sik}h_r + f_aA_p$与$0.5uq_{sik}h_r + q_{pa}A_p$的区别，即$f_a$与$q_{pa}$的区别。根据《贵州建筑地基基础设计规范》DBJ 52/T045—2018[19]第 4.2.8 条，$f_a = (0.10～0.20)f_{rk}$，与文献[17]表 5.3.3-1 中嵌岩深径比为 0.5 时$q_{pk} = (0.32～0.45)f_{rk}$，即特征值$q_{pa} = (0.16～0.225)f_{rk}$比较，$q_{pa}$的值比$f_a$的值大 15%～60%，故按端承桩设计端阻部分的计算值可能会降低较多。因此，具体工程设计时应结合桩基数量、工期、经济成本并与各方协商综合比较后确定是否进行单桩静载试验后按嵌岩桩设计。

1.4.3　结论

根据以上分析，对于贵州地区岩石地基上桩承载力特征值计算，可得出如下结论。

（1）置于完整基岩上的桩基：可按文献[17]第 5.3.3 条第 1 款嵌岩桩进行计算，与文献[2]第 5.3.9 条的嵌岩桩计算结果一致。

（2）置于较完整基岩上的桩基：可按文献[17]第 5.3.3 条第 1 款嵌岩桩进行计算，不宜按文献[2]第 5.3.9 条计算，后者计算结果略偏大。文献[17]计算结果与当地桩试验结果较为吻合。

（3）置于较破碎基岩上的桩基：①当嵌岩深度大于等于 1 倍桩径且大于等于 1m 时，可按文献[17]第 5.3.3 条第 2 款嵌岩桩进行计算，计算值比按文献[13]经验参数法计算的值降低 10%～40%，嵌岩深径比h_r/d越大时，降低越多，即按文献[13]设计时偏于不安全。②当嵌岩深度为 1 倍桩径时，若用地基承载力特征值f_a代替q_{pa}进行摩擦端承桩的计算，其值比按文献[17]嵌岩桩计算的值小 30%～40%；由于以f_a替换q_{pa}且以端承为主偏于保守，施工前一般可不进行单桩静载试验。

（4）置于较破碎基岩上的桩基：当嵌岩深度小于 1 倍桩径或小于 1m 时，只能按端承桩或摩擦端承桩设计。若用地基承载力特征值f_a代替q_{pa}进行设计，则端承桩端阻部分的计算值与按嵌岩桩计算相比会降低 15%～60%，但一般可以不用进行单桩静载试验，设计时可结合具体工程情况与各方协商，综合比较后选用。

（5）对于桩端置于较破碎的软岩、极软岩和破碎、极破碎强风化或全风化岩上的嵌岩灌注桩，单桩竖向承载力特征值一般按桩端置于碎石类土的常规摩擦端承桩或端承桩计算。

参考文献

[1] 建设部. 建筑桩基技术规范: JGJ 94—94[S]. 北京: 中国建筑工业出版社, 1994.

[2] 住房和城乡建设部. 建筑桩基技术规范: JGJ 94—2008[S]. 北京: 中国建筑工业出版社, 2008.

[3] 刘金砺, 高文生, 邱明兵. 建筑桩基技术规范应用手册[M]. 北京: 中国建筑工业出版社, 2010.

[4] 住房和城乡建设部. 建筑地基基础设计规范: GB 50007—2011[S]. 北京: 中国建筑工业出版社, 2011.

[5] 王田龙. 较破碎岩石地基钻孔灌注嵌岩桩承载性状分析研究及工程应用[D]. 贵阳: 贵州大学, 2016.

[6] 王鹏程, 陈筠, 季永新, 等. 贵州软质较破碎白云岩嵌岩桩竖向承载力分析[J]. 科学技术与工程, 2016, 16(9): 253-258.

[7] 陈筠, 王鹏程, 季永新, 等. 较破碎岩体中桩基竖向承载力分析与探讨[J]. 长江科学院院报, 2016, 33(10): 98-101.

[8] 王田龙, 黄质宏, 张飞, 等. 基于自平衡法的较破碎岩石地基嵌岩桩承载性状研究[J]. 贵州大学学报, 2015, 32(5): 126-129.

[9] 赖庆文, 孙红林. 山区岩石地基基础设计问题探讨[J]. 建筑结构, 2016, 46(23): 95-100.

[10] 交通部. 公路桥涵地基与基础设计规范: JTG D63—2007[S]. 北京: 人民交通出版社, 2007.

[11] 广东省住房和城乡建设厅. 建筑地基基础设计规范: DBJ 15—31—2003[S]. 北京: 中国建筑工业出版社, 2003.

[12] 重庆市城乡建设委员会. 建筑地基基础设计规范: DBJ 50—047—2006[S]. 重庆, 2006.

[13] 住房和城乡建设部. 高层建筑岩土工程勘察标准: JGJ/T 72—2017[S]. 北京: 中国建筑工业出版社, 2017.

[14] 交通运输部. 港口工程桩基规范: JTS 167—4—2012[S]. 北京: 人民交通出版社, 2012.

[15] 重庆市城乡建设委员会. 工程地质勘察规范: DBJ 50/T—043—2005[S]. 重庆, 2005.

[16] 铁道部. 铁路桥涵地基和基础设计规范: TB 10002.5—2005[S]. 北京: 中国铁道出版社, 2005.

[17] 贵州省住房和城乡建设厅. 贵州省建筑桩基设计与施工技术规程: DBJ 52/T088—2018[S]. 北京: 中国建筑工业出版社, 2018.

[18] 王田龙, 詹黔花, 帅海乐, 等. 嵌岩桩及较破碎岩石桩基影响系数探讨[J]. 地下空间与工程学报, 2020, 16(1): 312-318.

[19] 贵州省住房和城乡建设厅. 贵州建筑地基基础设计规范: DBJ 52/T045—2018[S]. 北京: 中国建筑工业出版社, 2018.

第 2 章

贵阳龙洞堡国际机场 T3 航站楼基础

2.1　工程概况

　　贵阳龙洞堡国际机场 T3 航站楼由主楼和指廊组成，呈 T 字形，建筑面积 167460m²。主楼下设有局部 1 层地下室，主楼与指廊均为地上 4 层混凝土框架结构，屋面为网架形式。抗震设防类别为乙类，抗震设防烈度 6 度，设计地震分组为一组，场地类别为Ⅱ类。地基基础设计等级为甲级。航站楼 A1、A2 区岩层埋深较浅，基础形式采用柱下扩展基础，其他区采用全套管内取土（全回转方式）成孔灌注嵌岩桩。其中 B3 区部分区域回填土厚、溶岩发育强，有 29 根桩在穿过上部填土层后还需要继续穿过较长溶隙、溶洞层才能到达稳定中风化灰岩，最大桩长达 101m。针对这类超深回填、溶岩强发育区域，基础采用多段变直径嵌岩桩基形式。该工程桩基布置方式均为一柱一桩。基础分布平面图见图 2.1-1[1]。

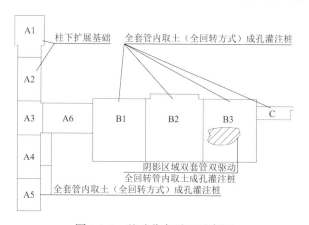

图 2.1-1　基础分布平面示意图

2.2　地质条件

　　根据勘察报告，在场地场址内地层约 70m 深度按从上到下主要为：第四系全新统填土层（Q4ml）、第四系全新统洞穴层、三叠系下统大冶组（T1d）。

　　①素填土层（Q4ml）：灰（黑）色、褐红色、松散、稍湿，主要由红黏土夹块石、碎石块组成，成分多为灰岩及少量白云岩，夹少量建筑混凝土块，含量 5%～80% 不等，粒径多

在 50～200mm，最大达 1m，钻探揭露厚度为 2～64m，平均厚度 28m，层顶高程为 1098～1133m，层底高程 1055～1124m，为新近回填土，自然抛填，未进行夯实。

②溶洞：主要由红黏土、溶蚀碎屑、碎石组成，黏性土呈软塑—可塑状态，个别孔洞为空洞，钻探揭露溶洞高度为 0.6～7.7m，平均高度为 2.4m，发育高程为 1074～1088m。

③强风化灰岩（T1^d）：灰色、灰黑色，零星地段分布，钻探揭露厚度为 1.0～3.1m，平均厚度为 4.6m，层顶高程为 1076～1094m，层底高程为 1071～1089m，局部夹白云质灰岩，中厚层状构造，钙质胶结，胶结程度一般，节理裂隙发育，质软，风化均匀性差，较破碎，呈碎块、圆饼及少量短柱状，岩体基本质量等级为 V 级。

④中风化灰岩（T1^d）：灰色、灰黑色，层顶高程为 1024～1055m，局部夹砾屑灰岩及白云岩，中厚层状构造，钙质胶结，胶结程度较好，节理裂隙发育较少，质硬，风化均匀性好，岩芯完整，呈长柱状，岩体完整性指数为 0.35～0.5，平均值为 0.44，单轴饱和抗压强度标准值 f_{rk} 为 26MPa，结合面较差，裂隙块状结构，为较破碎的较软岩，岩体基本质量等级为 IV 级。

主要土层物理力学性能见表 2.2-1。

主要土层物理力学性能   表 2.2-1

岩土名称	天然重度γ（kN/m³）	承载力特征值 f_{ak}（kPa）	饱和单轴抗压强度标准值 f_{rk}（MPa）	桩极限侧阻力标准值 q_{sik}（kPa）	岩体完整性指数
素填土	19	—	—	—	—
强风化灰岩	25	400	22	170	—
中风化灰岩	27	3500	26	1000	0.44

岩溶最发育典型地质剖面图见图 2.2-1。

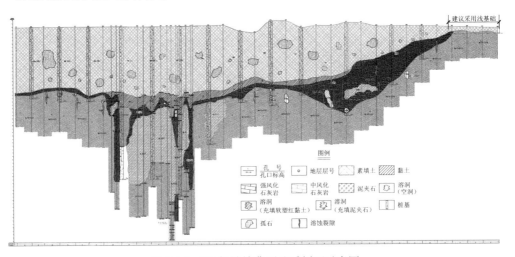

图 2.2-1　T3 航站楼典型地质剖面示意图

2.3　成桩工艺选择

因桩基基底须放置于较深的中风化灰岩上，桩需要穿过最厚约 60m 的回填土，穿越如此之厚的填土，成桩工艺的选择适当与否是该工程能否顺利的关键。目前相关工程领域尚无可借鉴经验，因此在正式确定成桩工艺前，先在最先施工的 B1、B2 区进行了成桩工艺比选试验。比选情况如下。

1. 泥浆护壁旋挖湿成孔工艺

泥浆护壁旋挖湿成孔工艺试验过程中，当旋挖取土至 5m 深度时，发现泥浆面间断性出现气泡冒出；同时，泥浆面缓慢下降至护筒底口 3m 范围内，孔壁持续出现塌孔现象，不能成孔。

2. 冲击钻成孔工艺

冲击钻成孔工艺试验过程中，采用泥浆进行了有效护壁，对泥浆密度、黏度根据本工程回填土的实际情况进行加大处理，有效防止了孔壁塌孔的情况。同时，由于土体挤压密实，回填层施工过程中泥浆防渗漏状况良好，2 根试验桩工效分别为 0.27m/h、0.41m/h。但在进入岩层后均出现地勘报告中未揭露的溶洞或岩溶裂隙，导致泥浆迅速流失，无法继续进尺。由此证明，此工艺在贵州典型喀斯特地貌岩溶强发育地区地质勘察的精确性不能保证的情况下可靠性较低。

3. 全套管管内取土（岩）成孔工艺（摇动方式）[2]

全套管管内取土（岩）成孔工艺（摇动方式）试验过程中，振动锤下压套管过程中阻力巨大，下压进尺困难，振动锤尝试多个方向并且提高振动功率后，经过约 2h 不间断下压，套管仅进尺 0.5m，有效工效为 0.3m/h，无法继续进尺，暂停施工。套管拔出后，观察得知上层回填土内含大量大小不均匀的碎石块、混凝土块，且钢套管不可避免地会压在石块上，通过振动锤向下振动，小石块阻碍区域能够顺利向下切进，但较大混凝土块阻碍钢套管向下进尺，无法钻进成孔。

4. 全套管管内取土（岩）成孔工艺（全回转方式）[2]

全套管管内取土（岩）成孔工艺（全回转方式）试验过程中，平均钢套管下压工效为 10m/h，抛填土段钻进取土工效为 4m/h，取岩芯工效为 0.44m/h，最终护筒成功穿过约 50 多米厚回填层，抵达中风化岩面。该工艺成桩效率高，工期可控，同时全过程由钢护筒进行有效护壁，可有效避免塌孔、埋钻等质量风险，成桩质量有保障。

根据上述比选情况，贵阳龙洞堡国际机场 T3 航站楼项目除超长桩区域外，桩基础全部采用全回转方式全套管管内取土成孔工艺。

5. 双套管双驱动全回转管内取土（岩）成孔灌注桩[3]

在施工 B1、B2 区时发现该地区大部分桩基均能顺利完成，但该场地异常复杂，原详细勘察资料精度偶有未能发现隐藏溶洞的情况，对施工造成一定阻碍。因此，为保证即将施工的 B3 区顺利进行，决定在 B1、B2 区施工的同时对 B3 区进行施工勘察。勘察发现，B3 区局部区域桩基如要达到稳定中风化基岩，需要穿过 40～60m 厚回填土后再穿过 10～31.7m 厚强风化岩层和溶洞层。溶洞为多层串珠状，洞内多填充红黏土、溶蚀碎屑。该区域桩长普遍超 70m，最大桩长达到 101m，故称此区域为超长桩区域，地质剖面图见图 2.3-1。

通过已经施工的 B1、B2 区实践证明，在现有设备所能提供最大回转扭矩条件下只能钻进 60m 左右，全套管管内取土（岩）成孔工艺（全回转方式）已无法满足施工需求，因此该区域采用全新双套筒双驱动施工工艺[3]。

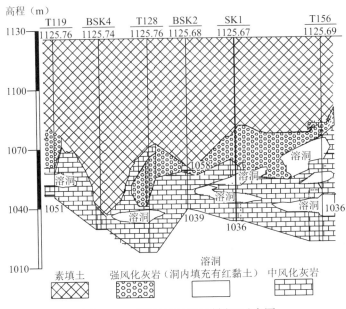

图 2.3-1　超长桩区域地质剖面示意图

该工法是在普通的全套管管内取土（岩）成孔工艺（全回转方式）基础上进行技术升级，由原有的一套全回转式夹片的单驱动形式增加一套副夹片，调整增加为双驱动全回转式施工工艺。套筒分为两套，直径一大一小，大直径套筒为外套筒，小直径套筒为内套筒。施工时先将大套筒下压至桩顶标高以下 60m 左右，外套管下压及取土完成后采用双驱动全回转式钻机进行内套管下放，直至下放到外套管底部，继续利用双驱动全回转设备下压内套管直至持力层面后旋挖机继续钻进嵌岩段，从而可将全回转钻机在超厚回填土岩溶强发育区等复杂地层中的成孔深度提高至 120m[3]。

2.4　桩基础设计

2.4.1　全套管管内取土（岩）成孔灌注桩（全回转方式）单桩竖向承载力

1. 方案一：按摩擦端承桩设计

根据《建筑地基基础设计规范》GB 50007—2011[4]第 8.5.6 条第 4 款规定：

$$R_a = q_{pa}A_p + u_p\Sigma q_{sia}l_i \tag{2.4-1}$$

式中　R_a——单桩竖向承载力特征值（kN）；

q_{pa}——桩端阻力特征值（kPa）；

A_p——桩端横截面面积（m²）；

u_p——桩身周长（m）；

q_{sia}——桩侧阻力特征值（kPa）；

l_i——第i层土的厚度（m）。

本工程上部均为回填土或少量强风化岩层，无法提供侧阻力或提供的侧阻力可忽略不计，所以q_{sia}只计入中风化岩段桩侧阻力特征值，取值为 500kPa；桩端阻力特征值取中风化灰岩承载力特征值，即$q_{pa} = 3500$kPa。

2. 方案二：按嵌岩桩设计

《贵州省建筑桩基设计与施工技术规程》DBJ 52/T088—2018[2]根据近年来贵州省桩端嵌入较破碎中风化岩的嵌岩桩的研究成果[5]，新增了较破碎基岩上嵌岩桩的设计计算和试验要求的内容。根据文献[2]第 5.3.3 条第 2 款规定：

$$Q_{uk} = Q_{sk} + Q_{rk} \tag{2.4-2}$$

$$Q_{rk} = \zeta_r f_{rk} A_p \tag{2.4-3}$$

$$Q_{sk} = u \Sigma q_{sik} l_i \tag{2.4-4}$$

式中　Q_{uk}——单桩竖向极限承载力标准值（kN）；

Q_{sk}——土的总极限侧阻力标准值（本工程嵌岩段上方桩周土均为回填土或少量强风化岩层，无法提供侧阻力或侧阻力可忽略不计，该值取 0）；

Q_{rk}——嵌岩段总极限值阻力标准值（kN）；

ζ_r——桩径嵌岩段侧阻力和桩端阻力综合系数；

f_{rk}——岩石饱和单轴抗压强度标准值（本工程中风化灰岩为 26000kPa）；

A_p——桩端面积（m²）。

单桩竖向承载力特征值为：

$$R_a = Q_{uk}/K \tag{2.4-5}$$

式中　K——安全系数，$K \geqslant 2$（本工程取 2）。

对本工程编号为 JZJ-1（桩身直径 2000mm，嵌入中风化岩石 2000mm）的桩基进行两种桩基形式单桩竖向承载力的计算如下。

摩擦端承桩：

$$R_a = q_{pa} A_p + u_p \Sigma q_{sia} l_i$$
$$= 17270 \text{kN}$$

嵌岩桩：

$$Q_{uk} = Q_{rk} + Q_{sk}$$
$$= \zeta_r f_{rk} A_p + 0$$
$$= 47351 \text{kN}$$
$$R_a = Q_{uk}/K$$
$$= 47351/2$$
$$= 23676 \text{kN}$$

本工程桩型种类及其单桩承载力计算结果见表 2.4-1。

全套管管内取土成孔桩桩型种类及其单桩承载力计算结果　　表 2.4-1

基础编号	桩身尺寸		主筋	螺旋筋	桩身混凝土强度等级	单桩承载力特征值（kN）	
	D（嵌岩段桩身直径）	H_1（嵌岩深度）	①	②		摩擦端承桩	嵌岩桩
JZJ-1	2000	2000	$31\phi25$	$\phi8@100/200$	C30	17270	23676
JZJ-2	2200	2200	$39\phi25$	$\phi8@100/200$	C30	20897	28647
JZJ-3	2400	2400	$28\phi32$	$\phi8@100/200$	C30	24869	34093
JZJ-4	2400	4800	$28\phi32$	$\phi8@100/200$	C35	33912	38208

注：全套管管内取土成孔工艺钢外套管外径 D_1，即非嵌岩段成桩直径，一般情况下 $D_1 = D + 200mm$。

从表 2.4-1 可以看出，同样桩身直径与嵌岩深度，嵌岩桩单桩竖向承载力远高于摩擦端承桩，因此按照文献[2]进行嵌岩桩设计有较大的经济价值。

2.4.2　双套管双驱动全回转管内取土成孔灌注桩单桩竖向承载力

1. 单桩竖向承载力

B3 区共设 29 根超长桩，桩长为 71～101m，平均桩长 87.3m；结合双套管双驱动全回转管内取土成孔工艺，超长桩设计成三段变直径嵌岩桩。超长桩上部为外套管区，穿越超厚回填土区，桩直径与外套筒外径相同，比中部内套管区大 400mm；中部桩穿过强风化岩溶区，直径与内套筒外径相同，比下部嵌岩段大 200mm；下部嵌岩深度根据桩所需竖向承载力及设备能力取 2～6m。因桩基较长，桩身自重和上部负摩阻力将占用竖向承载力很大一部分，桩身受顶部弯矩与剪力的影响，逐渐变为轴心受压构件，桩身大样图如图 2.4-1 所示。三段变直径嵌岩桩基单桩竖向承载力 R_a 由三个部分组成，分别为下部嵌岩段承载力 R_{a1}、中部桩周强风化岩侧阻力 R_{a3} 和下部桩身变截面圆环端承载力 R_{a2}。其中前两个部分 R_{a1}、R_{a3} 的计算同全套管管内取土成孔工艺（全回转方式）嵌岩桩单桩竖向承载力计算相同，桩身变截面端承力 R_{a2} 由图 2.4-2 中阴影区放置于中风化岩上的变截面圆环面积提供。

计算公式如下[1]：

$$Q_{uk} = Q_{sk} + Q_{rk} \tag{2.4-6}$$

$$Q_{rk} = \zeta_r f_{rk} A_p \tag{2.4-7}$$

$$Q_{sk} = u\Sigma q_{sik} l_i \tag{2.4-8}$$

$$R_a = R_{a1} + R_{a2} \tag{2.4-9}$$

$$R_{a1} = Q_{uk}/K \tag{2.4-10}$$

$$R_{a2} = f_{ak} A_{p1} \tag{2.4-11}$$

式中　f_{ak}——岩层承载力特征值（kPa）；本工程取中风化灰岩 3500kPa；

A_{p1}——图 2.4-2 中阴影圆环面积（m^2）；

q_{sik}——桩周第 i 层图的极限侧阻力（kPa）；本工程中根据勘察报告，强风化岩取 170kPa，按文献[2]相关条文说明，地下水丰富时乘以 0.7 的折减系数，故取 119kPa；上部回填土负摩阻力标准值取−20kPa；

l_i——第 i 层土的厚度（m）。

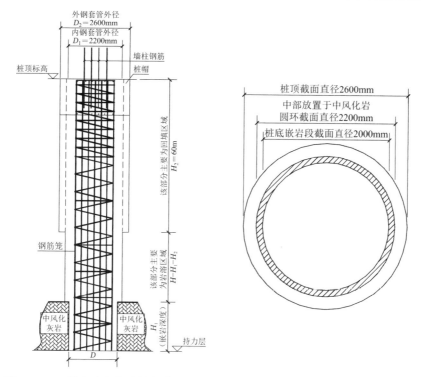

图 2.4-1　三段变直径嵌岩桩桩身大样图　图 2.4-2　三段变直径嵌岩桩桩底仰视图

2. 竖向承载力优化设计[1]

B 区超长桩上部结构竖向荷载为 8000～16000kN，桩自重为 11500kN，上部负摩阻力达 5000～8000kN，根据现场施工单位最大全套管全回转钻机 DTR2605H 和 260t 履带式起重机的情况，外套筒最大直径为 2.6m。鉴于引进更大的 DTR3205H 钻机成本较高，每台达千万元以上，并且桩本身自重和负摩阻力更大，因此对桩身经多次优化设计，上、中、下直径分别采用 2.6m、2.2m、2.0m，形成三段变直径桩身形式。

经对照桩基施工勘察报告，逐一疏理每根超长桩穿越的强风化岩层厚度，以及岩溶区可提供的摩阻力、变截面圆环端承力，再根据上部结构竖向荷载及钻机在百米以下的穿岩能力，确定每根桩的最佳嵌岩深度为 4～6m；按较破碎中风化岩中的嵌岩桩计算[2]桩底承载力特征值为 22000～27000kN，减去自重后基本可满足上部结构竖向荷载要求。典型桩参数见表 2.4-2。

三段变直径桩参数　　　　　　　　表 2.4-2

础编号	桩身尺寸（mm）		主筋	螺旋筋	桩身混凝土强度等级
	D（嵌岩段桩身直径）	H_1（嵌岩深度）	①	②	
C-JZJ-1	2000	4000	$34\phi25$	$\phi10@100/150$	C40
C-JZJ-2	2000	4000	$34\phi32$	$\phi10@100/150$	C40
C-JZJ-3	2000	5000	$34\phi25$	$\phi10@100/150$	C40
C-JZJ-4	2000	6000	$34\phi25$	$\phi10@100/150$	C40

注：全套管管内取土成孔工艺（双套筒施工）内钢套管外径 $D_1=2200$mm，外钢套管外径 $D_2=2600$mm。

2.4.3 超长混凝土桩深化设计

1. 桩身超缓凝自密实混凝土

岩溶地区桩基施工时间长，易受流动地下水干扰，且机制砂棱角多、级配差，桩身混凝土需解决超长缓凝时间与后期强度增长的矛盾、水下不分散与工作性能的矛盾、机制砂级配差与混凝土抗冲刷性的矛盾。此外，混凝土水陆强度比尚无标准测试设备，试验过程效率低、准确度差。

桩身混凝土配合比设计时，针对超长桩受回填层内丰富滞水流动冲刷导致桩身混凝土出现离析及夹泥砂，混凝土压强较大导致持力层内岩溶裂隙扰动贯通、局部混凝土中泥浆流失以致桩底混凝土出现离析，中风化岩层中存在大量溶隙及串珠状溶洞较发育，混凝土浇筑过程中桩身混凝土易流失至回填层及溶洞层导致实际混凝土浇筑量和浇筑时长远大于理论量等多种不利情况，通过多次调整及优化混凝土配合比，在原有混凝土配合比中添加超缓凝剂、硅灰、抗裂纤维、絮凝剂等外加剂及胶凝材料，研制出初凝时间达 72h 的 C40 超缓凝自密实水下不分散防冲刷混凝土[3,6]。超长桩实际施工时，持力层内中风化岩层中大量溶隙和串珠状溶洞发育导致桩身混凝土浇筑量单桩最大增加量达 400m³，浇筑时间最长达 68h，证明采用超 48h 的超缓凝自密实混凝土的必要性，其超缓凝水下不分散机制砂混凝土关键技术在岩溶地区超长桩施工中具有良好的经济和社会效益。

针对本工程需要，施工单位充分利用建筑及工业废弃物资源，借助磷化物缓凝机理开展理论研究，利用磷化物缓凝机理和建筑废渣粉的惰性填充作用，有效减缓水泥等胶凝材料的水化进程，保障了桩身混凝土的匀质性。同时，揭示了"中低水胶比 + 多重超缓凝组分"的超缓凝水下不分散混凝土配合比设计规律，利用絮凝剂与超缓凝剂协同工作，极大地延长了混凝土的初凝时间，提高了抗分散性能，确定了超缓凝水下不分散机制砂混凝土最佳配合比，利于延长凝结时间，提高水陆强度比。成功研发了磷渣基缓凝型环保胶凝材料，可延长混凝土初凝时间 2～3h 且混凝土后期强度优于同强度等级的基准混凝土，实现了混凝土长时间连续浇筑的工程应用[7]。所研发的超缓凝水下不分散机制砂混凝土实现了保塑时间 24～48h、初凝时间 36～72h，水陆强度比大于 92%，创造了强岩溶、流动地下水环境下超长桩（101m）C40 混凝土 68h 连续浇筑一次拔管成功的工程应用记录。此外，研制了两台（套）水下不分散混凝土性能测试装置，可模拟不同流速地下水环境，解决了混凝土水陆强度比测试精度差的问题。

2. 超长双套管变直径桩钢筋笼防变形技术

超长桩钢筋笼加工制作及安装质量是保证桩基工程质量的一个关键因素，从钢筋笼吊装、安放等工序过程中的变形角度开展大直径钢筋笼落地后变形控制措施技术研究，利用有限元软件进行仿真计算并分析落地钢筋笼变形的状态及影响因素。

桩身配筋根据结构受力及构造要求设计后，以 100m 超长桩钢筋笼作为研究对象，施工前选取桩底 10m 钢筋笼作为研究对象，对上部 90m 钢筋笼进行压力等效有限元分析。建立钢筋笼三维实体模型，钢筋笼主筋、箍筋和加劲筋均采用六面体网格进行划分，网格均采用

3D 实体单元属性。底部钢筋笼与桩孔底的接触位置不发生平动位移，在模型主筋底部选择节点设置铰接约束；内套筒处于外套筒中，下部切削到达岩层顶面，套筒底部按照固定端约束进行设置，顶部在双套管双驱动夹片机的液压千斤顶作用下固定，不发生平动及转动，在模型套筒顶部也按照固定端约束进行设置。钢筋笼顶部受上部钢筋笼的自重作用及偏移后的水平作用力，为分析在该作用力情况下钢筋笼的变形情况，设置各种分析工况。

　　工况 1 为 10m 钢筋笼初始模型；工况 2 上部笼体未发生偏移，模型顶部仅受到 90m 钢筋笼重力荷载作用；工况 3 上部钢筋笼顶部偏移紧贴内套筒，钢筋笼整体倾斜；工况 4 上部钢筋笼顶部以下 20m 发生偏移紧贴内套筒；工况 5 上部钢筋笼顶部以下 45m 偏移紧贴内套筒；工况 3~5 模型 10m 钢筋笼顶部受到重力荷载、水平荷载和弯矩作用。经分析得知，工况 1~5 模型水平荷载和总位移最大值逐渐增大（图 2.4-3）。针对仿真分析结果，落地钢筋笼由于长度过大的影响，在桩孔内容易发生倾斜。上部发生倾斜后，对下部钢筋笼有一定的弯矩作用，造成钢筋发生反向偏斜变形，同时上部钢筋变形较大时，易造成底部钢筋笼出现缩径变形并改变钢筋笼的受力状态；上部倾斜造成的变形作用迫使钢筋笼紧贴内套管，作用过大时挤压钢筋笼导致钢筋笼的缩径变形。钢筋笼倾斜程度越大，对底部钢筋笼的水平作用越大。为防止钢筋笼因整体的刚度变形，钢筋笼顶部内套筒位置待钢筋笼安放完成后，采用 4 根挂钩钢管作为支撑件，对钢筋笼体与内套筒壁间进行填充（图 2.4-4），以控制顶部钢筋笼的倾斜偏移，并有效减小钢筋笼发生偏移的角度，减小桩孔内的钢筋笼变形作用，保障桩基顺利施工。

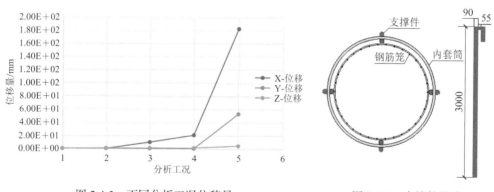

图 2.4-3　不同分析工况位移量　　　　　图 2.4-4　支撑件设计

2.5　岩溶强发育高填土场地超长桩施工

2.5.1　双套管全回转成孔工艺

　　双套管全回转成孔工艺如图 2.5-1~图 2.5-3 所示。施工单位针对本工程岩溶强发育高填土场地成孔存在垮孔、漏浆、卡钻等难题，回灌费用高、工期长，泥浆护壁漏浆，下套筒又因摩擦力过大超过现有机械设备极限，研发了双套管全回转接力成孔工艺，采用双套管协同，对钢套管受力状态进行分析，研究全回转钻机钻进深度与扭矩、减压比、土体有效容量的相互影响规律，提出全回转钻机关键技术参数与钻进深度理论计算公式，为设备定制提供依据。实际钻进过程中，地下水的影响以及空洞的影响，使得选用的全回转钻机能够满足 60m 左右回填土的套管下沉，外套管作为刚性护壁达到回填层底，岩溶层顶部 300mm 后内套管重新下沉，直径缩小一级，穿过溶洞和裂隙至持力层。在外套管的防护下，内套管进行下钻岩溶层过程更加安全，能够有效避免回填土层因底部岩溶层的钻进溶洞而出现塌孔的现象；由于内套管比外套管小，岩溶区套管穿越过程中，外套管仍能有有效的支撑点，保证了整个钻进成孔过程的安全并提高了工效。该技术实现了岩溶强发育、高填土场地超长桩安全、连续成孔，成功完成桩径 2.6m、桩长 101m 的嵌岩桩施工。

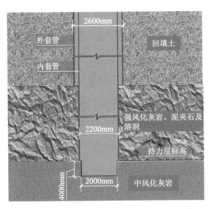

图 2.5-1　全套管设计施工原理示意

图 2.5-2　钢套管底管采用特殊嵌岩刀头

(a) 安放路基板

(b) 下压钢套管

(c) 钢套管对接

(d) 钻机就位

(e) 双套管破岩钻头

(f) 沉渣检测装置

(g) 钻进取土

(h) 下放钢筋笼

(i) 钢筋笼连接

(j) 混凝土浇筑

(k) 套筒外拔

(l) 钻机移位

图 2.5-3　全套管全回转施工流程

2.5.2 岩溶地区灌注桩桩底缺陷处理技术

本工程针对岩溶地区桩底主要持力层范围内存在溶沟、溶槽缺陷，通过分析二重气液对溶沟、溶槽填充物劈裂、冲刷机理并结合试验，研究喷射压力、充填物强度等参数对冲刷半径的影响，给出了针对不同缺陷程度、地质条件的作业参数及指导书，有效提高了处理效果。同时，采用双重管高压旋喷工艺对桩底缺陷进行劈裂、冲刷、分散及气举排渣，然后进行压力灌浆，实现了桩底缺陷高效处理；开发了岩溶地区灌注桩桩底缺陷处理技术并形成了省级工法[8]。

2.6 工程桩检测和沉降观测

2.6.1 检测技术

本工程针对灌注桩沉渣厚度检测研制了一种专门的检测设备，可利用无级单向止回阀与高精度测量装置，在重力作用下测板自动下沉至沉渣表面，并记录其厚度值。同时，针对吊锤测绳法、沉渣测厚仪触探法准确率低的难题，研制了一种利用无级单向止回阀与高精度测量装置定量读取沉渣厚度的设备，测试精度达到±2mm，有效减少由于沉渣厚度误判造成的桩基缺陷问题。

对于复杂地质条件下的基桩测试，针对大直径灌注桩持力层测试费用高、周期长的难题，通过现场试验及数值分析研究，按照文献[2]建立了较破碎岩小直径（30cm）模型桩与工程桩受力变形尺寸效应关系，为桩基设计提供可靠参数。针对场地岩性复杂、基桩荷载大、持力层埋深大等难题，开发了一套适用于基桩深持力层承载力测试的装置和集成技术，在同一孔内完成不同桩型、多种工况下承载力参数测试，成功完成深度42m处26000kN承载力测试，获取了场地相关指标参数。

采用自平衡法测试基桩承载力时，按照贵州省《基桩承载力自平衡检测技术规程》DBJ52/T079—2016[9]及相关研究成果[10]，针对自平衡试验中位移测量可调性差、成功率低等难题，开发了自平衡水平、竖向多点可调位移测试装置（图2.6-1），位移杆及护管保护装置（图2.6-2），以提高试验精度及成功率，完成了强岩溶高填土区桩长91.39m、极限承载力76000kN试验，为复杂地质条件下建筑桩基设计提供了依据。

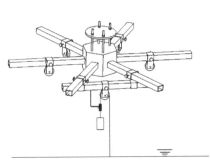

图2.6-1 位移测试装置

图2.6-2 保护装置安装现场

2.6.2 工程桩检测

根据《建筑基桩检测技术规范》JGJ 106—2014[11]以及贵阳市地方相关规定，采用钻孔抽芯法对桩身质量进行检测，检测数量不少于总桩数的 30%且不少于 20 根，其余桩采用声波透射法进行检测。超长桩竖向承载力检验采用自平衡检测方法，检验桩数不少于同条件下总桩数的 1%且不少于 3 根。T3 航站楼桩身完整性检测成果为：共 775 根桩基，全部为 Ⅰ 类桩；根据桩基检测成果报告和超长桩自平衡试验报告，桩基竖向承载力均高于计算值。部分试验数据见表 2.6-1。

单桩竖向承载力试验数据   表 2.6-1

桩型编号	桩基编号	桩的设计承载力极限值（kN）	桩长（m）	桩的试验承载力极限值（kN）
JZJ-1	A5-6	48000	39.92	≥49359
JZJ-4	B1-108	76000	50.08	≥77195
JZJ-2	B1-128	56000	46.68	≥56404
JZJ-1	B2-47	48000	38.94	≥50179
JZJ-4	B2-148	76000	52.32	≥76824
JZJ-3	B3-18	68000	37.13	≥71254
JZJ-2	B3-64	56000	33.13	≥59066
JZJ-4	B3-132	76000	56.27	≥77545
C-JZJ-1	B3-107	53800	88.36	≥59980
C-JZJ-2	B3-134	49200	91.39	≥55200
C-JZJ-1	B3-135	49200	70.17	≥55200

2.6.3 沉降观测

贵阳龙洞堡国际机场 T3 航站楼共设置 71 个沉降观测点。观测日期截至 2021 年 2 月 19 日（主体结构封顶时间），各区沉降检测数据见表 2.6-2，所有沉降值均满足规范要求，其中超长桩 B3 区最大沉降不大于 4mm。

T3 航站楼沉降检测数据汇总   表 2.6-2

沉降区域	A1 区	A2 区	A3 区	A4 区	A5 区
沉降（mm）	1.57～2.60	2.71～3.30	2.25～2.96	2.12～2.88	1.74～2.22
沉降区域	A6 区	B1 区	B2 区	B3 区	C 区
沉降（mm）	2.25～3.70	1.63～3.04	1.52～3.10	1.31～3.93	1.89～2.70

2.7 结语

贵阳龙洞堡国际机场 T3 航站楼工程建设场地为典型喀斯特岩溶地形上覆盖超深回填土的场地。回填土之厚，地下岩溶发育之复杂，桩身之长均为全国罕见，之前的 T2 航站楼 40m 高回填区边回填边成桩工艺[12]也无法实施。经参建各方近两年的努力，设计、施工、检测、验收得以顺利完成，证明在桩长 60m 以内采用全套管管内取土成孔工艺（全回转方式）、桩长 60～100m 采用双套管双驱动全回转式施工工艺是可行的；在较破碎基岩为持力层的工程中，合理采用嵌岩桩理论设计比摩擦端承桩更为经济。在超长桩区域的三段变直径桩基的成功设计和施工应用，拓宽了全国超深回填土及喀斯特岩溶地区超长桩基技术的创新发展，为今后类似场地基础设计提供了宝贵的经验[1]。

参考文献

[1] 赖庆文, 龙家涛, 夏恩德, 等. 贵阳龙洞堡国际机场 T3 航站楼基础设计[J]. 建筑结构, 2021, 51(S1): 1084-1088.

[2] 贵州省住房和建设厅. 贵州省建筑桩基设计与施工技术规程: DBJ 52/T088—2018[S]. 北京: 中国建筑工业出版社, 2018.

[3] 刘军安, 杨大勇, 乐俊, 等. 超厚回填土溶岩强发育区双套管双驱动全回转超长桩工技术[J]. 施工技术, 2020, 49(29): 100-102, 105.

[4] 住房和城乡建设部. 建筑地基基础设计规范: GB 50007—2011[S]. 北京: 中国建筑工业出版社, 2011.

[5] 赖庆文, 孙红林. 山区岩石地基基础设计问题探讨[J]. 建筑结构, 2016, 46(23): 95-100.

[6] 刘军安, 杨大勇, 乐俊, 等. 超厚回填土桩身防水流冲刷混凝土配制技术研究[J]. 施工技术, 2021, 50(1): 76-79.

[7] 赵士豪, 林喜华, 麻鹏飞, 等. 基于临界钙矾石膨胀破坏的磷石膏基复合胶凝材料的配料计算研究[J]. 无机盐工业, 2020, 52(9): 91-95.

[8] 贵州省住房和城乡建设厅. 岩溶地区灌注桩桩底缺陷处理加固施工工法: 2018—2019 年度省级工法[S]. 贵州, 2020.

[9] 贵州省住房和城乡建设厅. 基桩承载力自平衡检测技术规程: DBJ 52/T079—2016[S]. 武汉: 武汉理工大学出版社, 2016.

[10] 季永新, 肖治宇, 雷勇. 超深地基超大荷载自反力静载试验方法研究[J]. 施工技术, 2015, 44(1): 78-80.

[11] 住房和城乡建设部. 建筑基桩检测技术规范: JGJ 106—2014[S]. 北京: 中国建筑工业出版社, 2014.

[12]　赖庆文，周卫，杨通文，等. 贵阳龙洞堡国际机场扩建项目结构设计[J]. 建筑结
构, 2011, 41(S1): 755-761.

▰▰ 获奖信息 ▰▰

2023 年　贵州省土木建筑工程科技创新奖一等奖
2023 年　贵州省"黄果树杯"优质工程

第 3 章

岩石地基扩展基础设计

3.1 岩石地基扩展基础受剪承载力计算问题

《建筑地基基础设计规范》GB 50007—2011[1]第 8.2.9 条规定，当基础底面短边尺寸小于或等于柱宽加 2 倍基础有效高度时，尚应验算柱与基础交接处和基础变阶处截面受剪承载力（图 3.1-1）。土质地基上的扩展基础中，钢筋混凝土独立柱基多由冲切承载力验算确定基础高度，受剪承载力验算一般不起控制作用；在岩石上采用扩展基础时，基底面积相对较小，当基础处于完整的硬质岩上时，因岩石单轴抗压强度和基础混凝土抗压强度相近，基础可能发生劈裂破坏或局部受压破坏[2-5]而不会发生剪切破坏。但贵州地区的基础大多置于较破碎岩上，特别是置于软质岩石及岩溶区时，不作抗剪验算的基础高度偏小，存在一定隐患，且作为竖向构件嵌固端时似有不妥。但如按文献[1]第 8.2.9 条验算受剪承载力，因未考虑剪跨比对受剪承载力的影响，计算所得的基础高度偏大。

例如，某轴心受压混凝土柱下独立基础（图 3.1-1），柱截面尺寸为 1300mm × 1300mm，轴压力设计值 $F = 32000$kN，基础混凝土强度等级为 C30，按文献[1]计算不同地基承载力上基础高度如表 3.1-1 所示。

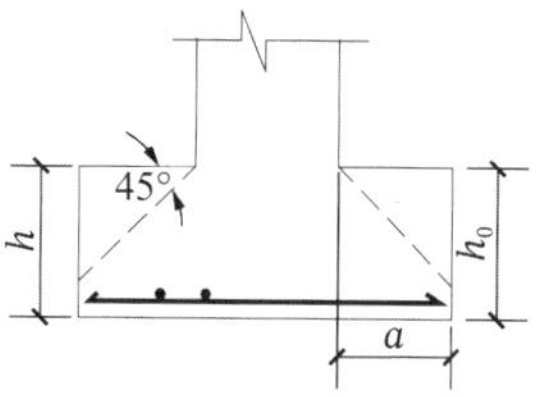

图 3.1-1 独立基础

由表 3.1-1 可知，当地基承载力特征值 $f_a > 1500$kPa 时[1]，所求得的基础高度偏大，不合理也不经济，文献[6]从严格控制混凝土斜截面主拉应力小于允许值和安全考虑，忽略岩石地基和基础之间的粘结力、摩擦力等约束作用的有利影响，将扩展基础视为一个倒置的均布荷载作用下的悬臂深受弯构件，近似地按混凝土深受弯构件受剪承载力的规定，提出了一个分布荷载作用下，小广义剪跨比（跨高比）基础受剪承载力的计算公式，其剪切系数的计算能与规范取值衔接，解决了基础剪切计算在小跨高比时高度偏大的问题。

基础计算高度 h（mm）（取 $h = h_0 + 50$）　　　　　　　　　表 3.1-1

地基承载力特征值（kPa）	750	1500	2500	3500	4500	5500
方形基础边长（mm）	6500	4200	3200	2700	2400	2100
台阶宽度 a（mm）	2600	1450	950	700	550	400
基底净反力设计值（kPa）	703	1760	3070	4335	5501	7231

续表

剪力设计值（kN）	11881	10718	9335	8193	7261	6074
不考虑受剪计算的基础高度h（mm）	1600	1500	1000	750	600	400
按文献[1]公式计算的基础高度h（mm）	2050	2900	3290	3420	3400	3620

3.2 岩石地基扩展基础受剪承载力试验

扩展基础剪切验算是保证基础设计安全性的重要条件之一。关于扩展基础下地基反力的分布，贵州省地方标准《贵州建筑地基基础设计规范》DBJ 52/T045—2018[7]第 4.2.2 条条文说明提出，试验及理论分析，影响基底压力分布的因素较多，工程设计计算时不可能一一考虑，对于土质地基（包括极软、极破碎岩石地基）上的柱下独立基础及墙下条形基础，基础底面尺寸较小，同时基础相对刚度很大，一般基底压力分布可近似地按直线分布的图形计算。理论分析和试验成果已经证明，扩展基础底面的接触压力呈非线性分布特征，它受到基础形状、平面尺寸、基础刚度、地基土性质、基础埋深、荷载性质等因素影响。由于岩石地基沉降变形小，对于岩石地基上的基础，其相对刚度较小，理论计算分析为，基底压力向荷载作用点附近集中，向基础边缘方向逐渐减小。采用文克尔（Winkler）地基模型计算，结果表明，当柔度指数$\lambda L < \pi/4 \approx 0.8$（其中$\lambda = \sqrt[4]{\dfrac{K}{4E_c I}}$，$K$为地基集中基床系数，

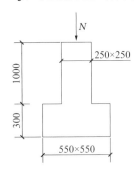

图 3.2-1　基础试件尺寸

E_c、I分别为基础材料弹性模量和截面惯性矩，L为基础长）时，可认为该基础为绝对刚性，基底压力可采用上述呈直线变化的简化公式计算。对于岩石地基上的柱下独立基础，一般尺寸很小，如其底面尺寸均位于冲切角以内，为便于计算，也可采用基底压力呈直线分布的简化公式计算，显然是偏于安全的。为验证安全性，文献[2]编制组在工程现场做了两组静载试验。试件按设计荷载 1000kN、地基承载力特征值 4000kPa、混凝土强度等级 C30 计算，扩展基础底面尺寸为 550mm × 550mm、计算基础高度为 300mm，底板钢筋按构造配 3ϕ10@200，如图 3.2-1 所示；加载最大值达 1800kN，试验结果见表 3.2-1，可见基础均未出现裂缝或产生剪切破坏。

试验结果统计

表 3.2-1

组数	试件号	加载时混凝土强度等级	最大荷载N（kN）	最大基底压力（kPa）	未继续加载原因
1	1 号	C40	1450	4800	柱顶端局压开裂
	2 号	C40	1800	6000	堆载不足
2	1 号	C50	1630	5400	柱顶端局压开裂
	2 号	C50	1800	6000	堆载不足
	3 号	C20	1800	6000	1270kN 时柱顶端局压开裂，堆载不足
	4 号	C30	1450	4800	柱顶端局压开裂
	5 号	C30	970	3200	混凝土浇筑有空洞，柱顶端局压开裂

文献[8]对岩石地基上扩展基础基底反力分布进行了分析，文献[9]中通过有限元分析对地基反力得出结论为：对比分析数值模拟结果，基础底部反力分布和规范假设的基础底面反力均匀分布不一致，在不同荷载作用下基础底部沿对称轴基底反力呈 M 形分布。荷载相同时，刚度比较大的基底反力分布更突出地表现了从基础底部中心至基础边缘反力逐渐减小，到基础边缘部分又增大的特点；在相同荷载作用下，随跨高比的减小，基底反力向基底四周扩散，说明随着基础高度的增加，基底反力趋向均匀分布。文献[10]通过两个岩石上的基础模型 J1、J3 进行对照荷载试验（图 3.2-2～图 3.2-4），反映出地基反力在荷载较小时，基底反力分布多呈线性变化趋势；但是随着楼层荷载增加，非线性特性表现明显，并呈现出从结构中心开始基底反力快速增大，在柱边缘到基础边缘范围前基底反力增长幅度减缓，到基础边缘部分又急剧增大，且基础边缘出现应力集中。宽高比 1∶1.8 为基础受弯破坏与局压破坏的分界点，宽高比大于 1∶1.8 时，基础破坏由受弯承载力控制；宽高比小于 1∶1.8 时，基础破坏由局压破坏承载力控制。同时，对基础进行对比可以发现，跨高比较小的基础基底反力分布相对平缓，绝对差值较小，说明随着基础高度的增加，基底反力趋向均匀分布，更有利于提高结构的整体承载力，增强结构的安全性。

图 3.2-2　基础压力盒布置

图 3.2-3　基础钢筋应力计布置

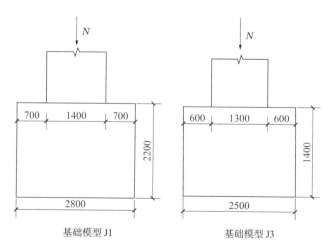

图 3.2-4　基础模型简图

3.3 岩石地基扩展基础受剪承载力分析

多数置于岩石地基的独立基础力学特性研究中一般未考虑基础和岩石之间设置的柔性防水层，假定混凝土基础与岩体之间能实现变形协调，偏大考虑了基底的混凝土与岩石之间的摩擦力阻碍基底混凝土横向自由变形和挠度的发展，得出岩石地基上的扩展基础的破坏模式是介于一般受弯梁破坏模式和混凝土受压劈裂破坏模式之间的一种破坏模式。在基础冲剪计算时，各国采用的计算模式和影响因素既有相同也有不同，剪切承载力的验算截面位置也有差别，我国规范在剪切方面直接取加载面边缘作为验算截面，所得剪力大于欧美规范规定的计算截面剪力。

现场试验是通过对岩石地基上混凝土试件的加载来模拟扩展基础，通过反力架体系、千斤顶和油泵的加载装置对放置在整平的基岩面上的试件进行加载，通过基岩下埋设的压力盒及试件表面贴的胶基混凝土应变片来测定各试件加载时的基底反力分布情况和试件表面的应变发展情况。对试件加载直至破坏，以了解基础的破坏形式，同时测出基础破坏时的荷载值。试验结果表明，现场试件均为井字形破坏形式；有限元分析结果也表明试件为弯曲破坏，且为井字形破坏模式，故确定柱边截面（对应于试验中的加载板边缘截面）为临界截面，临界截面发生弯曲破坏时其受剪承载力未达到极限状态。

文献[11]在扩展基础冲剪破坏特征试验研究中得出，剪切破坏型剪切破坏面的冲剪承载力介于距柱边$h_0/2$处和柱根处验算截面的计算冲剪承载力之间，剪切破坏角在55°左右，偏心荷载下剪切破坏角增大到60°且受剪承载力下降，基础高度的冲剪验算应以偏心荷载作用控制。

在基础和岩石之间设置柔性防水层后，在荷载作用下，地基承载力较高，基础底面尺寸较小，基础的受力状态与矩形短梁直接剪切的受力状态相似，深受弯构件小剪跨比时破坏模式向斜压破坏转化。文献[12]模拟了独立基础受剪破坏的过程，混凝土斜撑压应变增大，沿着平行于斜撑方向出现若干条较长的斜裂缝直到混凝土被压碎破坏，整个过程属于斜压破坏（图3.3-1、图3.3-2）。

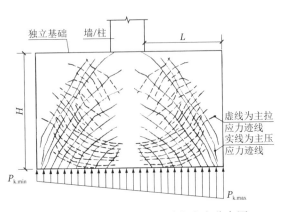

图 3.3-1　小剪跨比扩展基础主应力分布图

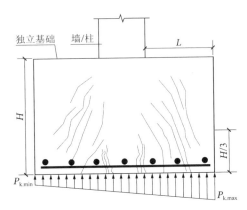

图 3.3-2　小剪跨比扩展基础裂缝发展图

综上所述，在偏心荷载作用下，由于基底反力分布在边缘集中，基础处于较不利的抗弯与抗剪工作状态时，不计算受剪的基础设计偏于不安全。文献[13]在对钢筋混凝土扩展基础设计方法的改进建议中提出考虑扩展基础悬挑部分的跨高比对受剪承载力的影响是适宜的，并参照深受弯构件提出了计算公式，考虑悬挑受弯构件不利影响而引入了折减系数。

《贵州建筑地基基础设计规范》2004 年版[2]及 2018 年版[7]在国内首次根据不同基本质量等级的岩石地基上的基础给出受剪承载力计算公式。重庆市地方标准《建筑地基基础设计规范》DBJ 50—047—2016 也按文献[2]列入了岩石地基上基础的受剪承载力计算公式，中国建筑西南设计研究院有限公司《结构设计统一技术措施》（2020 版）对于岩石地基基础，也推荐按《贵州建筑地基基础设计规范》DBJ 52/T045—2018[7]进行基础高度的受剪承载力验算。

文献[14]对岩石地基独立基础高度设计作了分析研究后说明，在《混凝土结构设计规范》GB 50010—2010[17]中计算受剪承载力时会考虑剪跨比的影响，如果在剪跨比较小的情况下，基础的受剪承载力按《建筑地基基础设计规范》GB 50007—2011[1]计算会被低估。《贵州建筑地基基础设计规范》DBJ 52/T045—2018[7]基于此原理引用了剪跨比的概念，文献[1]对于岩石地基上的独立基础未考虑剪跨比等因素，采用文献[1]中抗剪公式计算出来的基础高度偏于保守，在比较好的地基条件下，高度较大的基础会造成很大浪费。文献[7]对于不同岩石等级的基础运用了不同的计算方法，采用文献[7]对岩石地基上独立基础进行计算更符合实际受力情况。同时对于上部荷载较大的情况，文献[14]还对文献[7]进行了独立基础配置箍筋、进一步减小基础高度的改进（图 3.3-3）；在岩石地基上独立基础的抗剪设计中结合文献[7]推导出相应的公式，并作了经济比较。在上部荷载大、岩石质量等级较好的情况，采用文献[7]计算独立基础高度能取得明显的经济效果。

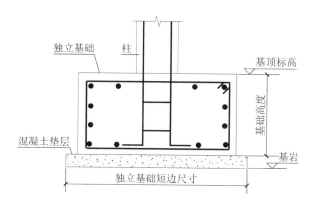

图 3.3-3　配置箍筋的扩展基础

3.4　岩石地基扩展基础受剪和受弯承载力计算

《贵州建筑地基基础设计规范》DBJ 52/T045—2004[2]根据岩石地基上钢筋混凝土扩展基础底板基底长边和短边台阶的宽高比均小于 2.5，甚至均小于 1 的受力特点，将扩展基础视为一个倒置的均布荷载作用下的悬臂深受弯构件，近似地按混凝土深受弯构件受剪承载力计算和规定，导出了岩石地基上扩展基础的受剪承载力计算公式：

$$V_s \leqslant 1.4 \frac{4-\lambda}{3} \beta_{hs} f_t b h_0 \qquad (3.4\text{-}1)$$

式中　λ——基础台阶宽度 a 与台阶高度 h 之比，$\lambda \leqslant 2.5$；当 $\lambda < 1.0$ 时取 $\lambda = 1.0$；

　　　β_{hs}——截面高度影响系数，基础高度 $h_0 < 800mm$ 时取 1.0，$h_0 > 2000mm$ 时取 0.9，其间按线性内插法取用。

其余参数含义同文献[1]第 8.2.9 条。

文献[2]将式(3.4-1)作为基础置于完整、较完整的硬质岩石地基上时扩展基础的受剪承载力计算公式，与按文献[1]第 8.2.9 条受剪承载力公式计算的基础高度相比要小得多，也比较合理，十余年来在贵州省地基基础设计中得到广泛应用。

文献[15]经过分析，认为贵州岩石风化程度与岩体完整程度是可以对应的，即，全风化对应极破碎，强风化对应破碎，中等风化对应较破碎，微风化对应较完整，未风化对应完整。文献[7]第 4.2.3 条规定设计时可参照表 3.4-1 确定岩石地基承载力特征值。

岩石地基承载力特征值 f_a（kPa）　　　　　　表 3.4-1

岩石类别	强风化（破碎）	中等风化（较破碎）	微风化（完整）
硬质岩石	750～2000	2000～6000	＞6000
软质岩石	220～750	750～2200	2200～5000
极软质岩石	180～300	300～750	750～2200

注：1. 承载力特征值，如取用大于 4000kPa 时，应由试验确定。
　　2. 对于强风化的岩石，当与残积土难于区分时按土考虑。

按表 3.4-1 对岩石类别的划分，工程中绝大多数中风化岩和强风化岩地基基础的受剪承载力计算仍然没有合适的计算方法。根据近年来中国建筑科学研究院[11,13]、重庆大学[4]、贵州省建筑设计研究院有限责任公司[5-6]、贵州大学[8-10]等科研院校的研究成果，参考《建筑地基基础设计规范》GB 50007—2011[1]、广东省地方标准《建筑地基基础设计规范》DBJ 15—31—2016[16]、《混凝土结构设计规范》GB 50010—2010[17]及美国混凝土结构设计规范 ACI 318[18]等，岩石地基扩展基础的基底反力分布、破坏模式与岩体变形模量、基础弹性模量、基础高宽比、配筋率、基础底面/侧面及岩体界面状况、岩石完整性等多因素有关，各种计算公式不尽相同，给出的抗剪验算截面都只是某种工程地质条件下某种基础形式的一种定性判断。

《贵州建筑地基基础设计规范》DBJ 52/T045—2018[7]结合工程实践经验和国内外研究成果[1-20]，根据悬臂深受弯构件在不同岩体上的受力特点，既保证基础有一定的刚度控制基底应力均匀分布，又考虑常规基础配筋率和岩石软硬程度对破坏模式和承载力的影响，给出了如下不同基本质量等级的岩石地基基础的受剪承载力计算公式。

当基础置于岩石地基上时，应验算柱边或墙边缘以及变阶处基础受剪承载力；当柱和墙的混凝土强度等级高于基础的混凝土强度等级时，尚应验算基础的局部受压承载力。

（1）岩石地基基本质量等级为Ⅰ、Ⅱ级时，受剪承载力可按下式计算：

$$V_s \leqslant 1.4 \frac{4 - \lambda}{3} f_t b h_0 \tag{3.4-2}$$

（2）岩石地基基本质量等级为Ⅲ级时，受剪承载力可按下式计算：

$$V_s \leqslant 1.4 \frac{4 - \lambda}{3} \beta_{hs} f_t b h_0 \tag{3.4-3}$$

（3）岩石地基基本质量等级为Ⅳ、Ⅴ级时，受剪承载力可按下式计算：

$$V_s \leqslant (1 + 0.16\lambda) \frac{4 - \lambda}{3} \beta_{hs} f_t b h_0 \tag{3.4-4}$$

式中 λ——基础台阶宽度a与台阶高度h之比，$\lambda \leqslant 2.5$；当$\lambda < 1.0$时取$\lambda = 1.0$。

其余参数含义同文献[1]第 8.2.9 条。

针对上节表 3.1-1 中的柱下独立基础，按式(3.4-2)～式(3.4-4)及表 3.4-1 计算所得的基础高度如表 3.4-2 所示，因考虑了剪跨比和岩石质量等级的影响，基础高度比较合理，安全性和经济性均得到保障。

计算基础高度　　　　　　　　　　　　　　　　　　表 3.4-2

地基承载力特征值（kPa）	750	1500	2500	3500	4500	5500
方形基础边长（mm）	6500	4200	3200	2700	2400	2100
按式(3.4-2)～式(3.4-4)计算的基础高度h（mm）	1450	1500	1670	1730	1730	1510

对于岩石地基的基础受弯承载力的设计计算，特别是岩石地基上的独立基础，因基底面积较小，文献[1]第 8.2.11 条的底板弯矩不一定是受力最不利情况，因此独立基础尚应沿柱边两个方向验算柱与基础交接处（图 3.4-1）和基础变阶处截面的受弯承载力，计算弯矩设计值的受荷面积（图中阴影面积）和基底反力均按文献[1]第 8.2.9 条规定，取计算截面外侧基底面积上净反力的总和所产生的弯矩设计值；基础如有变阶，变阶处受弯承载力也应验算。

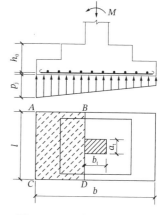

图 3.4-1　柱与基础交接处
截面基底反力

3.5　岩石地基基础受剪承载力案例计算对比

【案例一】某航站楼 A1、A2 区，结构形式为框架结构，层数为 4 层，基础持力层为中风化灰岩，岩体基本质量等级为Ⅳ级，承载力特征值$f_a = 3500$kPa，基础混凝土强度等级为 C30，轴力标准值$N = 8000 \sim 22000$kN，分别按《建筑地基基础设计规范》GB 50007—2011[1]和《贵州建筑地基基础设计规范》DBJ 52/T045—2018[7]进行基础受剪承载力计算，如表 3.5-1 和表 3.5-2 所示。

按国家标准[1]计算　　　　　　表 3.5-1

基础编号-轴力（kN）	计算标准	基底尺寸（m）	计算基础高度（m）	计算基础混凝土量（m³）	计算钢筋面积（mm²）	基底实配双向钢筋	实配钢筋质量（kg）
DJ1-8000	《建筑地基基础设计规范》[1]	1.7×1.7	2.3	6.65	3450	φ25@140	158
DJ-2-13000		1.9×1.9	2.5	9.03	3750	φ25@130	213
DJ-3-25000		2.7×2.7	3.6	26.24	5400	φ28@110	637
DJ-4-12000		1.8×1.8	2.3	7.45	3450	φ25@140	177
DJ-5-17000		2.2×2.2	2.3	11.13	3450	φ25@140	268
DJ-6-22000		2.5×2.5	3.7	23.13	5550	φ28@110	546
DJ-7-22000		2.5×2.5	3.0	18.75	4500	φ25@100	479

按贵州省地方标准[7]计算　　　　　　表 3.5-2

基础编号-轴力（kN）	计算标准	基底尺寸（m）	计算基础高度（m）	计算基础混凝土量（m³）	计算钢筋面积（mm²）	基底实配双向钢筋	实配钢筋质量（kg）
DJ1-8000	《贵州建筑地基基础设计规范》[7]	1.7×1.7	1.6	4.62	2400	φ18@100	115
DJ-2-13000		1.9×1.9	1.7	6.14	2550	φ25@180	153
DJ-3-25000		2.7×2.7	2.5	18.23	3750	φ25@125	447
DJ-4-12000		1.8×1.8	1.6	5.18	2400	φ20@100	159
DJ-5-17000		2.2×2.2	1.6	7.74	2400	φ20@100	237
DJ-6-22000		2.5×2.5	2.5	15.63	3750	φ25@125	383
DJ-7-22000		2.5×2.5	2.0	12.5	3000	φ22@125	297

根据本工程施工时的预算，按混凝土及基础土石方开挖外运的综合单价 600 元/m³，钢筋综合单价 5000 元/t 计算，基础高度平均减小 31.4%，费用节约比例为 30.3%（表 3.5-3）。

基础造价差值计算　　　　　　表 3.5-3

基础编号-轴力（kN）	单个基础混凝土减少量（m³）	单个基础实配钢筋减少量（kg）	单个基础混凝土及土石方减少造价（元）	单个基础钢筋减少造价（元）	扩展基础数量	总减少费用（元）	总减少费用比例
DJ1-8000	2.02	43	1213.8	216.6	14	20026	29.9%
DJ-2-13000	2.89	59	1732.8	295.4	2	4056	31.3%
DJ-3-25000	8.02	190	4811.4	950.2	19	109469	30.4%
DJ-4-12000	2.27	18	1360.8	92.0	11	15980	27.1%
DJ-5-17000	3.39	27	2032.8	137.4	11	23872	27.1%
DJ-6-22000	7.5	163	4500.0	814.6	5	26573	32.0%
DJ-7-22000	6.3	182	3750.0	910.7	6	27963	34.2%

【案例二】贵阳市某大型高层公共建筑，框架结构，层数为地下 3 层，地上 7 层，基础持力层为中风化泥质白云岩，岩体基本质量等级为Ⅳ级，承载力特征值$f_a = 3000\text{kPa}$，基础混凝土强度等级为 C35，对基础轴力标准值 $N = 2000 \sim 90000\text{kN}$ 进行计算对比。经复核，适当考虑多数基顶弯矩 50kN·m 及水平力 50kN 时，对于轴力较小的基础，计算所得基础高度相差 $0.05 \sim 0.10\text{m}$；对于轴力较大的基础此力影响小。因此是否考虑此力，按国家标准[1]与贵州省地方标准[7]计算所得基础减小高度的比例相近（图 3.5-1）。施工图设计时，基础一般有嵌岩要求且设置有基础底板或地梁，结合文献[7]第 8.2.3 条规定，岩石地基上基底弯矩及水平力一般不起控制作用。

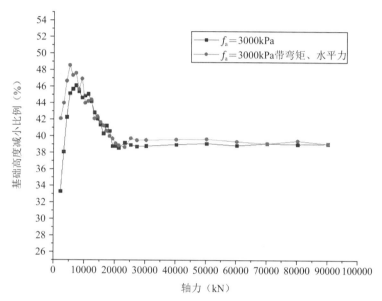

图 3.5-1　按国家标准[1]与贵州省地方标准[7]计算（$f_a = 3000\text{kPa}$）基础高度减小比例

通过计算分析可知，地基承载力特征值$f_a = 3000\text{kPa}$ 的基础计算配筋均为按构造配筋，配筋与基础高度成正比，但由于实际配筋时钢筋会按整数规格设置，因此与混凝土减少比例有一定的偏差，但均围绕混凝土减少比例上下波动；仅按轴力计算、按轴力带适当的弯矩及水平力计算基础时，基础混凝土减少比例基本一致，因此下述案例仅按最大轴力标准值工况进行设计比较。

【案例三】惠水县某高层住宅建筑，基础持力层为中风化泥岩，承载力特征值$f_a = 1200\text{kPa}$。

【案例四】镇宁自治县某教学楼，基础持力层为中风化泥质白云岩，承载力特征值$f_a = 1600\text{kPa}$。

【案例五】清镇市某学校实训楼，基础持力层为中风化石灰岩，承载力特征值$f_a = 2150\text{kPa}$。

【案例六】贞丰县某多高层商住楼建筑，基础持力层为中风化白云岩，承载力特征值$f_a = 4000\text{kPa}$。

【案例七】安顺市某高层建筑，基础持力层为中风化白云岩，承载力特征值$f_a = 5300\text{kPa}$。以上案例中岩体质量等级均为Ⅳ级，按贵州省地方标准[7]计算得出的基础高度相比国家标准[1]减小的比例如图 3.5-2 所示。

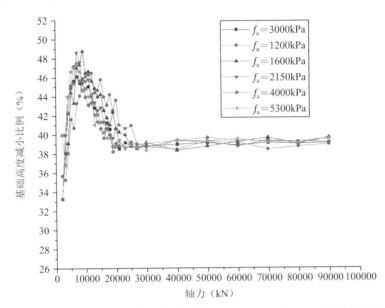

图 3.5-2　按国家标准[1]与贵州省地方标准[7]计算（$f_a = 5300\text{kPa}$）基础高度减小比例

从图 3.5-2 可以看出，按贵州省地方标准[7]计算时，基础高度可比按国家标准[1]计算减小 36%～49%，与理论计算值相近。其中，当轴力小于等于 3000kN 时，因基础高度较小，基础高度按 0.50m 的模数调整影响较大，同时基础高度h与有效高度h_0按相差 0.05m 计算，故减小的比例与理论计算值上下波动会较大；轴力为 3000～20000kN 时，基础高度减小比例为 40%～49%，轴力大于一定值N时，基础高度减小比例趋于 39%，N随着地基承载力f_a的增大而增大。承载力$f_a = 1200\text{kPa}$时，N约为 25000kN；$f_a = 1250\text{kPa}$时，N约为 20000kN；$f_a = 4000\text{kPa}$时，N约为 18000kN。常规多高层建筑工程中，最大轴力N一般为 4000～18000kN，因此岩石地基上的扩展基础按地标计算能至少节约 40%的基础高度。

根据计算比较，当$f_a \geqslant 1500\text{kPa}$时，基底面在柱 45°冲切锥体范围内，基础无须进行抗冲切计算；当 $1200\text{kPa} \leqslant f_a < 1500\text{kPa}$时，部分基底面在柱 45°冲切锥体范围外，需要进行抗冲切计算。但经计算比较，抗冲切计算不起控制作用，基础高度主要由抗剪控制。

根据计算，当$f_a \geqslant 1800\text{kPa}$时，根据文献[7]计算的基础钢筋均按 0.15%最小配筋率配置，钢筋和混凝土减少比例相同；当 $1300\text{kPa} < f_a < 1800\text{kPa}$时，部分轴力较小的基础计算所得的受力钢筋配筋率大于 0.15%，钢筋减少比例小于混凝土减少比例，但减少比例均在 20%～40%之间，地基承载力f_a越小，钢筋减少的比例越小；当$f_a \leqslant 1200\text{kPa}$时，基础配筋均按计算配筋，减少比例在 20%～45%之间。如图 3.5-3 所示。

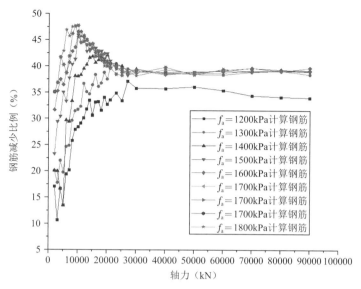

图 3.5-3　按国家标准[1]与贵州省地方标准[7]计算基础钢筋减少比例

3.6　社会经济效益评估

根据上述案例比较可知，按《贵州建筑地基基础设计规范》DBJ 52/T045—2018[7]设计计算，相比按《建筑地基基础设计规范》GB 50007—2011[1]计算能有效减小基础高度，从而节约基础的混凝土量、对应土石方的开挖量以及基础的钢筋量。

假设基础混凝土及土石方开挖外运的综合单价为 600 元/m³，钢筋的综合单价为 5000 元/t，结合上述【案例一】的统计数据，地基承载力 $f_a = 3000$kPa 时，单个基础可节约的具体费用统计如表 3.6-1 所示。

基础造价差值计算统计　　　　　　　　　　　　　　　　　　　表 3.6-1

轴力（kN）	单个基础混凝土减少量（m³）	单个基础实配钢筋减少量（kg）	单个基础混凝土及土石方减少造价（元）	单个基础钢筋减少造价（元）	钢筋减少费用占总减少费用比例
2000	0.181	4.10	108.4	20.5	15.91%
3000	0.441	9.18	264.6	45.9	14.78%
4000	0.792	18.88	475.2	94.4	16.58%
5000	1.183	33.08	709.8	165.4	18.90%
6000	1.800	43.89	1080.0	219.5	16.89%
7000	2.162	52.94	1297.4	264.7	16.95%
8000	2.890	70.52	1734.0	352.6	16.90%
9000	3.216	84.14	1929.4	420.7	17.90%
10000	3.971	94.01	2382.6	470.0	16.48%
11000	4.373	103.53	2623.7	517.6	16.48%
12000	4.833	112.29	2899.7	561.5	16.22%

续表

轴力 （kN）	单个基础混凝土 减少量（m³）	单个基础实配钢 筋减少量（kg）	单个基础混凝土及 土石方减少造价（元）	单个基础钢筋减 少造价（元）	钢筋减少费用占 总减少费用比例
13000	5.547	146.54	3328.2	732.7	18.04%
14000	5.808	154.81	3484.8	774.0	18.17%
15000	6.348	140.22	3808.8	701.1	15.55%
16000	6.903	171.94	4141.9	859.7	17.19%
17000	7.803	161.26	4682.0	806.3	14.69%
18000	8.125	210.27	4875.0	1051.3	17.74%
19000	8.453	208.46	5072.0	1042.3	17.05%
20000	9.129	229.07	5477.6	1145.3	17.29%
21000	9.842	244.79	5904.9	1224.0	17.17%
23000	11.778	266.28	7066.6	1331.4	15.85%
25000	13.054	332.77	7832.3	1663.9	17.52%
27000	14.896	375.48	8937.3	1877.4	17.36%
30000	17.428	420.89	10456.9	2104.4	16.75%
40000	27.422	741.06	16453.1	3705.3	18.38%
50000	39.690	935.92	23814.0	4679.6	16.42%
60000	51.842	1255.85	31105.2	6279.3	16.80%
70000	67.500	1614.39	40500.0	8071.9	16.62%
80000	81.574	2128.29	48944.5	10641.4	17.86%
90000	99.095	2553.34	59456.7	12766.7	17.68%

由表 3.6-1 可知，基础中钢筋减少费用占总减少费用比例较低，费用占比不到 20%，按文献[7]计算主要是控制混凝土的减少量，从而有效减少基础造价。

根据贵州省统计局官网"统计年鉴"中查询的数据及《贵州建筑业运行情况分析》，近年贵州省房屋工程建筑产值指标见表 3.6-2。由于每个工程的地质情况、楼层高度等差异较大，每个工程的基础造价占比差异也较大，为 5%～20% 不等；若为岩石上的扩展基础时，由于持力层较好，基础造价占比可降至 1%～3%，可统一按 2% 估算。

根据多个房屋建筑工程统计，岩石上扩展基础类型占总基础类型比例为 30%～50%（其中高层建筑一般设有地下室，岩石地基占比会更多），约按 33.3% 计算。当地基承载力 f_a <1800kPa 时，钢筋的减少比例小于混凝土减少比例，但由于钢筋的总费用占比小，且岩石的地基承载力多数情况均在 1800kPa 以上，常规多高层轴力 $N = 4000$～18000kN 时基础钢筋的减少比例也为 40% 及以上，故对混凝土、钢筋的减少比例综合考虑后按 40% 计算。2018—2021 年贵州省按《贵州建筑地基基础设计规范》DBJ 52/T045—2018[7]计算，估算节约基础造价 = 房屋工程建筑产值 × 基础占土建费用比例 × 岩石上扩展基础占总基础比例 × 40%，如表 3.6-2 所示。

2018—2021 年贵州省基础造价差值统计　　　　　　表 3.6-2

年份	房屋工程建筑产值 （不含安装）（亿元）	房屋施工面积 （万 m²）	基础占土建 费用比例	基础费用 （亿元）	岩石扩展基础 占总基础比例	按文献[7]计算节约 基础造价（亿元）
2018	1698.58	16496.00	2%	169.86	33.3%	4.53
2019	2100.73	15929.00	2%	210.07	33.3%	5.60
2020	2227.37	17167.00	2%	222.74	33.3%	5.93
2021	2585.00	17892.00	2%	258.50	33.3%	6.89

根据表 3.6-2 可知，2018—2021 年的房屋工程建筑费用从 1698 亿元增至 2585 亿元，根据以上假定基础占土建费用比例为 2%，岩石上扩展基础占总基础类型的比例为 33.3%，按贵州省地方标准[7]进行基础设计比按国家标准[1]每年可节约基础造价 4.53 亿~6.89 亿元，年平均节约 5.97 亿元。同时，建筑常用材料中的混凝土、钢筋生产使用过程中消耗的能源及产生的二氧化碳等温室气体也相应减少。

综上所述，岩石等级越好，按文献[7]计算能减小的基础高度比例就越大，从而减少基础造价；常规多高层建筑中，岩石地基上的扩展基础按文献[7]计算能减小约 40% 的基础高度，钢筋减少费用为 15%~20%。控制基础的造价主要是减少基础的混凝土用量。通过对比分析《贵州建筑地基基础设计规范》DBJ 52/T045—2018[7]和《建筑地基基础设计规范》GB 50007—2011[1]的设计方法，结合近年来的工程实践，贵州地区岩石地基上扩展基础按照贵州省地方标准[7]进行岩石地基上扩展基础的抗剪设计更加合理，即使在不同的地基承载力、不同荷载作用下适当加强后，基础费用也可以节约 30% 以上，在保证安全的同时减少了混凝土、钢筋等建筑材料的消耗，实现了低碳、节能、环保。

参 考 文 献

[1]　住房和城乡建设部. 建筑地基基础设计规范: GB 50007—2011 [S]. 北京: 中国建筑工业出版社, 2011.

[2]　贵州省住房和城乡建设厅. 贵州建筑地基基础设计规范: DBJ 52/T045—2004[S]. 贵阳, 2004.

[3]　过镇海. 钢筋混凝土原理[M]. 北京: 清华大学出版社, 1999.

[4]　阴可, 殷杰. 岩石地基上扩展基础的受力特性分析[J]. 重庆建筑大学学报, 2008, 30(2): 28-31.

[5]　赖庆文, 孙红林. 山区岩石地基基础设计问题探讨[J]. 建筑结构, 2016, 46(23): 95-100.

[6]　赖庆文, 张洪生, 孙红林. 岩石地基基础受剪计算方法探讨[J]. 工业建筑, 2002, 32(8): 32-34.

[7] 贵州省住房和城乡建设厅. 贵州建筑地基基础设计规范: DBJ 52/T045—2018[S]. 北京: 中国建筑工业出版社, 2018.

[8] 朱爱军, 邓安福, 黄质宏. 岩石地基上扩展基础基底反力分布的分析[J]. 工业建筑, 2004, 34(4): 53-56.

[9] 李东轩, 曾祥勇, 张可刚. 岩基扩展基础抗剪性能的影响因素与规范对比分析[J]. 科学技术与工程, 2018, 18(5): 297-301.

[10] 汪增超, 李东轩, 朱爱军, 等. 岩石地基上扩展基础力学性能研究[J]. 四川建筑科学研究, 2018, 44(1): 82-85, 107.

[11] 李荣年, 滕延京. 扩展基础冲剪破坏特征试验研究[J]. 岩土力学, 2014, 35(11): 3214-3220.

[12] 程子忠. 岩石地基独立基础设置箍筋的抗剪验算[J]. 福建建材, 2016, 183(7): 68-69, 83.

[13] 白生翔. 钢筋混凝土扩展基础设计方法的改进建议[J]. 工业建筑, 2005, 35(2): 88-92.

[14] 申健. 岩石地基独立基础高度设计分析[D]. 桂林: 桂林理工大学, 2020.

[15] 贵州省工程勘察设计协会. 建筑工程勘察设计常见问题及处理[R]. 贵阳, 2006.

[16] 广东省住房和城乡建设厅. 建筑地基基础设计规范: DBJ 15—31—2016[S]. 北京: 中国建筑工业出版社, 2016.

[17] 住房和城乡建设部. 混凝土结构设计规范: GB 50010—2010[S]. 北京: 中国建筑工业出版社, 2010.

[18] American Concrete Institute. Building code requirements for structural concrete: ACI 318-08[S]. Detroit: ACI, 1989.

[19] 李平先, 丁自强, 郭进军. 钢筋混凝土短梁受剪承载力的计算方法[J]. 建筑结构, 2002, 32(12): 39-41.

[20] 张赟, 肖常安, 熊承伟. 岩石地基上独立柱基抗剪问题的探讨[J]. 贵州工业大学学报, 2002, 31(6): 52-55.

第 4 章

岩溶岩石地基超深超长地下结构裂缝控制

4.1　岩溶岩石地基超长地下结构抗裂问题

贵州省岩溶地貌分布广袤，近年来随着新型城镇化和生态文明高质量发展的需要，陆续兴建了众多超高层建筑及大型城市综合体地下室，特别是超大型城市地下污水处理厂等大体积钢筋混凝土地下构筑物[1-2]，埋深达 $20\sim35\mathrm{m}$，长度接近 $200\mathrm{m}$ 且地下水位高达 $15\sim25\mathrm{m}$，地基普遍为岩溶发育中风化岩石地基。因岩溶岩石地基较软土地基[3]对基础底板产生约束较大，当采用刚性防水层时，岩石地基上水平阻力系数 $C_x = 1.0\mathrm{N/mm^3}$[4]，当抗浮要求设置抗浮锚杆或锚桩时，对基础底板还要产生附加约束，导致地下现浇的混凝土结构更容易因水化热、气温、收缩当量温差产生温度应力过大引起结构开裂渗漏，此问题造成工程结构抗裂及抗浮防水设计难度加大。因此，根据工程实际，设法降低岩溶岩石地基以及抗浮锚杆或锚桩对底板的约束是解决超长地下结构抗裂问题的关键。

4.2　常规超长结构裂缝控制设计理论依据

王铁梦温度收缩应力基本公式(4.2-1)、最大伸缩缝或跳仓法间距公式(4.2-3)，以及裂缝开展宽度公式(4.2-4)是大体积混凝土结构裂缝控制的重要理论依据[4]。

$$\sigma_{\max} = -E\alpha T\left(1 - \frac{1}{\cos\left(\beta\frac{L}{2}\right)}\right)H(t,\tau) \leqslant f_{\mathrm{t}} \tag{4.2-1}$$

$$\beta = \sqrt{\frac{C_x}{EH}} \tag{4.2-2}$$

$$L_{\mathrm{m}} = 1.5\sqrt{\frac{EH}{C_x}}\,\mathrm{arccosh}\frac{|\alpha T|}{|\alpha T| - \varepsilon_{\mathrm{P}}} \tag{4.2-3}$$

$$\delta_{\mathrm{fmax}} = 2\varphi\alpha T\sqrt{\frac{EH}{C_x}}\tan h\beta\frac{L}{2} \tag{4.2-4}$$

式中　E——混凝土弹性模量（N/mm²）；

　　　α——线膨胀系数（℃⁻¹）；

　　　C_x——地基水平阻力系数（N/mm³）；

　　　T——综合温差（℃）；

　　　L——基础底板或墙体长度（mm）；

　$H(t,\tau)$——应力松弛系数；

　　　H——墙高或底板厚度（mm）；

　　　ε_P——混凝土材料的极限拉伸应变；

　　　φ——裂缝宽度衰减系数，可按配筋率不同取值[4]。

常用地下结构抗裂措施包括采用补偿收缩混凝土或纤维混凝土、设置后浇带或跳仓法、增加配筋率等。施工期间保温保湿、缓慢降温、干缩良好养护条件下，应力松弛系数$H(t,\tau)$可取 0.3。当采用补偿收缩混凝土时，式(4.2-3)按文献[4]的原理可推导出：

$$L_m = 1.5\sqrt{\frac{EH}{C_x}}\,arccos h\,\frac{|\alpha T| - \varepsilon_2}{|\alpha T| - \varepsilon_2 - \varepsilon_P} \tag{4.2-5}$$

式中　ε_2——混凝土的限制膨胀率。

以岩溶岩石地基上约 100m 长室外常规地下室或构筑物为例，混凝土水化热温升等效应变及混凝土收缩当量温差引起应变分别可按式(4.2-6)、式(4.2-7)计算。

$$\varepsilon_1 = \alpha_c T_1 \tag{4.2-6}$$

$$\varepsilon_y = -\alpha_c \alpha T_3 \tag{4.2-7}$$

式中　α_c——线膨胀系数；

　　　T_1——混凝土水化热温升值，可按《大体积混凝土施工标准》GB 50496—2018[5]或文献[4]计算；

　　　T_3——混凝土收缩当量温差。

如设置后浇带时，由水化热引起的收缩和混凝土干缩引起的收缩之和$\varepsilon = \varepsilon_1 + \varepsilon_y$，设计选用补偿收缩混凝土限制膨胀率$\varepsilon_2 \geq 2.0 \times 10^{-4}$时可提供补偿收缩温差$T_补 \geq 20℃$，分别根据式(4.2-8)、式(4.2-9)计算混凝土配筋后极限拉伸ε_{pa}以及最终徐变变形$\varepsilon_n^0(\infty)$。

$$\varepsilon_{pa} = 0.5 R_f\left(1 + \frac{p}{d}\right) \times 10^4 \tag{4.2-8}$$

$$\varepsilon_n^0(\infty) = C^0 \cdot \frac{1}{2} R \tag{4.2-9}$$

式中　R_f——混凝土抗裂设计强度；

　　　R——混凝土抗拉或抗压强度；

　　　p——截面配筋率（$\mu \times 100$）；

　　　d——钢筋直径；

　　　C^0——徐变度[4]。

底板取混凝土截面配筋率$p = 0.5$计算混凝土极限应变$\varepsilon_p = \varepsilon_{pa} + \varepsilon_n^0(\infty) = 1.65 \times 10^{-4}$，配筋率提高至$p = 0.6$时$\varepsilon_p$可提高至 1.70×10^{-4}。《超长混凝土结构无缝施工标准》JGJ/T

492—2023[6]规定了基础置于岩石类地基上时设滑动构造可采用涂膜防水或柔性防水，根据相关文献，地基水平阻力系数C_x可降到$(7\sim10)\times10^{-2}N/mm^3$[7]，此时底板和池壁墙体在后浇带浇筑合拢后平均伸缩缝间距可达 100m，其最大温度应力、裂缝宽度可满足要求。然而对于长度超过 100m 的超长地下室，仍需设法进一步降低地基水平阻力系数以减小地基约束，达到抗裂防水的要求[1]。

4.3　改进型底板防水滑动层的设计

4.3.1　改进型防水滑动层构造

为尽量降低岩溶岩石地基对结构底板约束，间接降低侧壁与底板共同工作时对侧壁的水平阻力系数，常规采用设置滑动层的方法，做法是在垫层上铺聚乙烯塑料膜及干细砂层，但细砂层施工较为困难且在岩溶区抗浮水位较高时可靠性较低。针对地下水位较高的因素，对国家标准建筑防水图集的防水层作了改进，设计了兼有一定滑动功能的改进型防水滑动层，由水泥砂浆找平层、橡化沥青高弹性防水涂料层、自粘聚合物改性沥青防水卷材层、隔离滑移层、细石混凝土保护层及高分子自粘胶膜防水卷材层等构成（实用新型专利：CN217352441U），防水滑动层做法如图 4.3-1 所示。同时，委托贵州省结构工程重点实验室进行了底板防水层拉伸水平阻力系数验证性试验，测得改进型防水滑动层水平阻力系数值，以验证其减小岩石地基对底板约束的有效性。

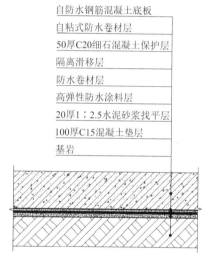

图 4.3-1　改进型防水滑动层做法

4.3.2　底板防水层拉伸水平阻力系数验证性试验

1. 试验内容

1）防水卷材透水性试验。"自粘聚合物改性沥青防水卷材＋底面喷涂速凝橡胶沥青防水涂料"在不同拉伸应变下的透水性试验，根据 3 个应变等级，将防水卷材分为 3 组，每组 3 个试件。

2）地基水平阻力系数试验试件。按竖向力 0、4t、8t、15t 分为 4 组试验，设计基座 1 个，每组防水层及预制底板各 1 个。在实验室进行试件现浇，试件经养护达到强度要求后进行试验。

3）确定底板水平极限位移U_{max}（小于等于不透水性最大的应变值ε_0）。

4）底板拉伸试验。按限位对余下的 3 个底板分别施加竖向力 4t、8t、15t，进行 3 个底板的拉伸试验，以测得防水层的地基水平阻力系数C_x。

5）实验室测试数据分析。所有试件均在实验室进行加工制作，利用实验室提供的实验器具，加上购置设备，对试件加载、观测并记录相关数据。最后对试验数据进行分析，得到试验分析结果。

2. 试验试件设计

1）试验用的基座和底板之间的防水层设计如图 4.3-1 所示。

2）C30 混凝土基座平面和钢筋布置如图 4.3-2 所示。

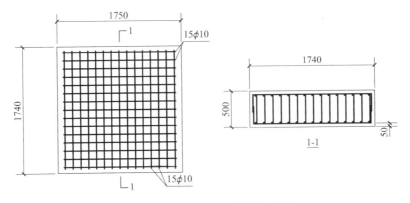

图 4.3-2　基座平面和钢筋布置图

3）C30 混凝土底板平面和钢筋布置如图 4.3-3 所示。

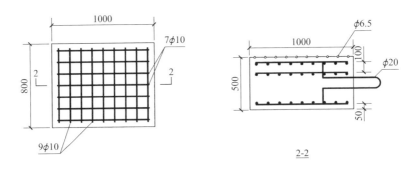

图 4.3-3　底板平面和钢筋布置图

3. 防水卷材不透水性试验装置

不透水性试验装置如图 4.3-4 所示。

图 4.3-4　防水卷材不透水性试验装置

4. 地基水平阻力系数试验装置及器材

试验装置如图 4.3-5 所示。

图 4.3-5　地基水平阻力系数试验装置

试验通过静态应力应变测试分析系统 DH3816N［图 4.3-6（a）］采集混凝土底板底面的应变，采用拉线式位移计 KSJ-1-10［图 4.3-6（b）］采集混凝土底板的位移，通过底板钢筋拉环设置应变片测量水平拉力［图 4.3-6（c）］，千斤顶对底板施加的压力采用 CFBHL-H 轮辐式荷重传感器［图 4.3-6（d）］记录。

(a) DH3816N　　　　　　　　　　(b) KSJ-1-10

(c) 钢筋拉环应变片　　　　　　　　(d) CFBHL-H

图 4.3-6　地基水平阻力系数试验器材

5. 试验结果

文献[4]对于地基水平阻力系数C_x（引起单位位移的剪应力）的相关计算公式为：

$$\tau = -C_x u \tag{4.3-1}$$

式中　τ——剪应力；

　　　u——水平位移；

　　　C_x——地基水平阻力系数。

试验时假定基座为不动刚体，基础周围无土压力，则试验测算的防水层C_x只与垂直压力有关，先假定为线性关系，即：

$$C_x = K\sigma = -\tau/u \tag{4.3-2}$$

等式两边同时乘以底板面积A，得：

$$K\sigma A = -\tau A/u \tag{4.3-3}$$

则式(4.3-3)变为：

$$KF = -V/u，即 K = -V/Fu \tag{4.3-4}$$

根据试验中施加压力F、拉力V及位移u，可推算出K值。

分别施加 4t、8t、15t 荷载条件下的滑动层水平阻力系数C_x变化曲线如图 4.3-7 所示。

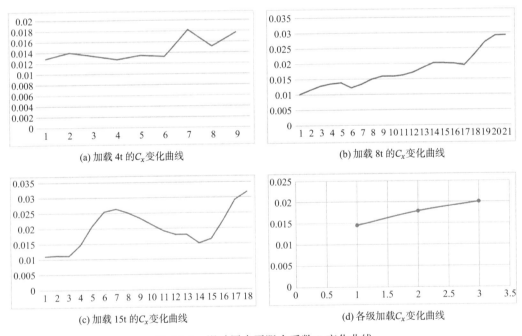

(a) 加载 4t 的C_x变化曲线　　　　　(b) 加载 8t 的C_x变化曲线

(c) 加载 15t 的C_x变化曲线　　　　　(d) 各级加载C_x变化曲线

图 4.3-7　滑动层水平阻力系数C_x变化曲线

经分析试验数据可知，测得采用高弹性防水涂料层及隔离滑移层的改进型防水滑动层后，在岩溶岩石地基上超长地下室底板水平阻力系数C_x能达到抗裂设计预期的$(3\sim 7)\times 10^{-2}\text{N/mm}^3$。在采用专利最佳组合防水层厚度时，$C_x$可降低到小于 $2\times 10^{-2}\text{N/mm}^3$，达到基础筏（底）板下外约束介质与软黏土相当的先进水平[1]。

4.4　可释放水平刚度的抗浮锚杆及锚桩

岩溶岩石地基上合理设计柔性防水层后，底板水平阻力系数 C_x 可降至 $(7 \sim 10) \times 10^{-2}\text{N/mm}^3$[7]，抗浮锚杆对底板产生水平约束一般可按桩基侧移刚度公式 (4.4-1)[4] 计算后再进行换算。

桩头固接时：

$$H = 4EI \left(\frac{K_h b}{4EI} \right)^{3/4}$$ (4.4-1)

式中　K_h——地基水平侧移刚度，取 $1 \times 10^{-2}\text{N/mm}^3$；

　　　b——桩径，此处取锚杆直径；

　　　H——桩头单位侧移水平力。

假设抗浮锚杆直径为 150mm，纵横向布置间距为 2m 时，其对底板产生水平约束，$C_x \approx 2 \times 10^{-2}\text{N/mm}^3$；如果设计成直径 250~350mm 抗浮锚桩，经计算 C_x 可达 $(4 \sim 9) \times 10^{-2}\text{N/mm}^3$，因此如取锚杆（桩）产生 $C_x = (2 \sim 9) \times 10^{-2}\text{N/mm}^3$，岩溶岩石地基上防水层与锚杆（桩）共同产生对底板的水平约束，$C_x \approx (9 \sim 20) \times 10^{-2}\text{N/mm}^3$。

为尽可能减小岩溶岩石地基及抗浮锚杆水平约束产生水平阻力系数，参考《建筑结构抗浮锚杆》22G815[8] 设计了可释放水平刚度的抗浮锚杆结构，如图 4.4-1、图 4.4-2 所示（详见发明专利：CN110984246A）。该抗浮锚杆通过在混凝土底板内包裹长度为 H 的一段弹性材料，允许锚杆产生一定水平位移以释放水平刚度。采用以下抗推刚度公式：

$$K = \frac{3EI}{H^3}$$ (4.4-2)

式中　EI——锚杆抗弯刚度；

　　　H——锚杆弹性材料段长度。

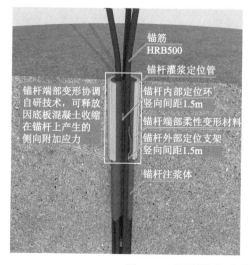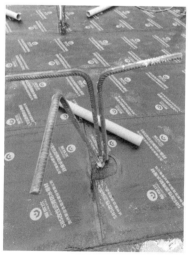

图 4.4-1　可释放水平刚度的抗浮锚杆

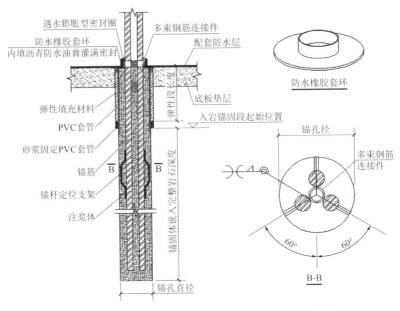

图 4.4-2　可释放水平刚度的抗浮锚杆设计示意图

对锚杆水平刚度进行计算，当锚杆外裹弹性材料段达到一定长度，锚杆产生水平阻力系数$C_x \leq 0.3 \times 10^{-2}$N/mm³ 时，认为其水平阻力可以忽略不计，此时岩石上的水平阻力系数就是柔性防水层的水平阻力系数。

运用相同原理，对锚桩也设计了一种可释放水平刚度的抗浮锚桩结构，如图 4.4-3 所示（详见实用新型专利：CN217352441U）。

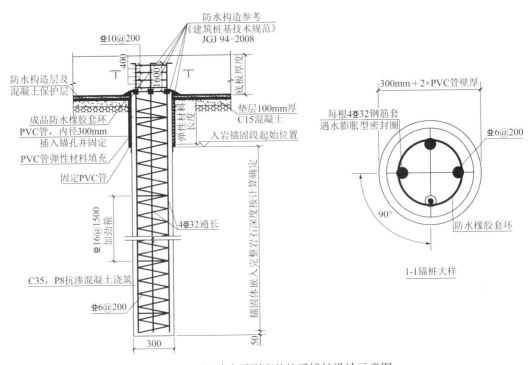

图 4.4-3　可释放水平刚度的抗浮锚桩设计示意图

4.5　实际工程应用及有限元分析验证

4.5.1　贵阳市六广门污水处理厂[1]

1. 工程概况

贵阳市六广门污水处理厂位于贵阳市中心，项目用地面积约 6.09 万 m²，采用全地埋式再生水厂＋地上体育商业综合体的建设模式（图 4.5-1、图 4.5-2），以深度利用城市地下空间，将市政基础设施、生态环境、城市建筑融为一体。污水处理厂位于综合体地下 5 层、地下 6 层，底板底标高为−31.6m，底板厚 2.0m，地下水抗浮设计水头 21.3m，采用改进型防水滑动层及释放水平刚度的锚杆约 6000 根（如图 4.5-3～图 4.5-6）。地下污水处理厂平面尺寸为 178m×117m，底板厚 2m，池壁厚 1.2m，底板位于中风化岩石地基上，C35 混凝土用量达 4.5 万m³ 且不允许设缝。因工期紧张，项目混凝土浇筑时间在较热的 6～8 月份。地下污水厂运营时比一般地下室结构维护困难，渗漏对周边环境的影响较大，因此本项目对大体积混凝土裂缝控制和耐久性要求极高。

图 4.5-1　贵阳六广门全地埋式再生水厂＋地上体育商业综合体项目效果图

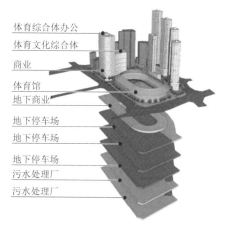
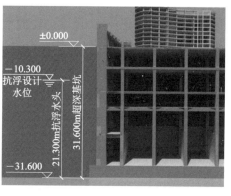

图 4.5-2　贵阳六广门全地埋式再生水厂＋地上体育商业综合体项目布置示意图

图 4.5-3 锚杆外裹弹性材料及锚杆施工

图 4.5-4 基坑施工　　　　　图 4.5-5 锚杆施工　　　　　图 4.5-6 底板施工

2. 温度作用取值

温差 T 包含水化热温差 T_1、气温差 T_2、收缩当量温差 T_3，即 $T = T_1 + T_2 + T_3$。其中，气温代表值对于室外混凝土结构可取基本气温与最高（最低）月平均气温的平均值[9]。贵阳地区基本气温最高 32℃、最低 −3℃[10]，最高月平均气温 24℃，最低月平均气温 4.9℃，则结构最高温 = (32 + 24)/2 = 28℃，结构最低温 = [4.9 + (−3)]/2 = 1℃。

3. 底板温度作用计算

污水处理厂底板配筋率 $\mu = 0.5\%$，采用限制膨胀率 $\varepsilon_2 = 0.02\%$ 补偿收缩混凝土，水化热温升底板 T_1 取 28℃[6]，浇筑温度不大于 25℃，后浇带拟在 60d 后取不高于 16℃时合拢，收缩当量温差 T_3[4] 取 13℃，合拢后至 12 月 T_3 取 9℃。底板后浇带浇筑前最大综合温差 $T = T_1 + T_2 + T_3 - T_补 = 28 + (25 - 16) + 13 - 20 = 30℃$。

按岩石地基及防水层与锚杆（桩）共同产生对底板的水平约束，分别取 4 组水平阻力系数 $C_x = (7\sim20) \times 10^{-2}\text{N/mm}^3$，采用式(4.2-5)、式(4.2-1)、式(4.2-4)进行计算比较，得到相应结果如表 4.5-1 所示。

底板温度作用计算（$L = 40\text{m}$，$H = 2.0\text{m}$，$T = 30℃$）　　　表 4.5-1

水平阻力系数 C_x（N/mm³）	平均伸缩缝间距（m）	最大温度应力 σ_{max}（N/mm²）	最大裂缝宽度 δ_{fmax}（mm）
7×10^{-2}	63.1	0.53	0.19
10×10^{-2}	52.8	0.70	0.18
13×10^{-2}	46.3	0.86	0.17
20×10^{-2}	37.4	0.88	0.15

由表 4.5-1 可见，合理设计柔性防水层和锚杆使岩石地基与锚杆共同产生对底板约束的水平阻力系数 C_x 降为 $7 \times 10^{-2}\text{N/mm}^3$，可增大后浇带间距，降低最大温度应力。本工程后浇带间距偏安全地取 40m。

取 12 月平均温度 7.5℃，计算合拢后到冬季综合温差 $T = T_2 + T_3 - T_补 = (16 - 7.5) + 9 - 0 = 17.5℃$，与底板按纵向长度 178m 反算不设缝允许温降控制值（表 4.5-2）相比较。$T = 17.5℃$，高于允许温降值 17℃；最大温度应力 $\sigma_{\max} = 0.53 + 1.48 = 2.01\text{N/mm}^2$，稍大于 $f_{tk}/1.15 = 1.91\text{N/mm}^2$[5]，计算裂缝宽度小于 0.2mm[4]，设计时提高底板水平总配筋率至 0.55%。因此，本工程施工应在气温降至 12 月平均气温 7.5℃时及时采取保温养护等措施；或者 C_x 降至 $6 \times 10^{-2}\text{N/mm}^3$ 合拢时可推迟到 1 月平均气温 5℃时采取保温养护。

底板温度作用计算（$L = 178\text{m}$，$H = 2.0\text{m}$，$T = 17℃$）　　表 4.5-2

水平阻力系数 C_x（N/mm³）	平均伸缩缝间距（m）	最大温度应力 $\sigma_{\max}$（N/mm²）	最大裂缝宽度 $\delta_{f\max}$（mm）
7×10^{-2}	187	1.48	0.17
10×10^{-2}	158	1.66	0.15

底板按横向长度 117m 反算不设缝允许温降控制值见表 4.5-3。后浇带合拢后到 12 月 $T = 17.5℃$，低于允许温降值 19℃；最大温度应力 $\sigma_{\max} = 0.53 + 1.25 = 1.78\text{N/mm}^2$，小于 $f_{tk}/1.15 = 1.91\text{N/mm}^2$，基本满足要求。

底板温度作用计算（$L = 117\text{m}$，$H = 2.0\text{m}$，$T = 19℃$）　　表 4.5-3

水平阻力系数 C_x（N/mm³）	平均伸缩缝间距（m）	最大温度应力 $\sigma_{\max}$（N/mm²）	最大裂缝宽度 $\delta_{f\max}$（mm）
7×10^{-2}	119	1.25	0.19
10×10^{-2}	99.8	1.40	0.17

4. 侧壁温度作用计算（后浇带合拢前 $L = 40\text{m}$）

池壁高 $H = 8\text{m}$，提高配筋率 $\mu \geqslant 0.6\%$，取混凝土极限收缩应变 $\varepsilon_p = 1.70 \times 10^{-4}$，补偿收缩混凝土限制膨胀率 0.025%，混凝土底板水平阻力系数 $C_x = 1.0\text{N/mm}^3$。取水化温升 13℃[4]，后浇带混凝土浇筑前最大综合温差 $T = T_1 + T_2 + T_3 - T_补 = 13 + (25 - 16) + 13 - 25 = 10℃$。采用式(4.2-5)、式(4.2-1)、式(4.2-4)进行计算，结果如表 4.5-4 所示。

侧壁温度作用计算（$L = 40\text{m}$，$H = 8.0\text{m}$，$T = 10℃$）　　表 4.5-4

水平阻力系数 C_x（N/mm³）	平均伸缩缝间距（m）	最大温度应力 $\sigma_{\max}$（N/mm²）	最大裂缝宽度 $\delta_{f\max}$（mm）
1.0	无限制	0.44	0.05

5. 底板上超长地下结构侧壁水平阻力系数有限元分析

1）分析目的

地下室结构侧壁的裂缝控制是岩溶岩石地基上超长地下结构抗裂设计的重点。根据文献[4]中地基水平约束 C_x 取值，底板上侧壁部位水平阻力系数 $C_x = 1.0\text{N/mm}^3$，地下超长结构在后浇带合拢后如按此值进行裂缝控制设计极为困难，且难以符合经济性要求。实际上，侧壁由于底板下有柔性防水层，特别是当 $C_x < 7 \times 10^{-2}\text{N/mm}^3$ 时，侧壁后浇带合拢后达到设计强度与底板共同工作后 C_x 会降低[11]。

经试验验证底板改进型防水滑动层水平阻力系数取值后，采用有限元软件进行地下超长结构单元在不同墙厚、墙高、板厚及墙长度条件下温度应力分析研究，对比得出采用理论公式手算条件下，岩石地基地板上地下室侧壁水平阻力系数 C_x 的合理取值，便于工程设计应用。

2）有限元分析模型建立

采用 MIDAS 软件厚板单元分别建立单片墙模型及带底板墙模型单元，如图 4.5-7 所示，随后分别按不同墙高、墙厚、板厚及墙长度进行分组对比分析，在同等材料及降温条件下，当单片墙体及带底板墙体模型中温度应力趋近一致时，反算单片墙体底部约束，得到岩石地基底板上地下室侧壁水平阻力系数 C_x 的合理取值。

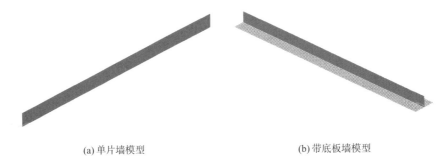

(a) 单片墙模型   (b) 带底板墙模型

图 4.5-7　侧壁有限元模型

3）有限元模型分析结论

分别针对墙厚 0.6m、1.2m，墙高 5m、8m，墙长 60m、120m、180m，板厚 0.6m、1.2m、2m 情况下，降温 20℃进行计算。其中，有底板模型假设底板底部为较常规的柔性防水层，取 $C_x = 7 \times 10^{-2}\text{N/mm}^3$。经对比计算，当两者墙体最大正应力趋近相同时，迭代得到不同厚度墙侧壁水平阻力系数，各种情况应力分布规律大致相同，有限元模型分析长方向正应力如图 4.5-8 所示（图中墙厚 0.6m、墙长 120m）。

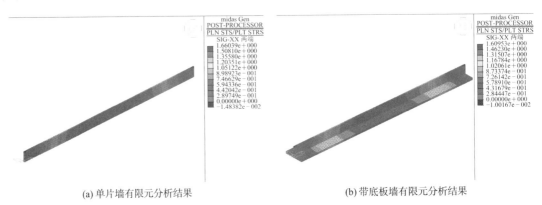

(a) 单片墙有限元分析结果   (b) 带底板墙有限元分析结果

图 4.5-8　侧壁有限元模型分析结果

通过反复调整不同长度单片墙模型底部弹性支座刚度，使其与带底板墙模型在相同温度工况下的正应力趋近，由此时单片墙模型底部的弹性支座刚度换算得到墙侧壁水平阻力系数。

不同墙厚、墙长及底板厚度情况的计算结果见表 4.5-5 和表 4.5-6。

5m 墙高、0.6m 墙厚地下室侧壁水平阻力系数 C_x 表 4.5-5

底板厚度（m）	墙长 60m	墙长 120m	墙长 180m
	地下室侧壁水平阻力系数 C_x（N/mm³）		
0.6	48.0×10^{-2}	50.0×10^{-2}	65.5×10^{-2}
1.2	28.0×10^{-2}	30.0×10^{-2}	36.0×10^{-2}
2.0	17.7×10^{-2}	18.6×10^{-2}	20.3×10^{-2}

8m 墙高、1.2m 墙厚地下室侧壁水平阻力系数 C_x 表 4.5-6

底板厚度（m）	墙长 60m	墙长 120m	墙长 180m
	地下室侧壁水平阻力系数 C_x（N/mm³）		
1.2	33.0×10^{-2}	35.0×10^{-2}	39.5×10^{-2}
2.0	18.5×10^{-2}	22.0×10^{-2}	24.0×10^{-2}

由表 4.5-5、表 4.5-6 可见，有柔性防水层时，后浇带合拢后超长的单片墙模型可按 $C_x = (20 \sim 60) \times 10^{-2} \text{N/mm}^3$ 计算。同等条件下，地下室侧壁水平阻力系数 C_x 随底板厚度增大而显著减小；底板厚度增加后，墙体厚度不变而墙长增加时，侧壁水平阻力系数增长幅度明显降低，即设置较厚的底板对控制地下室侧壁水平阻力系数较为有利。以上基于理论计算的分析结果，对兼顾经济性的地下超长结构工程裂缝控制设计具备一定的参考价值。

6. 侧壁温度作用计算（后浇带合拢后）

池壁纵向长度为 178m，根据上一小节有限元模型分析合拢后 $C_x \approx 25 \times 10^{-2} \text{N/mm}^3$，反算不设缝允许温降控制值如表 4.5-7 所示。合拢后综合温差 $T = 17.5℃$，低于允许温降值 17.7℃；最大温度应力 $\sigma_{\max} = 0.44 + 1.42 = 1.86 \text{N/mm}^2$，小于 $f_{tk}/1.15 = 1.91 \text{N/mm}^2$，开裂裂缝宽度为 0.2mm[4]。

横向长度 117m，反算不设缝允许温降控制值如表 4.5-8 所示。综合温差 $T = 17.5℃$，低于允许温降值 20℃；最大温度应力 $\sigma_{\max} = 0.44 + 1.20 = 1.64 \text{N/mm}^2$，小于 $f_{tk}/1.15 = 1.91 \text{N/mm}^2$，开裂裂缝宽度为 0.22mm。结合有限元分析，将侧墙应力较大部分区域水平配筋率提高至 0.75%，裂缝宽度可降至 0.18mm 以下。

侧壁温度作用计算（$L = 178\text{m}$，$H = 8.0\text{m}$，$T = 17.7℃$）   表 4.5-7

水平阻力系数 C_x（N/mm³）	平均伸缩缝间距（m）	最大温度应力 $\sigma_{\max}$（N/mm²）	最大裂缝宽度 $\delta_{f\max}$（mm）
25×10^{-2}	182	1.42	0.20

侧壁温度作用计算（$L = 117$m，$H = 8.0$m，$T = 20℃$） 表 4.5-8

水平阻力系数C_x（N/mm³）	平均伸缩缝间距（m）	最大温度应力σ_{max}（N/mm²）	最大裂缝宽度δ_{fmax}（mm）
25×10^{-2}	120	1.20	0.22

7. 池体整体有限元分析及结构底板防水滑动层优化措施

本工程施工时为夏季，底板混凝土体积达 4.5 万 m³，长度为 178m，通过采用改进型防水滑动层，以及可释放水平刚度的抗浮锚杆，实际控制底板防水层 + 锚杆的水平阻力系数C_x小于 6×10^{-2}N/mm³。此外，采用 MIDAS 软件将水平阻力系数换算为底板弹性支座刚度输入有限元模型进行计算（图 4.5-9），采用自夏季降至 1 月平均气温 5℃时温度工况下的应力进行配筋。分析结果显示，底板和侧壁最大拉应力分别为 1.8N/mm² 和 1.6N/mm²（图 4.5-10），均小于混凝土抗拉强度值。经分析，地下构筑物在肥槽回填土以后使用阶段的综合温差小于施工阶段，不起控制作用，岩石地基对基础底板产生过大约束是超长大体积混凝土在施工阶段容易开裂的主要原因之一，即有效控制施工阶段底板和侧壁裂缝可满足竣工后地下污水厂运行要求。本工程自 2020 年竣工并投入使用后运营良好，完成了贵阳市中心区域内 12 万 m³/d 污水处理任务，被中国水网 E20 环境平台评选为空间高效利用标杆污水厂。

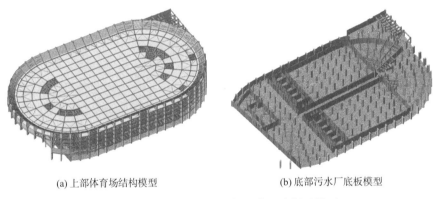

(a) 上部体育场结构模型　　　　　　(b) 底部污水厂底板模型

图 4.5-9　上部体育场及底部污水厂有限元模型

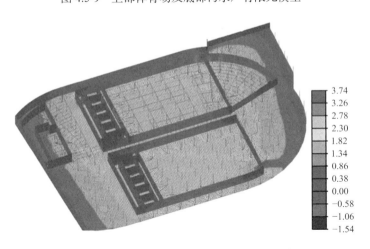

| 3.74 |
| 3.26 |
| 2.78 |
| 2.30 |
| 1.82 |
| 1.34 |
| 0.86 |
| 0.38 |
| 0.00 |
| -0.58 |
| -1.06 |
| -1.54 |

图 4.5-10　污水厂长向温度应力云图（MPa）

4.5.2　贵州省人民大会堂配套五星级酒店及综合楼[1]

项目由 275m 和 185m 双塔组成,总建筑面积超过 20 万 m²,4 层地下室面积为 4.9万m²。平面布置如图 4.5-11 所示。底板大多位于中风化岩石地基上,局部岩溶区域有少部分桩基,岩石地基跨越了较完整、较破碎和破碎中风化岩,底标高为 −21.7～−23.3m;底板混凝土用量为 1.8 万 m³,每个塔楼下约 0.55 万 m³;抗浮设计水头 17.2～18.8m,采用抗浮锚杆进行抗浮设计,设置锚杆约 1900 根。

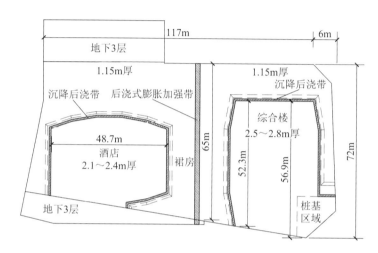

图 4.5-11　贵州省人民大会堂配套五星级酒店及综合楼地下 4 层平面布置示意图

本工程超深超长大体积混凝土底板浇筑时需综合考虑沉降差异、工期紧张等因素,主要采取了以下技术措施进行无缝设计。

在底板和外墙长向中部设一道后浇带,两塔楼设环向沉降后浇带,将 2m 以上厚板单独形成两个浇筑大仓,如图 4.5-11 所示。底板和外墙采用限制膨胀率 0.025% 补偿收缩混凝土,利用天气精细化设计,在平面长向端部区域、锚杆间距较密处和破碎岩等区域采用单根直径 50mm 钢筋将锚杆直径降为 130mm,以减小对底板的水平约束;采用改进型防水滑动层,实际控制底板防水层 + 锚杆的水平阻力系数 $C_x \leqslant 7 \times 10^{-2} \mathrm{N/mm^3}$。塔楼周边环向沉降后浇带下部设一定厚度的膨胀加强后浇带止水,上部约 2 年时间基本完成沉降收缩后合拢,实现了超深超长 C40 大体积混凝土无缝施工。

对各区域的混凝土按实际长度反算出浇筑时所需的大气允许最高温度,确保安全和经济性,如表 4.5-9～表 4.5-13 所示。塔楼下板厚大于 2m,温度裂缝控制按《混凝土结构耐久性设计标准》GB/T 50476—2019 的 I-B 类[12]控制。

综合塔楼底板浇筑温度作用计算（$L = 55\mathrm{m}$, $H = 2.8\mathrm{m}$, $T = 45℃$）　表 4.5-9

水平阻力系数C_x（N/mm³）	平均伸缩缝间距（m）	最大温度应力$\sigma_{\max}$（N/mm²）	最大裂缝宽度$\delta_{f\max}$（mm）
7×10^{-2}	54.7	1.01	0.30

酒店塔楼底板浇筑温度作用计算（$L = 49m$，$H = 2.4m$，$T = 45℃$）　　表 4.5-10

水平阻力系数C_x（N/mm³）	平均伸缩缝间距（m）	最大温度应力σ_{max}（N/mm²）	最大裂缝宽度δ_{fmax}（mm）
7×10^{-2}	50.6	0.99	0.29

裙房底板浇筑温度作用计算（$L = 67m$，$H = 1.15m$，$T = 22℃$）　　表 4.5-11

水平阻力系数C_x（N/mm³）	平均伸缩缝间距（m）	最大温度应力σ_{max}（N/mm²）	最大裂缝宽度δ_{fmax}（mm）
7×10^{-2}	68.7（后浇带合拢前）	1.15	0.16

裙房底板浇筑温度作用计算（$L = 117m$，$H = 1.15m$，$T = 17℃$）　　表 4.5-12

水平阻力系数C_x（N/mm³）	平均伸缩缝间距（m）	最大温度应力σ_{max}（N/mm²）	最大裂缝宽度δ_{fmax}（mm）
7×10^{-2}	140（后浇带合拢后）	1.31	0.13

侧壁浇筑温度作用计算（$H = 4.8m$，$T = 17℃$）　　表 4.5-13

水平阻力系数C_x（N/mm³）	平均伸缩缝间距（m）	最大温度应力σ_{max}（N/mm²）	最大裂缝宽度δ_{fmax}（mm）
40×10^{-2}（后浇带合拢后）	120	1.39（$L = 117m$）	0.12
1.0（后浇带合拢前）	76.0	1.38（$L = 72m$）	0.07

注：侧壁后浇带合拢后温度作用计算根据4.5.1节有限元模型分析结论取$C_x \approx 40 \times 10^{-2}$N/mm³。

　　根据上述计算结果可知，控制塔楼底板后浇前综合温差不大于45℃，裙房底板后浇前综合温差不大于22℃，后浇后综合温差不大于17℃，侧墙控制后浇前后综合温差均不大于17℃，可以满足施工阶段底板和侧壁裂缝控制要求。最后采用有限元程序 MIDAS 对温度应力进行了校核（图 4.5-12），底板按水平阻力系数$C_x = 7 \times 10^{-2}$N/mm³换算为弹性支座刚度输入有限元模型进行计算，地下室底板及侧墙在降温17℃（塔楼范围厚板区45℃）温度作用下，最大正应力位于地下室中部，底板最大拉应力为 1.7N/mm²，侧墙最大应力为1.8N/mm²（图 4.5-13），均小于混凝土抗拉强度值。工程于 2021 年竣工并投入使用后运营良好。

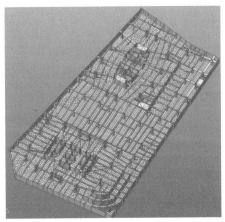

图 4.5-12　双塔整体模型和底板、侧墙有限元网格划分

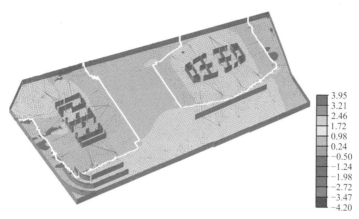

图 4.5-13　地下室长向温度应力云图（MPa）

4.6　结语

结合大型项目地下结构工程实践和试验，对高抗浮水位条件下岩溶发育的岩石地基上超深超长地下结构大体积混凝土的裂缝控制进行了理论计算与分析，除采用补偿收缩混凝土加强养护等常规措施外，将底板下水平阻力系数C_x降至小于 $7 \times 10^{-2} \mathrm{N/mm^3}$，对控制施工阶段产生裂缝尤为重要。通过采用改进型防水滑动层以及可释放水平刚度的锚杆（桩）显著降低地基水平阻力系数的关键技术，达到了超深超长地下污水构筑物较高的裂缝控制预期目标。同时，通过案例对不同地基水平阻力系数下大体积混凝土底板和侧壁平均伸缩缝间距、最大温度应力和最大裂缝宽度的计算分析，针对不同抗渗要求和长度的超长地下建筑物采取合适的建筑及结构防水技术措施，以及正确判断是否需采用专利技术进行设计提供了有价值的参考；成功解决了岩溶岩石地基上超深超长地下室和构筑物大体积混凝土结构长期以来容易开裂渗漏的技术难题。

《建筑与市政工程防水通用规范》GB 55030—2022[13]考虑到在建（构）筑物使用过程中渗漏严重影响使用功能并可能影响结构耐久性和安全性，以及进行渗水治理时外设防水层难于更换，维修成本较高，因此规定了地下工程防水设计工作年限不应低于工程结构设计工作年限。实际工程中，可以通过调整柔性防水层层数和厚度，使其水平阻力系数C_x达到预期值，即$(3 \sim 7) \times 10^{-2} \mathrm{N/mm^3}$，必要时采用专利最佳组合防水层厚度时，$C_x$可降至小于 $2 \times 10^{-2} \mathrm{N/mm^3}$，使岩石地基上基础筏（底）板抗裂控制达到板下外约束介质与软黏土相当的先进水平。

参 考 文 献

[1]　赖庆文，邓曦，王星星，等. 岩石地基超深超长地下结构裂缝控制设计[J]. 建筑结构，2023, 53(S2): 1261-1266.

[2] 柯玉伟, 李斌, 马镇炎. 恒丰贵阳中心超长嵌固端楼板温度应力分析与设计[J]. 建筑结构, 2019, 49(3): 52-56.

[3] 钟建敏, 唐亮. 苏州中心广场项目超长大地下室结构设计[J]. 建筑结构, 2018, 48(23): 55-60.

[4] 王铁梦. 工程结构裂缝控制[M]. 北京: 中国建筑工业出版社, 2017.

[5] 住房和城乡建设部. 大体积混凝土施工标准: GB 50496—2018[S]. 北京: 中国建筑工业出版社, 2018.

[6] 住房和城乡建设部. 超长混凝土结构无缝施工标准: JGJ/T 492—2023[S]. 北京: 中国建筑工业出版社, 2023.

[7] 李翠翠, 许卫晓, 张同波, 等. 岩体地基地下室底板水平阻力系数研究[J]. 施工技术, 2020, 49(7): 27-33.

[8] 中国建筑标准设计研究院. 建筑结构抗浮锚杆: 22G815[S]. 北京, 2022.

[9] 金新阳. 建筑结构荷载规范史料纵览精选[M]. 北京: 中国建筑工业出版社, 2018.

[10] 住房和城乡建设部. 建筑结构荷载规范: GB 50009—2012[S]. 北京: 中国建筑工业出版社, 2012.

[11] 吴伟, 周晨, 唐玉宏, 等. 超长水池温度应力分析及探讨[J]. 特种结构, 2019, 36(6): 88-92.

[12] 住房和城乡建设部. 混凝土结构耐久性设计标准: GB/T 50476—2019[S]. 北京: 中国建筑工业出版社, 2019.

[13] 住房和城乡建设部. 建筑与市政工程防水通用规范: GB 55030—2022[S]. 北京: 中国建筑工业出版社, 2022.

第 5 章

坡地建筑物的设计

5.1 概述

我国的西南地区山区较多,城市的空间有限,将城市及周边的山地用作建设用地意义重大,但山地上建设的坡地建筑边界约束条件、地基的稳定性等都要比平地建筑复杂。场地和地基的稳定性,是决定能否适于拟建建筑的重大问题,《建筑与市政地基基础通用规范》GB 55003—2021[1]规定了对受水平荷载作用的工程或位于斜坡上的工程结构,应进行地基稳定性验算。

影响场地稳定性的因素主要是不良物理地质作用和不恰当的工程活动。贵州地区常见的不良物理地质作用主要是滑坡、岩溶、土洞及山洪泥石流,大挖方、高填方、大量抽排地下水引起地面塌陷、废弃的采矿坑道等则是人工活动造成的隐患。评价各种不稳定因素对拟建场地和地基的影响,必须首先查明其成因、发育特征、形成历史、规模及分布范围,并根据自然或人工因素随时间和空间的变化,动态预测其可能的发展趋势,全面地作出正确评价。

边坡上有建筑物和构筑物的边坡工程应符合《建筑边坡工程技术规范》GB 50330—2013[2]中对于"坡顶有重要建筑物的边坡工程"的相关规定,支护结构的岩土侧向压力也应按此规定取值;为使边坡的变形量控制在允许范围内,根据建筑物基础与边坡外边缘的关系和岩石外倾结构面条件,应对岩土侧向压力进行放大。

坡地上的建筑,受场地约束条件的限制,一般不具备双向均匀对称的条件,在地震作用或风荷载等水平荷载作用下,建筑物将产生扭转,属于平面甚至竖向不规则结构,可按《山地建筑结构设计标准》JGJ/T 472—2020[3]的要求进行设计;既有建筑边坡工程鉴定与加固应符合《建筑边坡工程鉴定与加固技术规范》GB 50843—2013[4]的要求。对于超过文献[2]适用范围的边坡、大型复杂边坡或边坡上有超限的重要高层或大跨度建筑时,尚应进行边坡专项稳定性评价和边坡专项设计,采取有效、可靠的加强措施。

5.2 《贵州建筑地基基础设计规范》DBJ 52/T045—2018 对坡地建筑工程的规定

5.2.1 一般规定[5]

位于坡地上的建筑应进行专门的场地及地基稳定性评价,评价内容应包括工程地质、水文地质、建筑物作用效应、施工开挖、使用期内地下水和地表水的影响等。详细的工程地质勘察应查清岩石结构面所在位置，对边坡稳定性作出准确的评价，并对周围环境的危害性作出预测，提供边坡设计所需要的各项参数。

建筑物的布局应依山就势，减少对环境的不利影响，布置建（构）筑物平面和场地竖向高程设计应根据山地边坡的走向和坡角，采用稳定性较好的接地方式。倾斜形或阶梯形接地方式的建筑，建筑物底部宜为台阶形；当采用错层、掉层、跌落及跌错的接地方式时，宜将斜坡设置成台阶形，台阶的高宽比应满足稳定的要求。建筑物的地基基础应避开高陡的坡体边缘、古滑坡、可能产生边坡滑塌、岩溶强发育的区域，并不得设置在存在外倾软弱结构面的岩体上或不稳定的坡体上。

平整场地时，应采取合理的施工顺序和方法，避免滑坡、崩塌等不良地质现象的发生，保证周边建筑物的安全；环境挡墙等支护结构宜与建筑的基础分开设置。当结构主体兼作支挡结构时，应考虑基础与上部结构的变形协调，且支挡结构还可能在底部造成刚度不均匀而产生较大的扭转效应。在斜面或坡顶上建造的高层和重要的建筑物，宜采用桩基础，并采用适当降低坡高、减缓坡角等措施。

边坡上的建筑基础与支护结构应有足够的距离，位于斜坡或邻近坡顶的桩基础设计应考虑桩与坡地的相互影响，桩底应设置在边坡或斜坡潜在破裂面以下足够深度的稳定岩土层内；桩基与边坡、斜坡面应留有足够的距离；桩基不宜采用挤土桩。

边坡上的建筑基础或桩承台边缘与坡顶边缘的水平距离，可近似按《建筑地基基础设计规范》GB 50007—2011[6]第5.4.2条关于浅基础与坡顶距离的规定确定（图5.2-1）；对于无外倾结构面岩质边坡，基础外边缘到坡面的水平距离a尚不应小于基底到基坑底的高度（对桩基础，基础外边缘取嵌岩面处桩的外边缘）。基础应采取措施将荷载直接传至边坡潜在破裂面以下足够深度的稳定岩土层内，如合理设置地下室，桩基嵌入持力层深度确保边坡地基整体稳定和局部稳定，桩基的水平承载力应按边坡现场岩土实际情况考虑边坡变形影响确定。

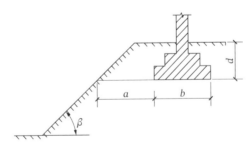

图5.2-1 边坡上的基础

文献[7]针对山地城市坡地建筑（图5.2-2）中建筑边距（建筑基础与坡顶边缘的水平距离）对岩坡地基及上部结构影响进行了数值分析，建立了一个边坡地基、坡顶框架结构及筏形基础共同作用的三维计算模型，岩质边坡地基为10m直立边坡，基础采用筏形基础。文献[8]重点分析了各种建筑边距情况下考虑共同作用后的边坡地基强度变形情况及上部框架结构与筏形基础的内力和变形情况，结论显示，增大建筑边距能有效减小坡体水平位移，上部结构的水平位移随之减小，结构弯矩分布趋于对称，提高了边坡和坡顶上部结构的安全性。

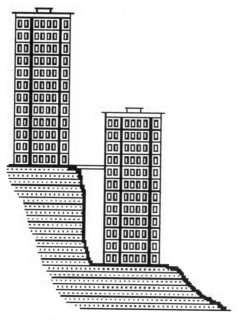

图 5.2-2　山地城市坡地建筑

5.2.2　分析方法

边坡工程稳定性评价应考虑其上全部建（构）筑物竖向和水平荷载作用下、施工过程和使用阶段（含地下水和地表水）对边坡整体和局部造成的不利影响。验算坡地、岸边桩基整体稳定性时采用综合安全系数法，边坡稳定安全系数按照文献[2]表 5.3.2 中一级边坡取值，并采用动态勘察、动态设计法和信息法施工。

边坡稳定性评价应根据边坡岩土工程条件，采用定性分析和定量分析相结合的方法进行。定性分析后根据边坡可能破坏模式确定计算方式，计算土质边坡、极软岩边坡、破碎或极破碎岩质边坡的稳定性时，采用圆弧形滑面；计算沿结构面滑动的稳定性时，根据结构面形态采用平面或折线形滑面，如上部土层沿岩土界面折线滑动可采用折线滑动法，中风化岩层沿层面滑动可采用平面滑动法[2]。

边坡抗滑移稳定性计算可采用刚体极限平衡法。刚体极限平衡法计算边坡抗滑稳定性时，根据滑面形态按文献[2]附录 A 选择具体计算方法，包括圆弧滑动面、直线滑动面和折线滑动面的边坡稳定性系数的计算。对结构复杂的岩质边坡，可结合采用极射赤平投影法和实体比例投影法；当边坡破坏机制复杂时，可采用数值极限分析法。定量分析一般采用软件进行，常用的有理正岩土、GEO5、Oasys Slope、PLAXIS 2D/3D 等商用软件。文献[2]规定永久边坡稳定安全系数 F_{st} 如表 5.2-1 所示，边坡稳定性状态按表 5.2-2 确定。

永久边坡稳定安全系数 F_{st} 　　　　　　　　　　　　　　表 5.2-1

安全等级 计算工况	边坡工程安全等级		
	一级边坡	二级边坡	三级边坡
一般工况	1.35	1.3	1.25
地震工况	1.15	1.10	1.05

边坡稳定性状态划分 　　　　　　　　　　　　　　表 5.2-2

边坡稳定性系数 F_s	$F_s < 1.0$	$1.0 \leqslant F_s < 1.05$	$1.05 \leqslant F_s < F_{st}$	$F_s \geqslant F_{st}$
边坡稳定性状态	不稳定	欠稳定	基本稳定	稳定

坡顶有建筑的边坡抗滑移稳定性计算简图如图 5.2-3 所示,分析时应考虑建筑物基础传递的重力荷载(V)、风荷载(H)、地震作用(H),以及边坡坡体自身的地震作用(Q)。

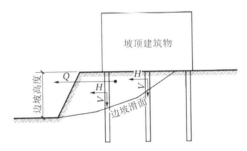

图 5.2-3　边坡抗滑移稳定性计算简图

5.2.3　荷载取值及抗震验算

风荷载标准值应按《建筑结构荷载规范》GB 50009—2012[9]的相关规定计算。对于山区建筑物,风压高度变化系数还应考虑地形条件的修正,超过 60m 的高层建筑水平风荷载作用取 100 年基本风压。地震稳定性计算多采用极限平衡法和静力数值计算法,在边坡顶建造建筑物时,应估计不利地段对设计地震动参数可能产生的放大作用[10],地震影响系数最大值增大系数可根据不利地段的具体情况在 1.1～1.6 范围内采用。

根据文献[2]第 5.2.6 条,对其上无重要建筑物的边坡岩体和土体的综合水平地震系数 α_w,在 7 度时取 0.025。根据《构筑物抗震设计规范》GB 50191—2012[11]第 4.6.3 条,有构筑物的边坡综合水平地震系数在 7 度时取 0.035。因建筑物一般比构筑物重要,考虑到基础震后修复的困难性,《贵州建筑地基基础设计规范》DBJ 52/T045—2018[5]对边坡基础稳定性的抗震设防目标设定为:当遭受相当于本地区抗震设防烈度的地震影响时,不能损坏,一般无须修理即可使用;当遭受高于本地区抗震设防烈度的地震影响时,容许部分受损但不能完全失效,综合水平地震系数比文献[2]提高一度,比文献[11]提高约半度取值。采用拟静力法进行地震稳定性计算时,边坡岩体和土体的综合水平地震系数 α_w 6 度时可取 0.025,7 度时可取 0.05[5]。《山地建筑结构设计标准》JGJ/T 472—2020[3]对大震下的边坡综合水平地震系数 α_w 也作了规定。综上所述,各种设防烈度下边坡上有重要建(构)筑物的边坡综合水平地震系数 α_w 可按表 5.2-3 的规定采用,其中小震比文献[2]提高一度设防,大震同文献[3]，中震取大震的 1/2。

边坡综合水平地震系数 α_w

表 5.2-3

设防烈度		6 度	7 度	
地震峰值加速度（g）		0.05	0.10	0.15
综合水平地震系数 α_w	小震	0.025	0.05	0.075
	中震	0.05	0.08	1.05
	大震	0.10	0.16	0.21

重点设防类的高层建筑宜按设防地震（中震）作用计算基底内力，边坡稳定安全系数 F_{st} 不小于 1.15。当基础置于有临空面岩体上，不满足埋深要求时，宜取罕遇地震（大震）作用验算稳定性，边坡稳定安全系数 F_{st} 不小于 1.05，并采取有效措施。超限的重要高层或大跨度建筑尚应取罕遇地震作用复核边坡达到基本稳定状态，边坡稳定安全系数 F_{st} 可根据其上建（构）筑物重要性取 1.05～1.15。大型复杂边坡上有超限的重要高层或大跨度建筑时，边坡稳定分析尚宜采用不同地震作用下的动力有限元分析或残积位移方法，补充岩土动参数的测定。

边坡上的建（构）筑物基础设计应满足竖向和水平风荷载作用下的抗滑移和抗倾覆要求；基础埋深不足时，超过 60m 的高层建筑尚宜取罕遇地震作用验算基础。基岩上覆土层或外倾岩石层边坡应处于静力自稳定状态，否则应设置附加抗滑桩、挡土墙或锚杆等支护结构，以保证上覆岩土层稳定，确保建（构）筑物基底满足嵌固端要求并使实际嵌固位置满足计算假定。边坡上为避免大挖大填造成埋深不够的建筑物底部采用不等高嵌固端时，基础设计应按符合实际的计算简图，考虑上部结构受力特点、动力特性及抗滑移和抗倾覆对基础的影响。高层建筑埋深不足时，应采取可靠措施加大地下室和基础刚度，加强结构和基础的整体性，增强基础的整体抗滑移和抗倾覆能力。支护结构和桩基尚应按相关规范验算水平承载力、变形和抗拔承载力。

建造于坡地岸边的建筑桩基，附加重力荷载改变了原有的静力平衡，使整体稳定安全系数有所降低，宜采用嵌岩灌注桩。边坡上有建（构）筑物采用桩基时，考虑到桩侧阻力尚要在滑动面上传递竖向荷载产生的径向分力和切向分力的不利作用，边坡稳定性验算（包括小震工况）一般不考虑工程桩基的抗滑作用，稳定性不满足时宜设置支护结构及加大桩深，且基桩水平抗震承载力宜满足平整场地不计承台侧壁弹性土体水平抗力条件下的验算要求，使之满足基底嵌固端要求和边坡上工程桩可靠性要求。

坡地建筑的边坡工程应进行包括抗震计算的专项设计，抗震设防区尚应验算最不利荷载效应组合下基桩水平承载力，当需要取设防烈度地震作用和罕遇地震作用验算时，可参考上海市地方标准《地基基础设计规范》DGJ 08—11—2010[12]，适当考虑桩基的抗滑作用。当采用设防烈度地震作用验算整体稳定性时，可考虑桩基截面承担不大于 10%总抗滑力的抗滑作用，桩端嵌入外倾滑动面或软弱结构面以下稳定土层的深度不宜小于 $4.0/\alpha$（α 为桩的水平变形系数）或不宜小于 5 倍桩径；取罕遇地震作用验算时，一般可考虑桩基截面承担抗滑作用，桩身受剪承载力标准值可考虑桩身轴向压力（桩顶轴压力标准值扣除滑动面以上桩的总极限侧阻力）影响，按《混凝土结构设计规范》GB 50010—2010[13]计算；当计算得到中大震的稳定安全系数偏低时，可采取增大桩径、加密箍筋、加大箍筋直径等方法，提高桩基础的受剪承载力。以上计算方法可按《建筑桩基技术规范应用手册》[14]中"坡地岸边桩基整体稳定性抗震验算"一节进行。

5.2.4 地基承载力

参考重庆市地方标准《建筑地基基础设计规范》DBJ 50—047—2016[15]，对于位于坡角 β 小于 45° 且坡高小于 8m 的稳定土质边坡或极破碎岩质边坡上的基础（参见图 5.2-1），当其垂直于坡顶边缘线方向的基础底面边长 $b \leqslant 3m$，对于条形基础，基础底面外缘到坡面的水平距离 $a \geqslant$ 该边长的 3.5 倍，对于矩形或圆形基础，$a \geqslant$ 该边长的 2.5 倍且 $\geqslant 2.5m$ 时，可仅按平地地基进行承载力验算。对于无外倾结构面、岩体完整、较完整或较破碎且稳定的岩质边坡（图 5.2-4），边坡地基承载力特征值可根据平地地基承载力特征值折减估算（表 5.2-4）。

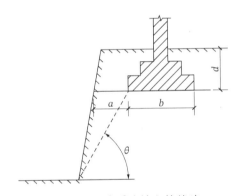

图 5.2-4 岩质边坡上的基础

对位于土质边坡、破碎或极破碎岩质边坡和有外倾结构面的岩质边坡上的基础，边坡地基承载力特征值应根据坡上建（构）筑物基础反算的基础底面极限压力除以地基承载力安全系数的方式估算，地基承载力安全系数对土质边坡应取 2，对岩质边坡应取 3。坡上建（构）筑物基础底面极限压力应采用边坡稳定性的反算确定。反算时除结构面充当滑面外，滑面采用从基础底面内边缘通过的圆弧形滑面，边坡稳定系数取 1，当有边坡支护结构时，可将支护结构有效抗力计入[15]。

边坡地基承载力折减系数 表 5.2-4

基础外边缘与坡脚连线倾角	90°～75°	75°～50°	50°～15°	15°～0°
折减系数	0.33～0.50	0.50～0.67	0.67～0.85	0.85～1.00

5.2.5 坡顶有建筑物支护结构设计

边坡工程的支护结构和建筑物基础设计应考虑相互作用的影响，宜统一考虑，坡地建筑结构要特别重视正确确定嵌固端，并与计算假定一致；用作结构嵌固的边坡应达到大震作用下不破坏的性能要求。建筑物位于岩土质边坡塌滑区、土质边坡 1 倍边坡高度和岩质边坡 0.5 倍高度范围的边坡优先采用抗滑桩板式挡墙、排桩式锚杆挡墙、锚拉式桩板挡墙等支护结构，应考虑建筑物与边坡支护结构的相互影响，并结合场地开挖形成的支挡结构与主体结构的实际关系和治理后的岩土边坡稳定性监测结果采用动态设计法。因附加重力荷载改变了原有边坡的静力平衡，当承受地震作用、风荷载等水平作用时，对坡顶有建筑的边坡进行稳定性分析时，应考虑建筑物基础传递的重力荷载、风荷载、地震作用，以及边坡坡体自身的地震作用。根据边坡场地的地质特征，边坡滑面的形态可能为圆弧滑动面、折线滑动面或直线滑动面，分别采取不同的稳定性计算方法进行计算。

当建筑物基础采用桩基础时，应按照边坡场地的地质特征以及是否穿越滑动面、是否采取隔离措施等，考虑建筑物的重力荷载。对于完整程度较好的岩质边坡，如果设计桩基础埋深穿越岩层滑动面且基础周边与岩石间设有软性弹性材料隔离层，或进行了空位构造处理时，基础所受重力荷载不传递给边坡坡体，可忽略其对边坡及支挡结构的影响，但结构嵌固端也需相应下移，且嵌固端以上的桩身应按抗震等级不低于相邻上部竖向构件的框架柱设计。对于土质边坡或破碎、极破碎岩质边坡的情况，基础传力机制比较复杂，重力荷载传递比例不易确定，出于安全考虑，应计入基础所受重力荷载对边坡的影响。位于坡地、岸边的基桩应沿桩身等截面或变截面通长配筋，穿越岩溶洞室的临空部分桩身、斜坡上基桩的外露部分桩身应按框架柱配筋。

5.2.6　边坡工程排水设计及监测

边坡上有建（构）筑物的边坡工程应符合文献[2]中对于"边坡工程排水"的相关要求。降雨较多、地下水位较高或边坡上有多层岩土时，宜考虑水位变化和渗流压力对边坡稳定产生的不利影响，位于较大型河（岸）边的边坡工程尚应根据水文地质条件考虑河（岸）水位和水位变动的不利影响。坡地地基应在充分保护和利用原有排水体系的前提下，合理设置排水、截水系统，保证排水的顺畅；坡地的排水设计应结合边坡的排水与坡面保护，构成坡顶与坡面相结合的排水系统。地下室设计尚应符合地下工程抗浮和防水设计的要求。

坡地建筑的边坡工程必要时应长期监测并进行定期维护，对于超限边坡工程，设计单位尚应明确边坡的监测项目、监测频率、监测点数量及位置、监测控制值和报警值等技术要求。

5.2.7　岩质边坡稳定性

贵州地区边坡上新建的建筑物大多选取稳定的岩质边坡，但因岩溶发育，地下水发育，有外倾软弱结构面的顺向岩质边坡的设计较为困难，边坡的稳定性验算是设计的关键，当存在多个顺向软弱结构面时应逐一对多个滑动面进行验算。定性划分边坡岩体稳定性时，如结构面或结构面交线的倾向与坡面倾向相反，边坡为稳定结构；如结构面或结构面交线的倾向与坡面倾向一致，倾角大于坡角时，边坡为基本稳定结构，倾角小于坡角时，边坡

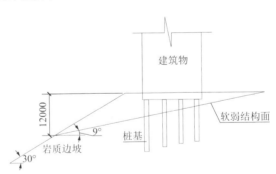

为不稳定结构；当结构面或结构面交线的倾向与坡面倾向夹角小于 45°（或小于 35°），倾角大于坡角时，边坡为基本稳定结构，倾角小于坡角时，边坡为不稳定结构。

根据边坡稳定性优势面定量划分边坡岩体稳定程度。所谓"优势面"是指对边坡岩体稳定性起控制作用的结构面，如上述定性评价中构成边坡基本稳定和不稳定结构的结构面、断层面（带）、滑坡滑动面（带）等。优势面构成边坡岩体滑移的边界，根据其可能的破坏模式，如崩塌型、错落型、滑动型等，选用不同的数学模型予以数值分析。

对于滑动型，可按平面滑动、折线形滑动、楔形滑动（对厚度较大的全、强风化带，亦可采用圆弧形滑动）模式，分别用边坡稳定性安全系数 F_{st} 对边坡稳定性进行分区段划分。岩质边坡稳定性验算简图可按文献[2]附录第 A.0.2 条平面滑动面或第 A.0.3 条折线形滑动面求解，考虑桩基抗滑的边坡稳定性验算可参考文献[14]折线形滑动面传递系数法。

【案例一】某超高层建筑位于顺向泥质岩边坡上（图 5.2-5），坡角 $\beta = 30°$，泥岩软弱结构面倾角 $\theta = 9°$，内摩擦角 $\varphi = 12°$，黏聚力 $c = 10kPa$，岩体重度 $\gamma = 26kN/m^3$。抗震设防烈度为 6 度，地震动参数放大系数取 1.3；建筑物底面尺寸为 $60m \times 25m$；总重 850000kN；桩径 1600mm，混凝土强度等级为 C35，桩数 36 根。边坡稳定性验算如表 5.2-5 所示[16]。

抗滑稳定性计算简图按文献[2]附录第 A.0.2 条进行，因桩为端承桩，偏于安全地将建筑物自重传到滑移面以下验算。经验算，边坡在中震和大震下，如不考虑桩的作用，不满足稳定性要求；考虑桩混凝土截面受剪承载力对抗滑的贡献后边坡处于稳定状态，满足文献[14]的要求，桩身受剪承载力未考虑箍筋作用，验算暂未考虑地下水不利影响，桩端嵌入软弱结构面下稳定中风化灰岩 5 倍桩径和 $4.0/\alpha$，取 8m。边跨工程桩在大震的倾覆弯矩下受拉，还需按抗拔桩设计验算。

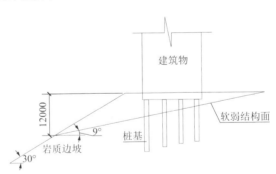

图 5.2-5　顺向泥质岩边坡上建筑物

边坡稳定性系数 F_s 验算　　　　　　　　　　　　　　　　　　　　　表 5.2-5

作用	建筑物基底剪力（kN）	边坡稳定安全系数 F_s（未考虑桩作用）	边坡稳定安全系数 F_s（考虑桩作用）
风荷载	19000	1.54 > 1.35	—
中震	48000	1.05 < 1.15	1.16 > 1.15
大震	90000	0.74 < 1.05	1.18 > 1.15

注：中震考虑桩基作用时取桩基承担 10%总抗滑力。

【案例二】文献[17]采用了平面滑动法和有限元法两种方法，对贵州地区某建筑边坡稳

岩溶山区基础工程与结构设计实践

— 74 —

定性分别进行了不考虑上部建筑荷载和考虑上部建筑荷载两种情况下的分析，如图 5.2-6、图 5.2-7 所示[17]。在利用有限元法对边坡的稳定性进行分析时，边坡失稳的判据主要有两种：①有限元计算不收敛；②形成贯通的塑性区。利用文献[8]给出的强度折减的方法，依次对边坡岩土体采用不同的折减系数进行试算，直至边坡失稳，失稳前的折减系数即为安全系数。

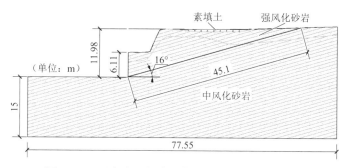

图 5.2-6　不考虑上部建筑荷载顺向岩坡计算模型

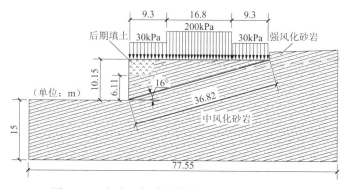

图 5.2-7　考虑上部建筑荷载顺向岩坡计算模型

由试算结果可知，该建筑边坡考虑上部建筑荷载时，用平面滑动法计算的安全系数与有限元法计算结果相比偏大且相差较大，本例差值为 28.86%。有限元法计算的塑性贯通区与平面滑动法推测的滑动面相差甚远，这种情况下利用规范推荐的平面滑动法的计算结果不符合工程实际且不安全，说明在类似复杂的荷载和工程地质条件下，应用有限元法比较符合工程实际。

5.3　坡顶建筑物基础设计相关问题的讨论

1）如果设计方案在基础（或桩基）周边和稳定岩面以上的岩土间设置隔离层[2]，使上部竖向荷载可以直接传给持力层，从而对边坡支挡结构影响大为减少，边坡支挡结构也按不考虑建筑物基础传递的垂直荷载、水平荷载和弯矩对其强度和变形的影响进行设计时，上部结构设计仍然将嵌固端设在基顶或桩顶就很可能与实际不符，特别是桩的配筋率不大时，会给结构基础甚至边坡稳定造成较大的安全隐患。此时应将基础嵌固端设置在隔离层以下的稳定岩面上，确保计算与实际一致，但也会造成上部结构不等高嵌固、实际基础设计难度加大、底部高度和造价增加等问题；而且不等高嵌固的边界约束条件还将使结构在垂直于坡度的方向产生扭转效应及结构抗震平面和竖向不规则超限等一系列复杂工程问题。

2）如果支挡结构刚度不足以满足坡地建筑结构底部嵌固端的条件，工程基桩在倾斜荷载下位移特性十分复杂，文克尔地基模型假定基础上推导的水平位移与倾斜荷载关系为非线性，使水平荷载下基桩水平位移计算公式不再适用于倾斜荷载下基桩水平位移计算。工程实际中，地基土表现为非线性，在倾斜荷载下基桩水平位移分析时不宜忽略桩自重，竖向荷载对水平位移分析计算影响显著，弯矩对基桩水平位移特性影响较大，桩身倾斜角度对水平位移特性影响显著，都使倾斜荷载下基桩水平位移计算变得更加复杂。实际设计时，因柱脚为弹性约束非完全嵌固，存在一定的水平位移和转角变形，宜建立以桩底标高作为嵌固端，考虑边坡土体与桩共同作用的有限元模型进行分析。计算土体弹塑性变形和桩基变形对上部建筑的影响时，分析难度很大，常规的结构基础计算软件难以完成，此时可建立平面的土和结构相互作用 ANSYS 分析模型对抗震性能进行分析，可发现结构的抗震性能受地基影响显著。考虑土和结构相互作用的精细有限元分析方法是进行山地建筑结构抗震性能分析的理想模型，但由于计算的复杂性和计算参数的敏感性，三维模型更难建立，一般不可能在常规的结构设计分析中直接和准确地应用。

3）如果基础或桩基和岩土间不设置隔离层，坡体下滑力对基础或桩基有影响，基础或桩基也将上部结构的各种内力通过边坡传递给支挡结构。此时支挡结构，特别是采用抗滑桩设计时，应作为保证坡地建筑结构底部嵌固端的重要条件。但结构设计将嵌固端设在基顶或桩顶时，各种规范对支挡结构的桩顶位移限值无相应的规定，在进行支护结构的变形验算时，可控制在建筑物基础传递的风荷载、地震作用下支护结构的顶部附加变形值，支挡结构的抗震性能目标不应低于主体结构以保证嵌固端条件。例如，参考《建筑桩基技术规范》JGJ 94—2008[18]的有关规定，建筑物传来的基底水平力和倾覆弯矩（可按 100 年风荷载和中震取）引起的支挡结构附加水平位移不大于 10mm，总位移满足变形限值。当支挡结构设计能承受大震下建筑物传递的全部内力和边坡下滑力作用时，边坡稳定性可按上文第 5.2.3 节验算，结构设计一般比前面两种方案相对简单。

5.4 算例

5.4.1 项目概况

某工业酒库项目，位于贵州省仁怀市，总建筑面积约 10 万 m²。其中 6 号酒库位于边坡顶部，地上 5 层，钢筋混凝土框架结构，基础均采用桩基础，项目所在场地剖面和具体边坡剖面如图 5.4-1、图 5.4-2 所示。边坡坡体以压实填土为主，土体重度取 19.0kN/m³，土的内摩擦角为 25°，黏聚力为 5kPa，边坡高度为 10.5m，采用单排抗滑圆桩进行支护。

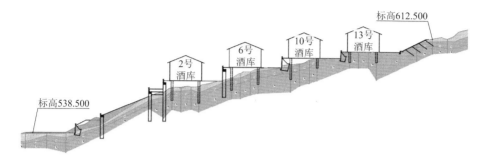

图 5.4-1　项目场地剖面

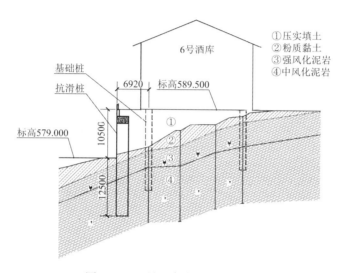

图 5.4-2　6 号酒库位置的边坡剖面

5.4.2　重力荷载、风荷载和地震作用计算

酒库首层未设置梁板结构，地面荷载按 10kN/m² 考虑。建筑采用桩基础，重力荷载一部分传递给桩端的中风化泥岩，一部分传递给桩侧的土层。边柱桩基直径为 1.4m，填土厚 8.2m，填土的极限侧阻力标准值取 28kPa，单根桩基传递给桩侧填土的重力荷载计算如下：

$$Q_{sk} = uq_{sk}l = (3.14 \times 1.4) \times 28 \times 8.2 = 1009kN$$

建筑物位于山坡上，风荷载的风压高度变化系数需考虑地形条件的修正[9]。山坡平均坡度为 10°，山坡全高为 74m，建筑物计算位置离地面的高度取 22m，修正系数 η_B 计算如下。将计算得到的修正系数 1.482 输入 YJK 结构计算软件中，计算得到建筑物单根边柱桩基传递的风荷载为 72kN。

$$
\begin{aligned}
\eta_B &= \left[1 + \kappa \tan\alpha \left(1 - \frac{z}{2.5H} \right) \right]^2 \\
&= \left[1 + 1.4 \times \tan 10° \times \left(1 - \frac{22}{2.5 \times 74} \right) \right]^2 \\
&= 1.482
\end{aligned}
$$

建筑物所在场地的抗震设防烈度为 6 度，分组为第一组，建筑场地类别为 Ⅱ 类。建筑物位于抗震不利地段，应考虑不利地段对设计地震动参数可能产生的放大作用，地震影响系数的增大系数取为 1.35[10]。将此增大系数输入 YJK 结构计算软件中, 计算得到建筑物单根边柱桩基传递的地震作用为 195kN。

5.4.3 岩土侧向压力计算

本项目的岩土侧向压力采用朗肯土压力公式计算[2], 边坡高度 $H = 10.5\text{m}$, 坡脚线到坡顶建筑物基础的水平距离 $a = 6.9\text{m}$, 即 $0.5H \leqslant a \leqslant 1.0H$, 需要对岩土侧向压力进行放大。计算得到主动土压力 E_a 为 401.16kN/m, 静止土压力 E_0 为 665.36kN/m, 放大后的岩土侧向压力约为 533.3kN/m（表 5.4-1、表 5.4-2）。

主动土压力计算表　　　　　　　　　　　　　　　表 5.4-1

岩土层	γ （kN/m³）	h （m）	q （kN/m²）	c （kPa）	φ	K_a	e_{ai} （kN/m²）	E_a （kN/m）
压实填土	19.00	0.00	10.00	5.00	25.00	0.41	−2.31	—
	19.00	10.50	10.00	5.00	25.00	0.41	78.66	401.16

静止土压力计算表　　　　　　　　　　　　　　　表 5.4-2

岩土层	γ （kN/m³）	h （m）	q （kN/m²）	c （kPa）	φ	K_0	e_{0i} （kN/m²）	E_0 （kN/m）
压实填土	19.00	0.00	10.00	5.00	25.00	0.58	5.77	—
	19.00	10.50	10.00	5.00	25.00	0.58	120.96	665.36

5.4.4 边坡剩余下滑力计算

取典型剖面进行剩余下滑力计算。建筑物边柱柱距为 7m, 需将建筑物基础传递的重力荷载、风荷载和地震作用换算成每延米的荷载或作用。换算后, 建筑物传递的重力荷载为 144kN/m, 风荷载为 10.3kN/m, 地震作用为 28kN/m。将风荷载归于一般工况, 边坡稳定安全系数取 1.35。地震作用属于地震工况, 边坡稳定安全系数取 1.15。采用 GEO5 软件计算边坡剩余下滑力, 两种工况下的计算模型如图 5.4-3、图 5.4-4 所示。

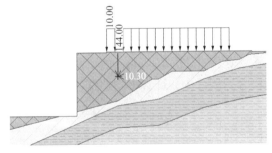

图 5.4-3　一般工况下计算模型

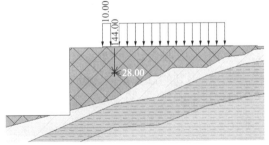

图 5.4-4　地震工况下计算模型

边坡坡体以压实填土为主, 边坡的破坏模式为圆弧形滑动, 采用 GEO5 软件搜索最大剩余下滑力的圆弧滑动面, 计算结果如图 5.4-5、图 5.4-6 所示。在一般工况下, 边坡稳定系数为 0.77, 剩余下滑力为 399.50kN/m; 在地震工况下, 边坡稳定系数为 0.72, 剩余下滑力为 377.38kN/m。

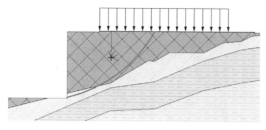

边坡稳定性验算［不平衡推力法（隐式）］
安全系数＝0.77＜1.35
边坡稳定性 不满足要求
滑动面前缘剩余下滑力F_n＝399.50kN/m
剩余下滑力倾角α＝14.29°

图 5.4-5　一般工况下剩余下滑力计算结果

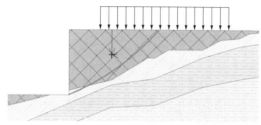

边坡稳定性验算［不平衡推力法（隐式）］
安全系数＝0.72＜1.15
边坡稳定性 不满足要求
滑动面前缘剩余下滑力F_n＝377.38kN/m
剩余下滑力倾角α＝22.92°

图 5.4-6　地震工况下剩余下滑力计算结果

5.4.5　支护结构设计

按照上述计算可得到支护结构的岩土侧向压力为 533.3kN/m，按照边坡稳定性计算方法可得到边坡的剩余下滑力为 399.5kN/m，支护结构上的计算作用力取两者的较大值即 533.3kN/m。支护结构悬臂高度为 10.5m，采用单排抗滑圆桩进行支护，抗滑桩桩径取为 2.2m，桩间距 4.0m。采用 GEO5 软件对抗滑桩进行承载力验算和变形验算，在岩土侧向压力作用下，桩顶位移为 38.0mm，桩身最大弯矩标准值为 2846.4kN·m/m，桩身最大剪力标准值为 533.3kN/m，计算结果如图 5.4-7 所示。抗滑桩纵筋配置 84 根直径 32mm（HRB400）钢筋，箍筋配置直径 16mm（HRB400）、间距 150mm 钢筋可满足要求。

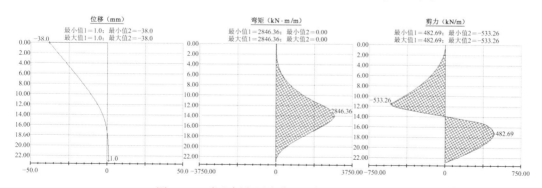

图 5.4-7　岩土侧向压力作用下抗滑桩计算结果

为保证坡顶建筑物基础的有效嵌固，需严格控制支护结构的变形。建筑物基础传递的风荷载为 10.3kN/m，建筑物基础传递的地震作用为 28kN/m，边坡坡体的地震作用为 23.3kN/m，即地震作用为控制工况。在地震作用下，桩顶位移为 4.5mm，桩身最大弯矩标准值为 357.1kN·m/m，桩身最大剪力标准值为 51.0kN/m，计算结果如图 5.4-8 所示。在地震作用下，桩顶位移小于 10mm，可满足建筑物基础嵌固要求。

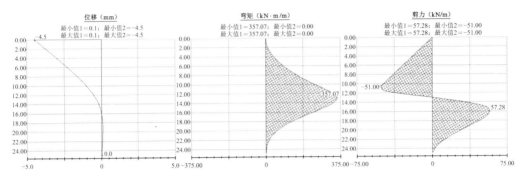

图 5.4-8　地震作用下抗滑桩计算结果

5.4.6　校核罕遇地震作用下边坡稳定性

本项目所在场地的设防烈度为 6 度，设防地震峰值加速度为 0.05g，罕遇地震下边坡综合水平地震系数取 0.10（参见表 5.2-3）。抗滑桩桩径为 2.2m，桩截面受剪承载力为 3300kN；不考虑建筑物桩基的抗滑作用，采取 GEO5 软件进行罕遇地震作用下的边坡稳定性验算，计算结果如图 5.4-9 所示。罕遇地震作用下边坡稳定安全系数为 1.54，边坡稳定性满足要求。

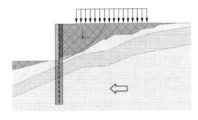

边坡稳定性验算［不平衡推力法（隐式）］
安全系数＝1.54＞1.15
边坡稳定性 满足要求

图 5.4-9　罕遇地震作用下边坡稳定性计算结果

参 考 文 献

[1]　住房和城乡建设部. 建筑与市政地基基础通用规范: GB 55003—2021[S]. 北京: 中国建筑工业出版社, 2021.

[2]　住房和城乡建设部. 建筑边坡工程技术规范: GB 50330—2013[S]. 北京: 中国建筑工业出版社, 2013.

[3]　住房和城乡建设部. 山地建筑结构设计标准:JGJ/T 472—2020[S]. 北京: 中国建筑工业出版社, 2020.

[4]　住房和城乡建设部. 建筑边坡工程鉴定与加固技术规范: GB 50843—2013[S]. 北京: 中国建筑工业出版社, 2013.

[5]　贵州省住房和建设厅. 贵州建筑地基基础设计规范: DBJ 52/T045—2018[S]. 北

京, 中国建筑工业出版社, 2018.

[6] 住房和城乡建设部. 建筑地基基础设计规范: GB 50007—2011[S]. 北京. 中国建筑工业出版社, 2011.

[7] 邓安福, 郑冰, 曾祥勇. 建筑边距对岩坡地基及上部结构影响数值分析[J]. 岩土力学, 2009, 30(S2): 555-559.

[8] 郑颖人, 陈祖煜. 边坡与滑坡工程治理[M]. 北京: 人民交通出版社. 2010.

[9] 住房和城乡建设部. 建筑结构荷载规范: GB 50009—2012[S]. 北京: 中国建筑工业出版社, 2012.

[10] 住房和城乡建设部. 建筑抗震设计规范: GB 50011—2010[S]. 北京: 中国建筑工业出版社, 2010.

[11] 住房和城乡建设部. 构筑物抗震设计规范: GB 50191—2012[S]. 北京: 中国建筑工业出版社, 2012.

[12] 上海市城乡建设和交通委员会. 地基基础设计规范: DGJ 08—11—2010[S]. 上海, 2010.

[13] 住房和城乡建设部. 混凝土结构设计规范: GB 50010—2010[S]. 北京: 中国建筑工业出版社, 2010.

[14] 刘金砺, 高文生, 邱明兵. 建筑桩基技术规范应用手册[M]. 北京: 中国建筑工业出版社. 2010.

[15] 重庆市城乡建设委员会. 建筑地基基础设计规范: DBJ 50—047—2016[S]. 重庆, 2016.

[16] 赖庆文, 孙红林. 山区岩石地基基础设计问题探讨[J]. 建筑结构, 2016, 46(23): 95-100.

[17] 李珂, 白文胜, 曾祥勇. 基于平面滑动法和有限元法的贵州某建筑边坡稳定性分析[J]. 中国水运 2019(11): 114-115.

[18] 住房和城乡建设部. 建筑桩基技术规范: JGJ 94—2008[S]. 北京: 中国建筑工业出版社, 2008.

第 6 章

贵阳南明河壹号工程

6.1 工程概况

本项目场地位于贵州省贵阳市南明区红岩村，由 G（17）006 和 G（17）007 两块地组成。用地面积合计约 54.7 万 m²，总建筑面积约 115 万 m²（图 6.1-1），设计范围 65 个分项建筑包括：高层住宅（结构类型为剪力墙结构和框支剪力墙结构[1-2]，高度 68~~128.7m；以 3 号楼为例，结构为剪力墙结构，建筑层数为架空层 4 层 + 地下车库 3 层 + 主楼 34 层，建筑高度 128.7m，建筑面积 16995m²，抗震等级三级）、多层住宅（框架-剪力墙结构，高度 25.5~48.8m，临街商业为框架结构，高度 19.5m）、中学（框架结构，高度 10.5~21.9m）、小学（框架结构，高度 8.85~19.95m）、幼儿园（框架结构，高度 17m）、地下车库以及相应的公建配套设施。基地西临中环路东段，北临南明河，东临 G（17）008 地块，南面为山体绿地，基地内有两条横向市政规划路穿过。

图 6.1-1　项目全景

6.2 建筑场地特点

6.2.1 地质概况

1）本工程场地属构造剥蚀低中山斜坡地貌，总体呈南高北低的地形，中部相对宽缓。场地在区域上最高点位于场地南西侧斜坡坡顶，高程 1242.06m；最低点位于北侧南明河，高程 1033.4m，最大高差 208.66m。场地所在区域呈后陡前缓的地形，靠后侧斜坡山脊走向 70°左右，坡度平均为 36°，高程分布范围为 1034~1205m，越靠近坡顶，坡度越陡，后侧斜坡中上部坡度为40°～44°，后侧斜坡与中部宽缓地带在原始地形上有一冲沟分隔，中前部坡度为20°左右，前侧为南明河。场区内及场区两侧分布有8条季节性冲沟。如图6.2-1～图6.2-5所示。

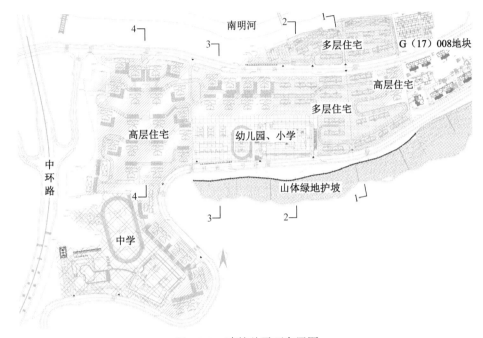

图 6.2-1   建筑总平面布置图

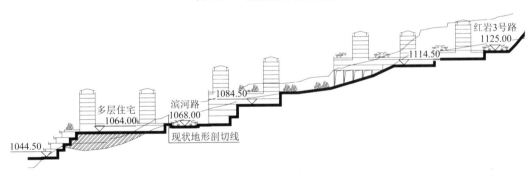

图 6.2-2   1—1 剖面图

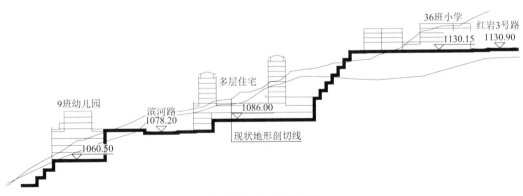

图 6.2-3   2—2 剖面图

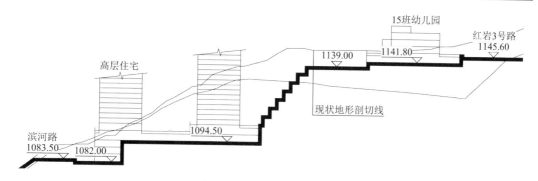

图 6.2-4　3—3 剖面图

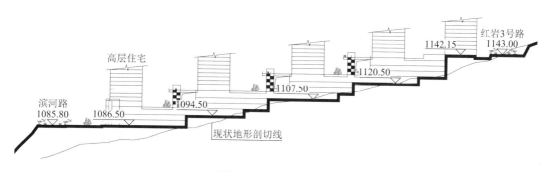

图 6.2-5　4—4 剖面图

2）场地地质构造。勘察区在区域构造位置上，位于扬子准地台黔南台陷贵定南北向构造变形区，区内既有东西向构造，又有挤压型的南北向构造，互相穿插复合。区内构造以断层为主，出露断层为 F1 断层、F2 断层、F3 高枧断层和 F4 断层，共计四条断层（图 6.2-6）。

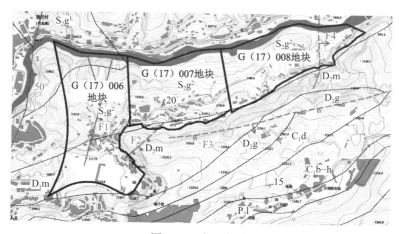

图 6.2-6　场地构造

（1）F1 断层：位于勘察区西端，南北走向，经过长期外动力地质作用形成了南北向冲沟，倾向 105°，呈逆断层性质。

（2）F2 断层：位于高枧断层西侧，北东走向，倾向 110°，呈正断层性质。

（3）F3 高枧断层：发育场地 7 号、8 号地块南侧山体斜坡顶部平台为高枧断层破碎带，破碎带宽度为 20～30m，断层走向 N70°E，倾向 160°，呈正断层性质。

（4）F4断层：位于勘察区东端，南北走向，经过长期外动力地质作用形成了南北向冲沟，冲沟两侧岩层产状存在明显差异，倾向90°，呈逆断层性质。

3）场地地层岩性与分布。区内出露的地层松散覆盖层主要为第四系残坡积地层（Q_4^{el+dl}）、老滑坡堆积层（Q_4^{del}），基岩地层主要包括泥盆系蟒山群（Dms）、志留系高寨田群（Sgz），土层抗剪指标和岩石物理力学指标见表6.2-1、表6.2-2。

土层抗剪指标　　　　　　　　　　　表6.2-1

样品名称	样品数量（件）	指标	范围值	平均值	标准差	变异系数	修正系数	标准值
粉土样	可塑（22件）	c（kPa）	10.30～19.40	15.45	2.8	0.18	0.89	13.8
		φ（°）	7.77～15.94	11.59	2.46	0.21	0.88	10.15
	硬塑（14件）	c（kPa）	16.8～25.5	20.44	2.71	0.13	0.92	18.85
		φ（°）	8.91～19.47	13.93	3.72	0.27	0.84	11.75
	软塑（10件）	c（kPa）	2.3～5.4	3.74	0.92	0.25	0.86	3.2
		φ（°）	2.41～6.62	4.19	1.53	0.37	0.79	3.29

岩石物理力学指标　　　　　　　　　　表6.2-2

岩性	饱和单轴抗压强度			抗剪强度指标		重度γ
	样品数量（件）	范围值（MPa）	标准值f_{rk}（MPa）	黏聚力c（MPa）	内摩擦角φ（°）	（kN/m³）
灰岩	14	24.58～45.59	35.37	2.28	34.96	26.7
粉砂岩	8	26.52～33.77	29.52	3.17	47.00	26.7
泥岩	2	9.95～11.00	—	—	—	25.6

（1）I_1区工程地质特征：该区域出露老滑坡堆积体，厚度为5～35m。堆积体碎石含量为55%～60%，粒径主要集中在1～10cm，最小可见粒径为0.5cm，碎石多成棱角—次棱角状，磨圆度较差，排列较混乱，粒径级配较差，碎石之间充填粉质黏土，褐红色，少湿，硬塑，结构松散。

（2）I_2区工程地质特征：该区域出露老滑坡堆积体，厚度为5～47m。该区域西南部堆积体物质主要为粉质黏土夹40%石英砂岩块石，粒径主要集中在1～10cm，最小可见粒径为0.5cm，碎石多成棱角—次棱角状，磨圆度较差，排列较混乱，粒径级配较差，东北部平台主要物质为大量解体的石英砂岩夹基岩块体和层状结构明显的石英砂岩夹碎石土，粉质黏土含量少而石英砂块体含量较多，局部保持明显的层理，产状变化较大，节理裂隙发育，夹多层泥化夹层，岩体风化强烈。

（3）II区工程地质特征：区内第四系覆盖层厚度变化较大（2～10m），主要为残坡积层及人工填土，局部地区基岩出露，岩性为志留系高寨田上亚群灰岩夹薄层泥岩。

（4）III区工程地质特征：区内为高填方区，填土厚度为20～42m，碎石含量为15%～25%，成分为泥岩、砂岩，粒径主要集中在1～10cm，最小可见粒径为0.5cm，碎石多成棱角—次棱角状，磨圆度较差，排列较混乱，粒径级配较差，碎石之间充填粉质黏土，褐红色，少湿，硬塑，结构松散。

（5）Ⅳ区工程地质特征：区内第四系覆盖层厚度变化较大（2～5m），主要为残坡积层及人工填土，局部地区基岩出露，岩性为志留系高寨田上亚群灰岩夹薄层泥岩及泥盆系蟒山群石英砂岩。

6.2.2 场地主要工程地质问题及分布

1）G（17）007地块、G（17）008地块南部一带（Ⅰ区）范围内广泛分布厚度较大的老滑坡堆积体，地势呈南高北低、西高东低，地表高程为1040～1170m，相对高差为130m。工程地质测绘及钻探揭露显示，该区域老滑坡堆积区堆积体厚度在 5～45m（图6.2-7、图6.2-8）。该区域在降雨和工程建设施工等不利条件下，极易诱发老滑坡复活，形成新滑坡。

2）场地HP1、HP2滑坡处于在不利工况下欠稳定的接近极限平衡状态；HP3、HP4滑坡在不利工况下处于基本稳定状态，但总体上坡体稳定性较差、安全储备低。滑坡在降雨持续冲刷与下渗软化、工程扰动等外界不利因素作用下，变形会进一步加剧，在暴雨等情况下将诱发老滑坡的整体复活。

3）整个场地为工程建设适宜性差及不适宜场地两种类别。对场地中工程建设适宜性差的地段，建议采取工程措施消除安全隐患后再进行建设；对场地中工程建设不适宜的地段，建议采取避让措施，如确需建设，应采取工程措施消除安全隐患后再进行建设。

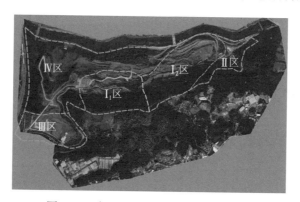

图 6.2-7 场地工程地质分区平面示意图

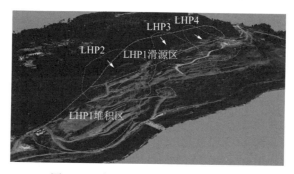

图 6.2-8 场地老滑坡分布平面示意图

6.3 场地治理

场地存在 4 处分布面积较大的总体不稳定的滑坡体，现需要进行工程建设使用，从建筑总体规划、单体建筑平面和竖向布置、坡体变形及影响稳定主要因素等方面，对场地滑坡治理方案进行比选，制订出既利于坡体整体与局部安全稳定，又能满足建筑使用功能且建造成本经济合理的方案。

6.3.1 采用整体分级支挡治理方案

结合建筑平面和场地竖向高程布局，充分利用现状地形、地貌，考虑山地斜坡的走向和坡角，依山就势，根据岩土层分布及各段坡体的稳定性情况，对场地采取整体分级支挡治理（图 6.3-1）。其优点是，不对原地貌进行大开挖和深回填，对地形地貌改变小，治理过程中基本不需要补充征地。缺点是，难以彻底消除滑坡危害，难以控制滑坡经治理后的持续小变形，滑坡后期小变形的积累可能对坡体上建筑产生不良影响；支挡工程量巨大，支挡工程费用昂贵；需分级分段支挡，单根排桩深度大，单根锚索长度大，排桩断面大；需人工开挖，施工过程中的人工作业工程量很大；施工难度大且周期很长，按该方案实施治理仍有很大场平开挖工程量，对施工过程的安全控制非常不利。

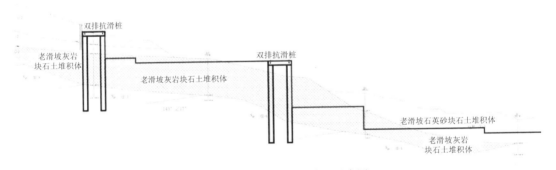

图 6.3-1　整体分级支挡治理示意图

6.3.2 整体卸方清除治理方案

结合场地各滑坡位置地形条件与滑坡体形态，对场地各滑坡进行整体卸方清除治理（图 6.3-2）。其优点是，建筑布局设计中基本不考虑滑坡影响，自上向下逐级开挖施工较为简便，施工难度相对较小；滑坡体基本被清除，不会对后期建筑场地及建筑物产生不良影响；机械开挖利于快速施工，施工周期相对较短，施工过程中的人工作业工程量相对较小，对施工过程的安全控制相对有利；总体工程量相对较小，总体工程费用相对较低。缺点是，对原地貌进行大开挖，对地形地貌改变很大；滑坡治理过程中需补充征地，补充征地涉及现场地南侧用地边界外围的大量林地，补充征地后将破坏大量现有林地；清除滑坡体后需对滑坡后缘外侧形成的工程边坡进行支护处理。

6.3.3　后部分级卸荷＋分级支挡治理方案

综合各滑坡的稳定性分析结果、各滑坡位置地形条件与滑坡体形态，结合建筑平面和场地竖向高程布局，利用现状地形、地貌，考虑山地斜坡的走向和坡角，对现场地地貌进行适当开挖，对场地各滑坡采取后部分级卸荷＋分级支挡治理（图 6.3-3）。其优点是，后部自上向下逐级开挖施工较为简便且周期较短；滑坡后部的下滑段基本被清除，可基本控制滑坡的继续变形；滑坡对后期建筑场地及建筑物产生不良影响的可能性较小；可结合适量的工程支挡，一方面减少开挖量，一方面进一步控制坡体局部变形与小变形，通过对地形地貌的合理改造提高土地利用。缺点是，建筑布局设计中需要根据滑坡下滑段与抗滑段条件考虑开挖，对地形地貌改变较大；支挡工程量较大，工程费用较高，清除滑坡后部后需对滑坡后缘外侧形成的工程边坡进行支护处理；排桩断面较大，施工过程中的人工作业工程量较大，施工难度和周期较长；按该方案实施场地边坡治理时仍有较大场平开挖工程量，施工过程需要对安全控制采取特别措施。

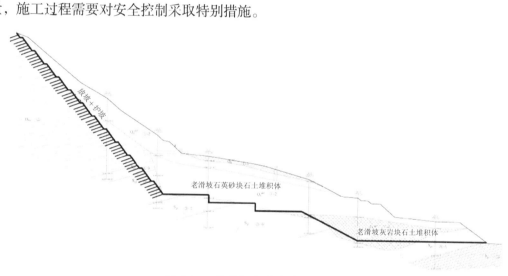

图 6.3-2　整体卸方清除治理示意图

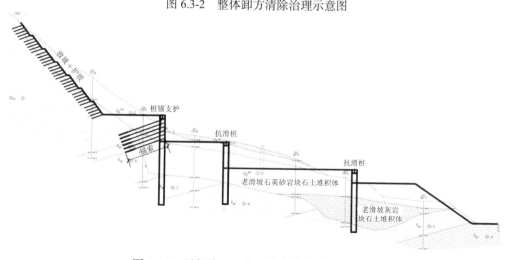

图 6.3-3　后部分级卸荷＋分级支挡治理示意图

综合分析上述场地滑坡的治理方案后，最终对场地采用"后部分级卸荷＋分级支挡"的方案进行治理及场地设计。以小学、幼儿园以北到 G 区为例，幼儿园至 G 区 28 号楼间隔长度 96m，场平标高 1084.00～1139.00m，高差 55m，分为 4 个台阶进行支护设计。支挡结构与建筑结构主体脱开，主体结构不作为支挡结构，支挡形式采用双排抗滑桩＋衡重式挡土墙、抗滑桩＋锚索、格构＋锚索及抗滑桩，按永久性支护设计，边坡安全等级按一级。边坡支挡结构的岩土压力按坡顶有重要建筑物的情况确定，土压力和水压力根据土层性质按水土分算计算，为保证单体建筑基础嵌固条件的有效性，用作结构嵌固的边坡在建筑罕遇地震作用下不破坏。如图 6.3-4 所示。

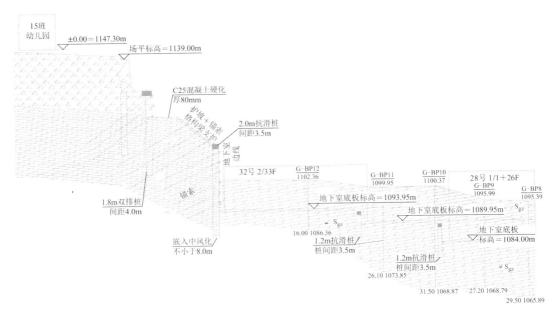

图 6.3-4　幼儿园至 G 区支挡设计示意图

6.4　建筑结构基础不等高嵌固设计

6.4.1　设计原则

坡地建筑结构设计时应充分考虑水文地质条件、建设场地稳定性、建筑接地形式、地震动力效应等因素对结构安全性的影响。坡地建筑结构的嵌固端应在地上结构设计基础上结合山地地形、岩土边坡条件和建筑功能等因素综合确定。由于斜坡上建筑结构的安全性受边坡影响较大，即使在边坡支护设计完成的前提下，也应单独考虑嵌固端（基础）的"坚固"特性，即嵌固端连同基础在斜坡场地上的稳定性。

本项目地处较陡的斜坡，为溶蚀—侵蚀峰丛谷地地貌（图 6.4-1）。地上结构的嵌固端根据场地中台地高度的不同分别进行设置，依山就势，尽量避免对原地貌进行大开挖和深填方，从而将对场地整体稳定的不利影响降到最小。

图 6.4-1 场地地貌特征

6.4.2 部分项目设计实况

以本项目 G 区为例,场地自然标高为 1087.827～1107.743m,高差达 19.9m,场地地势总体呈南高北低、东高西低,地形坡度较陡,结构设计时需进行不等高嵌固设计[3]（图 6.4-2）。

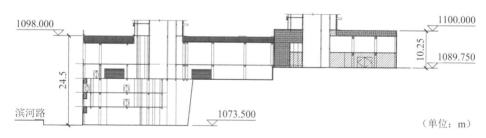

图 6.4-2 项目局部剖面

项目场地中同时含有多、高层住宅,场地内均设置有至少两层的地下室。部分地下室由于坡脚设置临街商业层缘故,多达 5 层。整个项目场地划分为 8 个大高差台地（图 6.4-3）,各台地相互间最小高差平均在 4m 左右,各台地地上结构均独立,避免相互影响。由于地下室均为非全埋地下室,故结构嵌固端均置于各结构所在台地的基础顶。

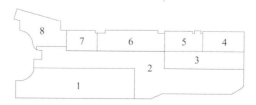

图 6.4-3 G 区台地（边坡支挡设置）划分示意

6.5 建筑单体结构基础设计

6.5.1 场地地质情况

根据区域地质资料，场地岩土体构成自上而下依次为上覆碎石土和下伏强风化基岩、中风化基岩。场地中素填土零星分布，结构松散，压缩性较高，力学性能差，不能作为地基持力层；场地中强风化基岩层具有一定力学强度，层厚 0.6～18.7m，平均厚度 6.6m，分布不均，厚度变化较大，不宜作为地基持力层；场地中中风化基岩层具有较高的力学强度，压缩性能较低，分布连续稳定，虽受区域构造影响岩层有轻微褶曲、产状多变，但总体平缓，是理想的地基基础持力层（图 6.5-1）。

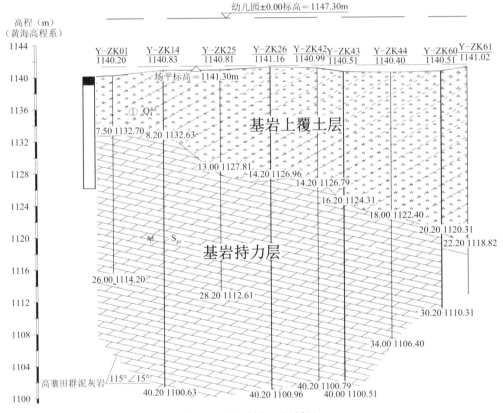

图 6.5-1 地质剖面（局部）

6.5.2 单体区域划分

本工程在合理考虑建筑功能的情况下，为避免建筑设计带来的结构形体复杂和防止因台地高差而出现多连体、大部掉层、大部吊脚设计，特将上部结构通过结构变形缝划分为各个独立单体。在设计中，针对单体交接处共用基础进行重点计算，以保证设计基础的局部安全。本项目在场地划分为 8 个台地基础上[3]，将上部结构继续划分为 17 个独立单体

（图 6.5-2），一是贴合场地条件，二是降低结构复杂度，三是降低了温度应力作用效应。

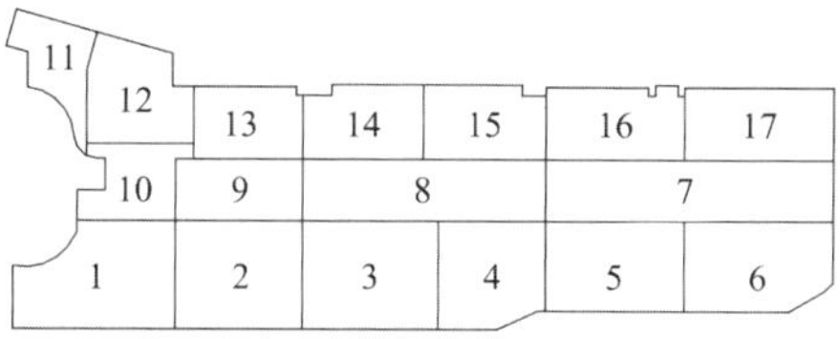

图 6.5-2　结构分缝示意

6.5.3　基础选型

根据对地基岩土结构方面的分析，工程最终确定以中风化泥灰岩作为地基持力层。由于场地基岩起伏较大，基岩上覆层厚度不一，决定按基础埋置深度的不同采用相应的基础形式，即以各处地下室底板标高作为起算点，基底埋置深度不大于 3.0m 时，选用墙下条形基础或独立基础；基底埋置深度大于 3.0m 时，选用桩基础[4-7]。

由于项目场地地层的不均匀性，部分场地覆土层厚度较大。经坡体稳定评审，认为此部分区域不可考虑潜在滑动面土层侧阻作用，仅考虑基础持力层端承作用，因此局部地段桩长达 39m（图 6.5-3），给项目经济性提出了挑战。

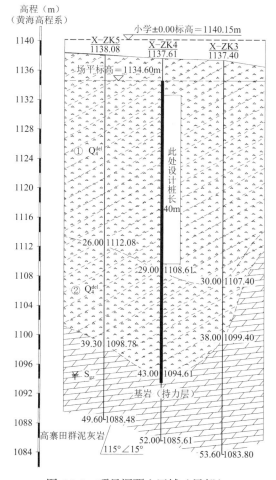

图 6.5-3　项目深覆土区域（局部）

本项目通过地勘及试验数据，在充分考虑基岩层强度安全的情况下，对端承桩和嵌岩桩进行了对比，分析设计经济性。端承桩满足基本嵌固长度即可，施工难度较嵌岩桩简单；嵌岩桩入岩深度要求较端承桩高，相应地，单桩承载力特征值较端承桩高；同等上部荷载情况下，具有合理深径比的嵌岩桩相比端承桩可大幅减小桩径，带来经济效益。最终决定采用以小直径长嵌岩桩为主、大直径端承桩为辅的桩基方案，节省工程造价。如表 6.5-1 所示。

嵌岩桩计算（局部） 表 6.5-1

编号	桩径（m）	嵌岩深度（m）	深径比	饱和单轴抗压强度（kPa）	单桩承载力特征值（kN）	桩身混凝土强度（MPa）	桩身强度（kN）	桩身强度是否满足要求	单桩承载力特征值取值（kN）
参数	d	c	h_r/d	f_{rk}	$R_a = 0.5\xi_r f_{rk} A_p$	f_c	$N = 0.7 f_c A$	$N > 1.35 R_a$	—
ZJ1	1	1	1	31210	3675	14.3	7858	满足	3600
ZJ2	1.2	1.2	1	31210	5292	14.3	11315	满足	5000
ZJ3	1.4	1.4	1	31210	7203	14.3	15401	满足	7200

6.5.4 基础抗倾覆、抗滑移稳定设计

本项目处于非岩石和强风化岩石陡坡、边坡边缘等不利地段，除应保证地震作用下的稳定性外，尚应估计不利地段对设计地震动参数可能产生的放大作用，《建筑抗震设计规范》GB 50011—2010[1]第 4.1.8 条规定，水平地震影响系数最大值应乘以增大系数 1.1～1.6。本项目由于地处较陡峭坡地，确定采用 1.4 的增大系数。

本项目单体建筑建于场地坡地上，各楼栋沿山纵横向成台阶布置。为保证主体结构安全，消除岩土压力及地震作用下向边坡移动时产生的土压力，楼栋间有高差处设置永久性支护以消除土压力；主体未设挡土墙进行挡土，建筑无全埋地下室，基础埋深不满足《贵州建筑地基基础设计规范》DBJ 52/T045—2018[6]第 5.1.4 条规定。

以 G 区为例，为确保建筑物基底满足嵌固端要求并使实际嵌固位置满足计算假定，主楼地面标高与相邻地下室标高有高差处设置永久性附加抗滑桩，以保证上覆岩土层稳定，且用作结构嵌固的抗滑桩必须达到稳定且严格的控制变形。抗滑桩设计时考虑罕遇地震作用下边坡动土压力对支挡结构的影响，要求达到罕遇地震作用下抗滑桩不破坏的性能要求。根据地勘报告，基础持力层采用中风化泥灰岩，基底埋置深度小于 3m 时基础形式采用柱下独立基础、墙下条形基础。主楼地面标高与相邻地下室标高有高差处，为使上阶基础基底压力对边坡稳定不构成影响，采用桩基础，桩端进入潜在滑动面以下稳定岩土层内并保证桩基稳定；罕遇地震作用下桩基需按抗拔桩进行设计，增强建筑的抗倾覆能力。G 区基础设计图如图 6.5-4 所示。验算罕遇地震作用下抗滑移稳定满足规范要求（表 6.5-2）。

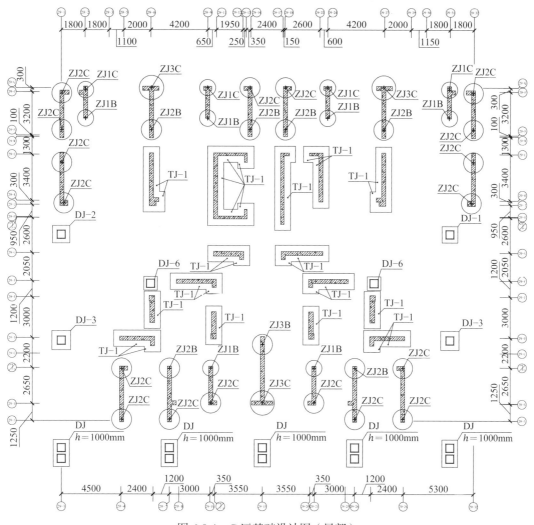

图 6.5-4　G 区基础设计图（局部）

罕遇地震作用下抗滑移稳定计算（局部）　　　　　　　　　表 6.5-2

楼栋	岩石与基底面摩擦系数 μ	重力荷载代表值 G（kN）	罕遇地震作用水平地震力 E（kN）		抗滑移稳定系数 $F_s = \mu G/E$		是否满足规范要求
			X	Y	X	Y	
27 号楼	0.20	333164	11431	11554	5.82	5.76	满足
29 号楼	0.20	340190	15754	15841	4.31	4.29	满足

注：岩石与基底面摩擦系数取值，考虑施工过程中对原状土的扰动、坡地建筑不利地段、建筑隔离防水层等不利因素影响，
　　按规范取低值。

6.6　结语

　　贵州省是国内唯一没有平原的省份，大面积城市建设用地日趋紧张，多数城市处于地震烈度 6 度的地区，建筑设计需要在提高投资效益的同时确保工程质量安全，同时在保护

生态环境的关键环节上肩负重要的责任。本项目 115 万 m² 大型住宅小区处于高差约 110m 的河岸边坡地上，具有典型山地建筑特点。针对在场地高差及坡度大、断层不良地质条件、场地范围内分布厚度较大的老滑坡堆积体上进行建设活动等不利因素，经仔细分析及方案对比，对场地采用"后部分级卸荷＋分级支挡"的治理方案及相应的场地设计，使主体结构与支挡脱开，既保证场地的稳定及主体结构安全，又能根据场地坡度提高利用率；结构基础方案既满足经济性，又满足抗倾覆、抗滑移的稳定要求。本工程是把城市及周边的较大山地面积合理用作建设用地的成功案例。

参 考 文 献

[1] 住房和城乡建设部. 建筑抗震设计规范: GB 50011—2010[S]. 北京: 中国建筑工业出版社, 2010.

[2] 住房和城乡建设部. 高层建筑混凝土结构技术规程: JGJ 3—2010[S]. 北京: 中国建筑工业出版社, 2011.

[3] 住房和城乡建设部. 山地建筑结构设计标准: JGJ/T 472—2020[S]. 北京: 中国建筑工业出版社, 2020.

[4] 住房和城乡建设部. 建筑地基基础设计规范: GB 50007—2011[S]. 北京: 中国建筑工业出版社, 2012.

[5] 住房和城乡建设部. 建筑桩基技术规范: JGJ 94—2008[S]. 北京: 中国建筑工业出版社, 2008.

[6] 贵州省住房和城乡建设厅. 贵州建筑地基基础设计规范: DBJ 52/T045—2018[S]. 北京: 中国建筑工业出版社, 2018.

[7] 贵州省住房和城乡建设厅. 贵州省建筑桩基设计与施工技术规程: DBJ 52/T088—2018[S]. 北京: 中国建筑工业出版社, 2018.

第 7 章

茅台镇酒厂扩建技改工程厂房

7.1 "十二五"扩建技改工程中华片区制酒生产厂房

7.1.1 工程概况

"十二五"扩建技改工程中华片区位于茅台镇茅台酒厂中华新区，其中制酒片区 1-48 号制酒生产厂房为本项目的重要组成部分。制酒片区 1-48 号制酒生产厂房本次规划用地 48.75 公顷，场地最大高差 107m，场地坡度约为 21%，不适宜作为工业用地。由于茅台传统的酿酒工艺及对特殊"微生物"环境的需要，只能在赤水河两岸某一高程区间内建设才能满足制酒生产工艺要求，因此建设难度很大，需形成台阶式、边坡分级支护处理。本次规划设计依山就势，将制酒厂房区域划分为 6～10 个台地，在台地上分级设置支护结构，共修建完成 48 栋制酒生产厂房、26 栋浴厕、7 栋办公楼、2 栋停车楼、7 栋谷壳库、6 栋维修房、1 栋锅炉房，以及各类水池泵房共计 8 栋。其中制酒厂房为两跨（$2 \times 16m = 32m$）排架结构，总长度为 102.0m，柱顶标高为 7.2m，牛腿标高为 4.5m，建筑面积 3648m²，多台 3T 双梁吊车额定起重量为 3t，工作级别为 A5，跨度为 14.5m。如图 7.1-1、图 7.1-2 所示。

图 7.1-1　项目全景

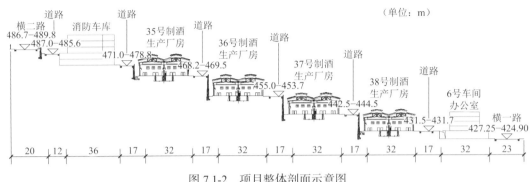

图 7.1-2　项目整体剖面示意图

7.1.2　地基基础设计思路

1. 对古滑坡体进行专项分类治理

根据勘察报告，本场地范围内有一古滑坡体（图 7.1-3），场地岩土地质参数从上至下依次为：

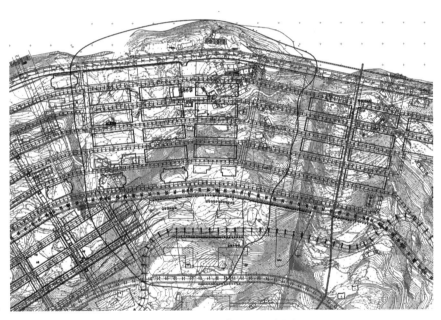

图 7.1-3　滑坡体平面示意图

1）耕植土：褐黑色，结构松散。

2）可塑状粉质黏土：褐黄色、灰黄色，可塑状，稍干，土质均匀，致密细腻，黏性大，分布较连续，厚度变化大。地基承载力特征值 $f_{ak} = 130.85$kPa，岩土层与锚固体极限粘结强度标准值 $f_{rbk} = 40$kPa，重度 $\gamma = 18.5$kN/m³，压缩模量 $E_s = 5.66$MPa，黏聚力 $c = 22.55$kPa，内摩擦角 $\varphi = 13.19°$，基底摩擦系数 $\mu = 0.3$。

3）强风化铁质粉砂岩，为拟建路基下伏基岩，分布连续，$f_{ak} = 400$kPa，$\gamma = 26.1$kN/m³，$f_{rbk} = 270$kPa，天然状态下 $c = 25.0$kPa、$\varphi = 22.8°$，浸水状态下 $c = 10.0$kPa、$\varphi = 17.7°$，$\mu = 0.4$。

4）中风化薄层状铁质粉砂岩：紫红色，薄层状，岩体完整，岩芯以呈短柱状为主、碎块状次之。岩石坚硬程度属较软岩,完整程度属较破碎,岩体基本质量等级为Ⅳ级。$f_{ak} = 1400\text{kPa}$,$c = 2.5\text{MPa}$,$\mu = 0.5$,$\gamma = 26.08\text{kN/m}^3$,$f_{rbk} = 360\text{kPa}$,$\varphi = 17.7°$,等效内摩擦角$\varphi_e = 40°$,破裂角取65°。

本次在"古滑坡体"上规划、修建大体量的制酒厂房,需要确保将古滑坡体对项目建设的影响控制在规范允许范围内。经方案比选论证,采用以下措施对古滑坡体进行专项治理。

场地规划横二路以南边坡按设计要求开挖后,将形成最高18.2m的垂直挖方边坡,边坡坡向为323°,为顺向岩土质边坡,滑动面位于岩石层面或岩土交界面,对边坡起控制性作用。边坡开挖后,岩体沿岩土层接触面的折线滑动稳定系数大部分小于1.35,不满足规范要求[1-2],边坡开挖切脚后会形成整体滑动破坏。对该范围边坡,采取路肩锚索抗滑桩、悬臂式抗滑桩、全埋式抗滑桩、锚杆格构护坡、坡率法等多种支护方式结合进行治理。如图7.1-4、图7.1-5所示。

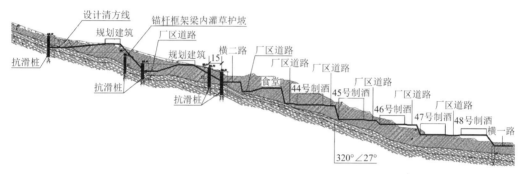

图 7.1-4　典型滑坡体整体断面

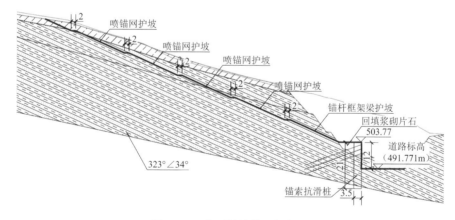

图 7.1-5　典型滑坡体局部断面

场地规划横二路以北为制酒厂房区域,原始场地坡度较南侧平缓,按设计要求开挖后仅存在局部场地稳定性问题,不存在整体稳定性问题,因此结合制酒厂房布置,将场地划分为6个台地,分级采用抗滑方桩(兼作基础桩)进行场地局部稳定性治理。

2. 抗滑桩兼作基础桩,多桩共同作用抵抗水平力

如图7.1-6、图7.1-7所示。采用抗滑桩对各级台地进行支护,将坡地建筑的总体支挡桩和制酒厂房的基础桩合用。进行场地的整体稳定性分析时，考虑制酒厂房传递的上部荷载和水平荷载，以保证项目建设完成时场地的整体稳定性。

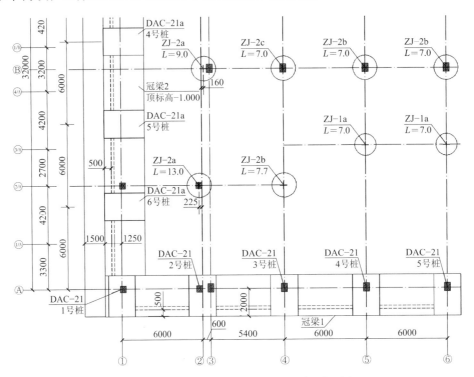

图 7.1-6　抗滑桩兼作基础桩典型局部平面图

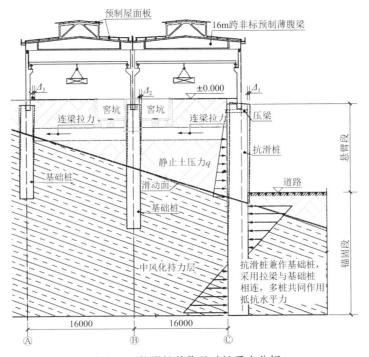

图 7.1-7　抗滑桩兼作基础桩受力分析

制酒厂房上部为装配式排架结构，结构整体性差，部分抗滑桩需作基础桩使用，在滑坡体水平推力的作用下，上部结构的水平位移更难以保证。为了控制柱顶水平位移，满足吊车梁的正常使用要求，设计采用大截面矩形桩（2.5m×3.0m）作为抗滑桩，使抗滑桩刚度远大于上部结构柱刚度，并在抗滑桩与基础桩之间设置拉梁，形成多排桩共同作用，有效地控制上部结构的水平位移，满足吊车正常使用。本项目建成运营多年来，所有制酒厂房吊车使用正常。

7.1.3　结构设计特点

1. 跨度 16m 非标预制混凝土梁

制酒厂房原为单层双跨（2×15m＝30m）预制钢筋混凝土排架结构，为了增加摊凉面积，改善工人生产条件，本项目将厂房跨度增大到 16m。项目设计时，《钢筋混凝土屋面梁》04G353-6[3]最大适用跨度为 15m，本项目屋面梁跨度较国家建筑标准设计图集（简称国标图集）最大跨度增加 1m，为非标构件，需专门设计。项目实施中采用手算及 PK 软件建模复核，控制跨中最大梁截面高为 1980mm，端部最小梁截面高为 1230mm，最大裂缝计算值为 0.193mm，最大挠度计算值为 43.3mm，均满足规范要求（图 7.1-8、图 7.1-9）。跨度 16m 的非标构件模板图、埋件布置图、配筋图及各变截面配筋详图的设计，经施工验证安全合理，模板及构件尺寸精准，预制及安装均较为简便[4]。

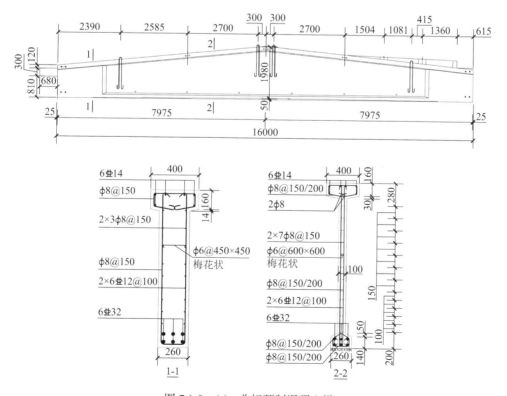

图 7.1-8　16m 非标预制混凝土梁

图 7.1-9　16m 非标预制混凝土梁实景

2. 16.6 万 m² 预制混凝土构件

本项目单栋制酒厂房建筑面积 3648m²，预制板 390 块，屋面板采用 1.5m×6.0m 预应力混凝土屋面板，整个制酒片区共计厂房 48 栋，预制面积约 16.6 万 m²，预制板块约 18720 块。

本项目于 2012—2015 年设计，国标图集《1.5m×6.0m 预应力混凝土屋面板》04G410-1 仍执行当时的《建筑结构荷载规范》GB 50009—2001、《混凝土结构设计规范》GB 50010—2002 等规范，为了满足新版规范要求，对国标图集的屋面板进行了逐一复核计算，对图集在本项目中不满足的地方进行了特殊说明和修改（图 7.1-10）。此外，由于制酒厂房的工艺生产要求，制酒厂房为坡屋面，且屋面坡度有特殊要求，采用国标图集的标准屋面板，在天沟、屋面端部、角部、变形缝等位置无法满足本项目要求，设计时单独绘制了该位置的预制大样，完善了整个屋面系统受力构件的全部预制设计。大规模的构件预制，有效地解决了施工现场场地局限的问题，缩短了建筑施工工期，节约了工程造价，提高了整个工程的标准化建设程度，实现了节能减排的目的，同时保障了施工期间茅台酒厂的正常生产运行，最大限度地满足建设方的需求。

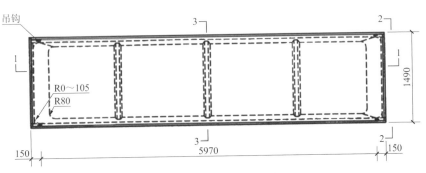

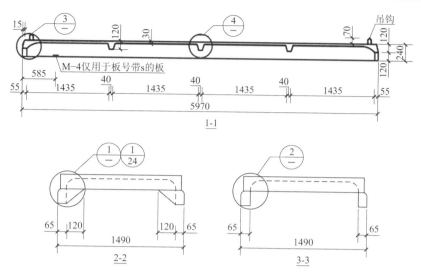

图 7.1-10 预应力混凝土屋面板

3. 采用 BIM 技术协助非标预制构件的设计与施工

项目主体结构体系为预制混凝土排架结构，为了保证预制柱、预制梁及预制板的设计和安装准确无误，项目设计团队在 2013 年就采用 BIM 技术对预制柱、预制梁、预制板、柱间支撑、窖坑、桩基础等进行了建模，通过三维模拟对设计图纸进行校核（图 7.1-11）。在施工过程中，也通过三维构件的演示，提升了施工单位对设计的理解深度，对项目推进起到了辅助作用。

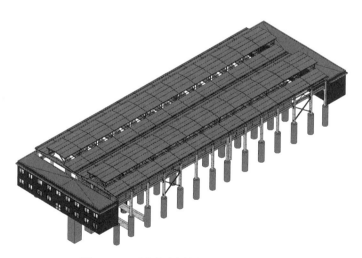

图 7.1-11 制酒厂房结构 BIM 三维模型

7.2 "十三五"中华片区技改工程及其配套设施项目

7.2.1 工程概况

"十三五"中华片区技改工程及其配套设施项目位于茅台镇某酒厂中华新区，总规划用地 95 公顷，总建筑面积约 39 万 m²，最大高差 203m。其中制曲片区为"十三五"中华片区茅台酒技改工程及其配套设施项目的重要组成部分，本次规划用地 8.66 公顷，用地长约 390m、宽 443m，最大高差 118m，坡度约 30%，不适宜作为工业用地。由于茅台传统的制曲工艺及对特殊"微生物"环境的需要，只能在赤水河两岸建设才能满足制曲工艺要求，因此建设难度很大，需形成台阶式、边坡分级支护处理。本次规划设计依山就势，分多阶台地建设 4 栋"工"字形厂房及车间食堂办公综合楼、维修房、浴厕等附属用房。其中单栋制曲厂房长 135.7m、宽 64.8m，高 2～4 层，单栋厂房分为 5 个结构区段设置于 4 个不同的台地标高上。如图 7.2-1、图 7.2-2 所示。

图 7.2-1 项目全景

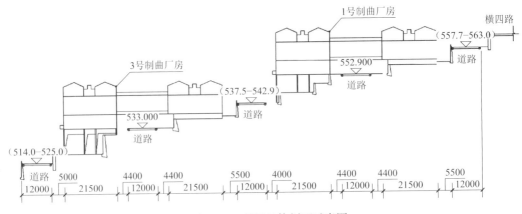

图 7.2-2 项目整体剖面示意图

7.2.2 地基基础设计思路

1. 多种支护形式结合，保证场地稳定性

场地地势复杂，地形高差约 118m，由于工艺要求，建筑平面需尽可能地在一个台地上，因此场地内高差变化较大。为了保证场地整体稳定性，采用了锚索格构、锚索抗滑桩、抗滑方桩、桩基托挡土墙、衡重式挡土墙、防滑凸榫挡土墙、放坡等多种支护方式结合，既解决了场地稳定性问题，又保证了项目建设的经济性。如图 7.2-3～图 7.2-6 所示。

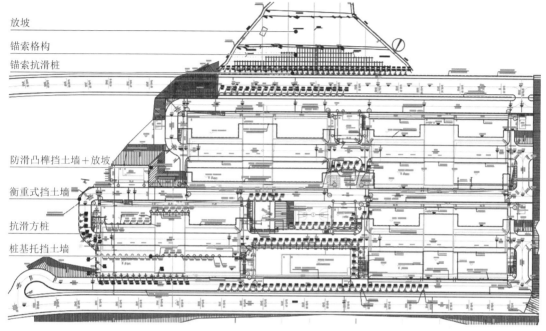

图 7.2-3　支挡布置示意图

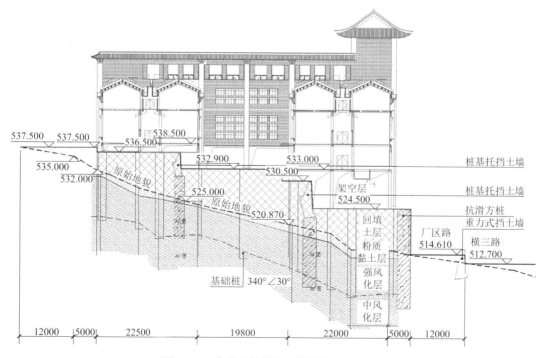

图 7.2-4　典型支护结构和桩基布置剖面图

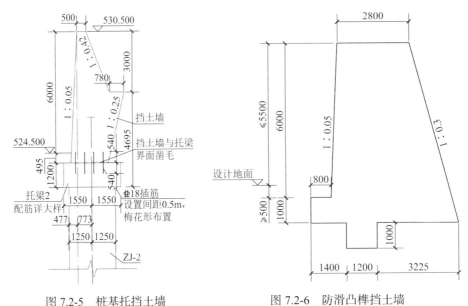

图 7.2-5　桩基托挡土墙　　　　　图 7.2-6　防滑凸榫挡土墙

2. 充分考虑整体稳定性对桩长和桩身配筋率的影响

本项目主要采取以下两方面措施来保证基础设计的安全可靠。

1）根据场地整体稳定的勘察剖面，结合场地支护设计时确定的潜在滑移面，复核基础埋深，使桩端穿过滑移面嵌入稳定的基岩，确保场地潜在的稳定破坏模式下桩端持力层的可靠性。如 3 号制曲厂房 1 轴交 1/A 轴，钻孔编号 ZK3-225（表 7.2-1）；桩顶标高 524.5m，中风化岩层标高 506.0m，桩嵌入中风化 1m，则桩底标高应为 505.0m，基础桩长为 19.5m。施工图设计时，以场地的潜在整体滑移面以及中风化岩层标高作为该桩长设计的双向控制指标，经复核，抗滑桩桩长为 23.5m，基础桩长为 19.5m，抗滑桩与基础桩水平间距 5.0m，可以保证基础桩端荷载传递至稳定的基岩且不对场地支护抗滑桩产生附加荷载，最终取 19.5m 作为该桩的桩长。

ZK3-225 钻孔资料　　　　　　　　　　　　　　表 7.2-1

地层编号	时代成因	层底高程（m）	层底深度（m）	分层厚度（m）	柱状图	岩土名称及其特征
①₁	Q_4^{el+dl}	513.73	1.70	1.70		粉质黏土：褐黄色，可塑状，含大量风化残块，风化残块含量≥30%
②₁	J_{2s}	506.03	9.40	7.70		强风化铁质粉砂岩：紫红色，薄至中厚层状，主要由泥质胶结、局部含铁质，岩质极软，岩体破碎，岩芯呈粉砂状、少量块状
②₂		498.93	16.50	7.10		中风化铁质粉砂岩：紫红色，薄至中厚层状，主要由泥质胶结、局部含铁质，岩质软，岩体较破碎，岩芯呈块状、柱状

2）根据潜在滑移面的范围采用不同的桩基设计方式，保证基础桩有足够的刚度，以抵抗场地回填蠕变及上部结构水平荷载的影响，控制桩顶水平位移在规范允许范围内。根据桩基是否临近支护结构进行分类，超出支护结构滑塌影响范围的桩基为常规桩基，在支护结构滑塌范围内的为特殊桩基。常规桩基配筋率为 0.2%～0.3%；对于 1/A 轴、1/C 轴、G 轴交 3～13 轴、G 轴交 20～30 轴、H 轴交 1～2 轴、H 轴交 31～32 轴、J 轴桩基，由于临近支护结构，为特殊桩基，桩身配筋率采用 0.6%。如图 7.2-7 所示（其中桩长 L 的单位为 m）。

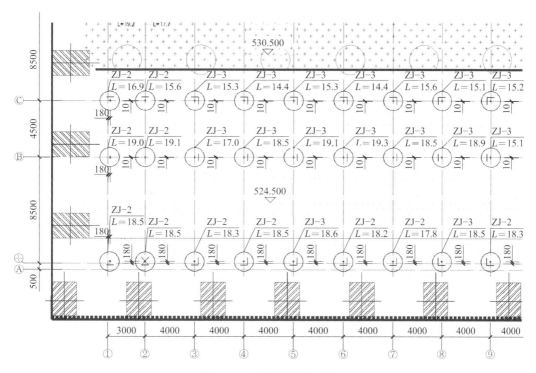

图 7.2-7　局部桩基布置图

7.2.3　结构设计特点

1. 山地吊脚建筑，增设抗侧力墙体保证结构规则性

制曲厂房二塔长 29.7m、宽 64.8m，地面以下架空 8.5m，檐口高度为 23.8m，为高层吊脚结构。由于吊脚较高，且整体 X 向抗侧力构件较弱，采用在吊脚层 X 向设置两片厚 350mm 剪力墙，并将吊脚层区域对应的柱截面 0.85m×0.85m 增大为 1.0m×1.0m；采取该措施后，吊脚层 X 向的楼层受剪承载力与上层的比值由 0.65 提高到 0.83，X 向最大位移比由 1.75 降至 1.52，该层对应的最大层间位移角计算值为 1/2621（当框架结构楼层位移角为限值 $[\Delta u/h]$×40% = 1/550×0.4 = 1/1375 时，位移比限值可取 1.6[5]），增加抗侧力措施后结构总体指标满足规范要求。如图 7.2-8、图 7.2-9 所示。

制曲厂房于 2018—2019 年设计，早于《山地建筑结构设计标准》JGJ/T 472—2020 的发布时间[6]，在无国家标准指导的情况下，制曲结构的设计理念与文献[6]不谋而合，例如，土质边坡掉层高度 8.5m，满足文献[6]最大掉层高度 10m 要求；掉层设置抗侧力墙，掉层对应区域的结构柱截面加大，满足扭转位移比及抗侧力构件连续的要求；结构基础嵌入临空外倾滑动面以下，结构上接地与下接地之间的边坡采用独立的支撑结构等。经验证，设计成果基本满足文献[6]的相关要求，结构设计具有创新性及前瞻性。

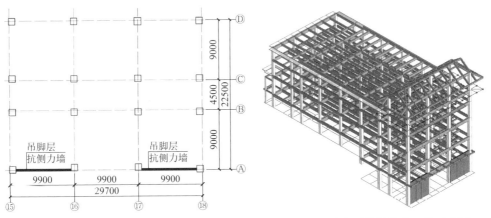

图 7.2-8 吊脚层抗侧力墙平面布置图   图 7.2-9 吊脚层抗侧力墙三维示意图

2. 结合工艺要求及结构特点设缝，将复杂平面规则化

制曲厂房长 135.7m、宽 64.8m，建筑面积 18400m²，1 层及吊脚层共计有 4 个台地标高。为了简化结构分析计算，结合建筑及工艺要求，共设置 4 条变形缝，将上部结构划分为 5 个塔。一塔：1～14 轴交 A～D 轴，长 51.0m、宽 21.5m，地面以下架空 8.5m，檐口高度为 16.4m，层数为 3 层；二塔：15～18 轴交 A～K 轴，长 29.7m、宽 64.8m，地面以下架空 8.5m，檐口高度为 23.8m，层数为 4 层；三塔：19～32 轴交 A～D 轴，长 51.0m、宽 21.5m，地面以下架空 8.5m，檐口高度为 16.4m，层数为 3 层；四塔：1～14 轴交 F～K 轴，长 51.0m、宽 21.5m，地面以上架空 5.5m，檐口高度为 16.4m，层数为 2 层；五塔：19～32 轴交 F～K 轴，长 51.0m、宽 21.5m，地面以上架空 5.5m，檐口高度为 16.4m，层数为 2 层。

设缝后，一至三塔为高层吊脚框架结构，四、五塔为多层吊脚框架结构，结构平面、立面都较规则，整体指标均满足规范要求。如图 7.2-10 所示。

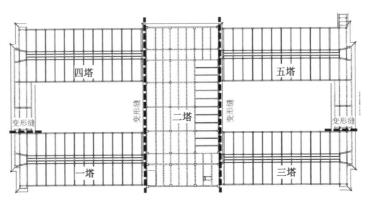

图 7.2-10 变形缝设置及分塔示意图

3. 契合制曲工艺，采用预制混凝土折梁实现传统瓦屋面

制曲厂房对曲块的发酵工艺有着严格的要求，曲块发酵间屋面采用小青瓦，且须保证屋面的坡度较大。采用梁上起柱结合折形缺口预制钢筋混凝土梁，在预制檩条中预埋木楔子等措施，充分结合了传统小青瓦坡屋面构造及混凝土框架结构受力的特点，实现了建筑功能和结构安全的统一（图7.2-11～图7.2-13）。

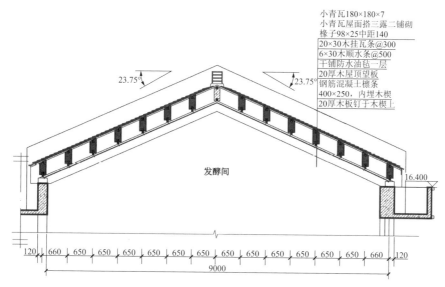

图 7.2-11 小青瓦屋面建筑构造

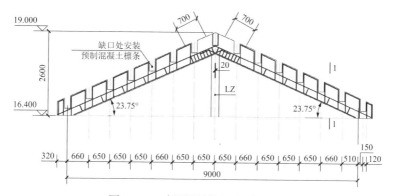

图 7.2-12 折形预制屋面梁大样图

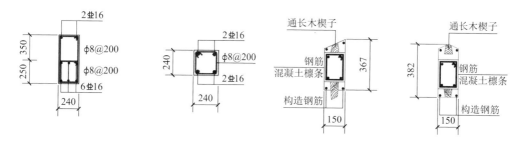

图 7.2-13 1-1 剖面及檩条大样图

7.3　结语

　　茅台"十二五"扩建技改工程中华制酒片区制酒生产厂房和"十三五"中华片区技改工程及其配套设施项目属于典型的坡地工业建筑集群，坡地最大高差 100～200m。项目建设受限于严苛的酿造环境和特色的传统工艺，设计采用在坡地上设置各种强支护结构分阶形成台地，支护结构与主体结构基础共用等措施，安全、经济地解决了场地高差和建筑使用流线的问题。

　　通过坡地治理保证了建成后场地的稳定性，针对因台地形成的吊层、吊脚结构，对其薄弱层采取加强措施，以保证主体结构安全；通过计算分析，设计了符合茅台酒酿造尺度的非标大跨度预制构件，并结合 BIM 手段进行拼装模拟，大大提升了项目的标准化建设进度和精度，为项目的建成和投产起到了重要作用，具有较好的经济效益和社会效益。

参考文献

[1]　贵州省建设厅. 贵州建筑岩土工程技术规范: DB 22/46—2004[S]. 贵阳, 2004.

[2]　住房和城乡建设部. 建筑边坡工程技术规范: GB 50330—2013[S]. 北京: 中国建筑工业出版社, 2013.

[3]　中国建筑标准设计研究院. 钢筋混凝土屋面梁: 04G353-6[S]. 北京, 2004.

[4]　申晨龙. 16m 跨钢筋混凝土屋面梁[J]. 建筑知识, 2013, 33(5): 453-454.

[5]　住房和城乡建设部. 高层建筑混凝土结构技术规程: JGJ 3—2010[S]. 北京: 中国建筑工业出版社, 2010.

[6]　住房和城乡建设部. 山地建筑结构设计标准: JGJ/T 472—2020[S]. 北京: 中国建筑工业出版社, 2020.

◢◤ 获奖信息 ◢◤

2017 年　贵州省土木建筑工程科技创新三等奖

2020 年　贵州省优秀工程勘察设计二等奖（中华片区不良地质专项勘察）

2021 年　贵州省土木建筑工程科技创新三等奖

2022 年　贵州省"黄果树杯"优质工程

2023 年　国家优质工程奖

第 8 章

化学灌浆加固建筑岩溶地基

8.1 前言

8.1.1 概述

在全国范围内，贵州省是喀斯特现象强烈发育的省份之一，境内分布了大量大面积可溶性碳酸盐岩石和红黏土，在地质构造作用下，岩体内部形成很多节理裂隙，层理、褶皱发育，使各含水层连通或地表水与地下水连通，造成地下水活动流畅[1]。在地下水流长期溶蚀和地质构造的双重作用下，形成空间形态各异的土洞、石芽、石林、溶槽、溶隙、溶沟、溶洞等众多喀斯特地形地貌；也导致了地面塌陷、地基持力层和地基承载力不足、基础稳定性差等危害建筑物安全的工程地质问题[2]。

化学灌浆是岩石工程补强加固手段之一。性能优良的化学灌浆材料和合理可行的施工灌浆方法是化学灌浆补强加固得以实现的关键所在。由于浆体扩散良好，既充填了溶洞和裂隙，阻止岩溶的继续发育，又加固了溶洞中的充填物，提高地基承载力，同时增加地基稳定性，显著改善地基的整体稳定性，产生了很好的加固效果，保证了建筑物的安全。本章介绍几种性能优良的化学灌浆材料，并通过典型的工程实例，具体说明化学灌浆技术在岩溶场地补强加固中的应用。

8.1.2 岩溶分类

岩溶按埋藏条件分为裸露型、浅覆盖型、深覆盖型和埋藏型四种类型（表 8.1-1）。

岩溶按埋藏条件分类

表 8.1-1

类型	裸露型	浅覆盖型	深覆盖型	埋藏型
地表可溶岩出露情况	大部分	少量	几乎没有	无
覆盖层	土	土	土	非可溶岩
覆盖土厚度 H（m）	$H < 10$	$H < 30$	$H \geqslant 30$	—
地表水与地下水连通情况	密切	较密切	一般，不密切	不密切

8.1.3 岩溶地基加固方法

根据岩溶的埋藏条件，对于裸露型和浅覆盖型，采用挖填夯实法、充填法、垫层法进行岩溶地基的加固;对于深覆盖型和埋藏型,采用注浆法、充填法、桩基法进行岩溶地基的加固。

充填法适用于溶洞、溶沟(槽)、溶蚀(裂隙、漏斗)、落水洞的充填和石芽地基的嵌补。充填材料可采用素土、灰土、砂砾、碎石、混凝土、泡沫轻质土等。当充填部位在地下水位以下、埋藏较深时,不宜采用素土、灰土充填;有防渗要求时,不宜采用砂砾、碎石、泡沫轻质土充填。

桩基法主要用于浅埋的溶洞、溶沟(槽)、溶蚀(裂隙、漏斗)或洞体顶板破碎的地段;洞体围岩为微风化岩石、顶板岩石厚度小于洞跨或基础底面积小于洞的平面尺寸并且无足够支撑长度的地段;基础底面以下土层厚度虽大于独立基础的 3 倍或条形基础的 6 倍,但具备形成洞或其他地面变形条件的地段;未经有效处理的隐伏土洞或地表塌陷影响范围内安全等级为一级的建筑物。

褥垫层法主要用于石芽密布并有出露、石芽间距小于 2m 且其间为硬塑或坚硬状态的红黏土的地基;当房屋为 6 层以上的砌体承重结构、3 层以上的框架结构或吊车荷载大于 150kN 的单层排架结构且基底压力大于 200kPa 时,宜利用稳定的石芽作支墩式基础,在石芽出露部位作褥垫。对于大块孤石或个别石芽出露的地基,当土层的承载力特征值大于 150kPa、房屋为单层排架结构或 1、2 层砌体承重结构时,宜在基础与岩石接触的部位采用褥垫层进行处理。垫层可采用中粗砂夹石、级配砂石、碎石和毛石混凝土等材料,其厚度宜取 300~500mm,夯填度应根据试验确定。

高压喷射注浆法适用于溶洞充填土体和较厚覆盖土层的地基处理,也可与其他地基处理方法综合使用,分为旋喷、定喷和摆喷三种。根据工程需要和土质条件,可分别采用单管法、双管法和三管法。加固形状可分为柱状、壁状、条状和块状,注浆孔的平面布置可根据上部结构和基础特点确定;施工前应根据设计要求进行工艺性试验,数量不少于 2 根。高压喷射注浆处理的地基和基础之间应设置褥垫层。

8.2　化学灌浆材料

化学灌浆材料浆液黏度低,可灌入细微裂缝,固结后有良好的物理力学性能和粘结力,可使有缺陷的岩层恢复整体性。下面介绍三种性能优良的化学灌浆材料。

1. 中化 798 注浆材料

中化 798 由呋喃、环氧树脂等组成,其抗压强度为 50~80MPa,抗剪强度为 10~40MPa,抗拉强度为 10~20MPa,起始黏度在温度 25℃时为 5~50CP。该材料除具有力学性能优良、耐久性好、毒性低等优点外,更主要的是能灌入极低渗透性($K = 10^{-6}~10^{-8}$cm/s)的泥夹层及构造破碎带,或 0.001mm 的裂缝,即该材料突出的优点是有优异的渗透性和良好的固结性。

2. 817 型水玻璃注浆材料

817 型水玻璃注浆材料采用烷基化合物(简称 817)添加剂,解决了醋酸乙酯与水玻璃浆液的混合问题。这种添加剂来源广泛、价格便宜、无毒、使用方便，能提高醋酸乙酯的亲水性，使水玻璃浆液形成均匀凝胶。一般水玻璃浆液的固砂强度只有 1～2MPa，加上该材料后可提高到 3MPa 以上，抗压强度也相当稳定。817 液还有促凝固化作用，调整其用量，可使凝固时间在几分钟到 60 分钟内调节，拓展了水玻璃注浆材料的应用范围[3]。

3. 400 注浆材料

虽然中化 798 注浆材料突破了过去认为渗透系数 $K = 10^{-6}$cm/s 的地层是不可灌的这一界限，但是对于极低渗透性（$K \leqslant 10^{-8}$cm/s）的介质，渗透仍然较难。为此，在中化 798 的基础上，进行改进和提高，于 1993 年研制出 400 浆材。该浆材是以环氧树脂、丙酮、糠醛、二亚乙基三胺、添加剂 "A" 和偶联剂等组成，通过添加剂 "A" 来活化糠醛、丙酮的路线（包括 AN、AC 两个系列）。经活化前后浆材固结体力学性能的比较，在宏观上证实活化效果良好。结合灌浆材料的使用环境，制定出灌浆材料中偶联剂的选择原则是：合适的水解速度，能与浆材中一些有机基因发生反应或物理作用，与被灌介质的酸碱性相匹配。400 注浆材料以廉价的糠醛、丙酮代替部分价高的环氧树脂和胺，且接触角小，起始黏度低，对介质亲和力高，浆材的初凝时间足够长，对低渗透性被灌对象可以有充分的时间渗透[4]。

8.3　化学灌浆在岩溶地基加固的应用

8.3.1　工程概况

贵阳市某高层建筑物位于中华北路与六广门相交的沙河街处，由南、北两个塔楼及裙楼组成，总占地面积 6774m²，建筑面积 4850m²。地下 4 层，地面 26 层，总高 99.40m，建筑物±0.00 标高为 1075.80m，地下 4 层底板标高 1060.30m；在位于北侧塔楼位置处，已建有 1 层地下室及基础，地下室长 32.40m，宽 28.20m，框架-剪力墙结构。荷载情况为：中柱$N = 25000$kN，角柱$N = 19000$kN，中筒内外周的混凝土墙分别为$q = 3000$kN/m 和$q = 3200$kN/m。建设单位提出利用已建 1 层地下室及基础作为拟建高层建筑物的地下室基础。

8.3.2　场地工程地质及水文地质情况

1. 地质构造

拟建场地位于贵阳盆地北部的缓坡地带，属于贵阳向斜轴部北端东翼，区内无大断裂通过，距场地北东面约 50m 及南西面约 150m 处，各有一条北西走向的正断层，受构造的影响，场地岩体节理裂隙较发育，岩体较破碎，场地岩层为三叠系下统安顺组（T1a），厚—中层，细晶白云岩，岩层产状为 263°∠28°。

2. 岩土构成

场地已建地下室基础部位下伏岩土组成情况如下。

1）混凝土垫层（Q）。分布于整个已建基础部位，深灰色，上部含少量钢筋，钻探混凝土岩芯多呈柱状、少数短柱状、块状，厚 1.0～6.5m，一般厚度为 5m；中筒部位局部含少量杂填土包裹体，其中 T 轴以东、8 轴以南存在隐埋地下蓄水池，该部分混凝土垫层较薄，厚度为 0.4～2.8m；垫层轴心抗压强度设计值 $f_c = 8.98$MPa，按 C15 混凝土采用，地基承载力特征值 $f_a = 4000$kPa。

2）白云岩（T1a）。灰黄色，中—厚层，细晶白云岩，质硬、性脆，节理裂隙发育，方解石脉及团块充填，钻探岩芯多呈块状、短柱状，少数柱状，中等风化。岩体内岩溶发育强烈，溶隙、溶槽、溶洞内充填软塑黏土，线岩溶率大于 30%，能见率大于 85%；岩体溶蚀后，局部呈强风化，岩体完整性为破碎—较破碎，钻探岩芯多碎石状、碎块状，少数砂粒状，岩体基本质量等级为Ⅲ级坚硬岩—Ⅴ级较软岩。

3. 场地水文地质条件

场地地下水类型为碳酸盐岩裂隙、溶洞水，对混凝土无腐蚀性，对钢结构具弱腐蚀性。场地地下水丰富，枯水期地下水位高程为 1059.00～1060.30m，丰水期最高洪水位高程为 1069.00m，丰枯水位变化幅度为 3.00～6.00m，渗透系数 $K = 5.36$m/d，地下室抗浮设计水位高程为 1066m，建筑场地的环境类型为Ⅱ类。

8.3.3 地基基础检测结果和已建地下室地基基础存在问题

根据检测单位提供的检测报告可知：

1）场地已建基础截面尺寸与原设计相符，已建地下室基础与人工混凝土垫层除局部含有杂填土包裹体外，大部分地段结合面较好，无不良现象。部分基础下基岩存在表面残渣未清除干净，部分基岩不完整，存在颗粒状岩石及黏土层、破碎状岩石、裂隙和溶洞等不利情况。

2）部分柱子的混凝土强度等级小于 C50，核心筒墙体、楼板、底板及基础的混凝土达到原设计强度；建筑物基础毛石混凝土垫层强度等级达到 C15 以上，可作为地基持力层，但发现已建物 40%的柱子位置处，在浇筑毛石混凝土过程中出现空洞或裂隙。该建筑部分基础下的基岩存在不利工程地质特性，若要对已建部分加以利用，需进一步勘察后采取相应的处理措施。

3）建筑物地基持力层范围内基岩岩溶洞隙发育强烈，若要对已建地下室及基础利用，须对已建基础的 19 个设计柱位及核心筒基础混凝土垫层及地基持力层岩体进行地基加固后方可利用。

8.3.4 岩溶地基加固设计

根据工程地质勘察和检测资料，本着利用已建地下室及基础的原则，采用压力化学灌浆的地基处理方案，对建筑物基础人工混凝土垫层及场地地基持力层岩溶强烈发育的溶槽、溶隙、溶沟及溶洞地段进行地基基础加固处理，以提高场地地基基础的承载力和整体稳定性。已建基础部位地基加固灌浆处理的范围为：横轴 V～F 轴，纵轴 2～9 轴，处理面积：
长 × 宽 = 32.80 × 29.00 = 951.20m² （图 8.3-1）。

图 8.3-1　已建基础部位地基加固灌浆范围

地基持力层化学灌浆加固设计原理和处理内容如下。

1）岩溶地基灌浆加固机理。在裂隙和溶洞强发育区，浆液在较高压力作用下，克服地层中的初始应力和抗拉强度，使其沿垂直于小主应力的平面发生劈裂，同时浆体进入挤密的夹泥层，并在其中产生化学加固，形成起骨架作用的浆脉，岩体也因挤压作用而更加密实；溶洞及大孔隙发育区，采用水泥砂浆及配料进行充分填实，形成结石与岩体的胶结整体；高压劈裂和充填使地层孔隙率大大减小，密实度充分提高，从而提高地基承载力并减小沉降量[5]。

2）对 19 个已建或拟建柱位基础混凝土垫层及地基持力层范围内岩体洞隙及软弱下卧层进行地基加固灌浆处理，提高基础持力层范围（5～10m）内地基的整体性、完整性及稳定性，地基承载力满足设计要求。

3）核心筒部位，对原混凝土垫层中杂填包裹体埋深小于 1m 的做换填处理，对地基持力层岩体洞隙采用灌浆补强加固处理，提高基础持力层范围（5m）内地基的整体性、完整性及稳定性，地基承载力满足设计要求。

4）化学灌浆处理对象及方法。根据试验灌浆结果，该项目地基基础灌浆处理对象及方法如表 8.3-1 所示。

地基基础灌浆处理对象及方法　　　　　　　　　　　　　　　表 8.3-1

序号	灌浆对象	灌浆原理	灌浆方法	灌浆材料
1	垫层与持力层岩体接合较差部位（沉渣及裂缝）	劈裂灌浆	φ89 口径孔口封闭单独分段钻灌法	水泥浆
2	地基持力层岩体（微裂隙及节理）	渗入性灌浆	φ89 口径孔口封闭全孔灌浆法	水泥浆
3	持力层岩体中破碎带及溶洞部位（空洞或充填部位）	渗入性或劈裂灌浆	φ89 口径孔口封闭单独分段钻灌法	水泥浆为主加适当外加剂

5）地基加固灌浆标准。根据已建基础部位改造利用设计要求，地基持力层灌浆加固范围如表 8.3-2 所示，持力层承载力灌浆加固目标如表 8.3-3 所示。

地基持力层灌浆加固范围

表 8.3-2

基础编号	基础轴线位置	设计基础尺寸长×宽（m）	灌浆孔深度及标高（m）	灌浆加固段总厚度（m）	岩土组成	
					混凝土层（m）	基岩（m）
DJ-1	V 轴交 2 轴	0.9×0.9	10.3/1053.4	6.1	1.1～1.3	5.0～4.8
DJ-1	T 轴交 2 轴	0.9×0.9	13.6/1050.1	9.4	0.1～1.3	9.3～8.1
DJ-2	P 轴交 9 轴	1.0×1.0	11.8/1051.9	6.0	1.0	5.0
J-1	F 轴交 3 轴	2.5×2.5	12.4/1051.3	8.2	0.6～0.8	7.6～7.4
J-2	V 轴交 4 轴	2.9×2.9	15.9/1047.8	11.7	4.0～4.9	7.7～6.8
J-1	F 轴交 4 轴	2.5×2.5	13.1/1050.6	8.9	1.1～1.6	7.8～7.3
J-2	V 轴交 8 轴	2.9×2.9	15.9/1047.8	11.7	3～5	8.7～6.7
J-3	F 轴交 8 轴	2.5×2.5	14.8/1048.9	10.6	2.9～4.8	7.7～5.8
J-4	T 轴交 9 轴	3.4×2.9	19.8/1043.9	12.6～14.6	1.7～4.3	10.9～10.3
J-1	F 轴交 9 轴	2.5×2.5	15.5/1048.2	11.3	3.8～4.4	7.5～6.9

地基持力层承载力灌浆加固目标

表 8.3-3

基础编号	基础轴线位置	设计基础形式	加固后地基承载力（kPa）	备注
DJ-1	V 轴交 2 轴	独立基础	4000	裙楼
DJ-1	T 轴交 2 轴	独立基础	3200	裙楼
DJ-2	F 轴交 1 轴	独立基础	3200	裙楼，须补钻
DJ-2	P 轴交 9 轴	独立基础	3500	裙楼
J-1	F 轴交 3 轴	独立基础	4000	主楼
J-2	V 轴交 4 轴	独立基础	4000	主楼
J-1	F 轴交 4 轴	独立基础	3700	主楼
J-2	V 轴交 8 轴	独立基础	4000	主楼
J-1	F 轴交 8 轴	独立基础	4000	主楼
J-4	T 轴交 9 轴	独立基础	4000	主楼
J-1	F 轴交 9 轴	独立基础	4000	主楼

8.3.5 化学灌浆加固

1. 化学灌浆材料

考虑到岩层中的断层和溶洞泥砂，选用水泥-水玻璃或 817 型水玻璃注浆材料注浆加固。其中水泥-水玻璃化学灌浆材料固结强度为 0.5～15MPa，固结率为 98%～100%，凝胶时间为 30～120s，结石体抗压强度可达 10～20MPa，结石率为 100%，结石体渗透系数为 10^{-8}cm/s，适宜于 0.2mm 以上裂隙使用，具有成本低、适应性好、浆液充填率高、湿条件耐久性好等优点。817 型水玻璃注浆材料采用烷基化合物（简称 817）添加剂解决醋酸乙酯与水玻璃浆液的混合问题，使水玻璃浆液能形成均匀凝胶，固砂强度可提高到 3MPa 以上且抗压强度相当稳定，并可通过调整用量来调节凝固时间，拓展了水玻璃注浆材料的应用范围。

2. 灌浆孔布置

根据设计基础尺寸及注浆的有效范围，按照相互重叠使灌浆段在平面和深度范围内连成一个整体的原则进行两至多排孔布置，如图 8.3-2 所示，对于相关参数，根据奇数排和偶数排分别按式(8.3-1)和式(8.3-2)计算。

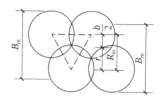

图 8.3-2　孔排间最优搭接示意图

奇数排

$$B_{\mathrm{m}} = (N-1)\left[r + \frac{(N+1)}{(N-1)} \cdot \frac{b}{2}\right] = (N-1)\left[r + \frac{(N+1)}{(N-1)}\sqrt{r^2 - \frac{l^2}{4}}\right] \tag{8.3-1}$$

偶数排

$$B_{\mathrm{m}} = N\left(r + \frac{b}{2}\right) = N\left[r + \sqrt{r^2 - \frac{l^2}{4}}\right] \tag{8.3-2}$$

其中N为灌浆孔排数。

根据上述原则及灌浆试验成果设计，独立柱位基础部分浆液有效扩散半径按 2m 考虑，结合设计基础尺寸，共布置灌浆孔 2 排，间距 1.5～2m；中筒筏基部分浆液有效扩散半径按 2.5m 考虑，奇数多排孔梅花形布置，钻孔间距 2.5m。

3. 浆液影响半径

本次灌浆工程地质条件复杂，地下水丰富，岩溶发育强烈；浆液扩散半径的确定主要通过现场灌浆试验，并结合球形扩散理论估算及按土的渗透系数查表确定。在第一序次先导孔 I_2、I_3、I_7 孔灌注结束 12～24h 初凝后，分别在距注浆孔 2m、4m、6m 范围内进行钻孔检查，发现在距注浆孔 2m 检查孔中，岩体溶洞及裂隙部位已有凝固较完整的水泥结石固结体，钻探岩芯中洞隙部位已被浆液水泥结石充填密实。在距注浆孔 4～6m 检查孔中，仅在岩体裂隙内发现少量水泥浆液，说明浆液扩散半径大于等于 6m，浆液有效扩散半径大于 2m 且小于 4m。

4. 灌浆压力的确定

设计采用理论与实践相结合的方法确定。在试验现场分别做 7 组压水试验及一序先导 3 个孔试验灌浆，通过压水试验P-Q曲线及初步灌浆试验成果，确定该灌浆工程灌浆压力如表 8.3-4 所示。

灌浆压力　　　　　　　　　　　　　　　　表 8.3-4

灌浆对象	岩体部位	溶洞部位
灌浆压力（MPa）	0.1～0.3 0.4	0.2～0.5

由于灌浆压力值与灌段地层密度、强度、初始应力、钻孔深度、位置及灌浆次序、灌浆材料等因素有关，而这些因素又难于准确地预知，因此灌浆过程中应根据各施工段灌浆及压水试验采用合理的灌浆压力。

5. 地基加固灌浆施工工艺

本次化学灌浆采用三序施工，按逐渐加密的原则，首先钻灌一序孔，其次钻灌二序孔，最后钻灌三序孔。其中，将一序孔中的 10%~20%作为先导孔进行灌浆试验，并将试验结果上报设计，以便设计根据吸浆量和压力与水灰比的关系，确定不同深度的压力。

1）施工程序纵向表示如图 8.3-3 所示。

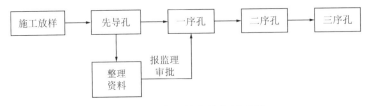

图 8.3-3　施工程序纵向示意图

2）对于灌浆的单孔施工，其施工程序如图 8.3-4 所示。

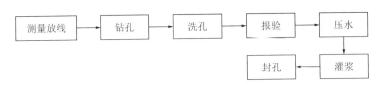

图 8.3-4　灌浆的单孔施工程序

3）灌浆和结束标准：

（1）本工程采用自上而下分段灌浆方式，采用钻杆（单管）法进行注浆，射浆管距孔底不大于 50cm。灌浆段长 5m，岩体内无洞隙的钻孔可适当放长灌浆段，但不宜大于 10m；灌浆段的长度因故超过 10m 时，对该段宜采取补救措施。

（2）对岩溶洞穴部位，应先查明溶洞的充填类型和规模，然后采取相应的处理措施。①溶洞内无充填物时，根据溶洞的大小，可采用泵入高流态混凝土或水泥砂浆，或投入碎石再灌注水泥浆液、混合浆液、模袋水泥浆液等措施。②溶洞内有充填物时，根据充填物的类型、特征及充填程度，可采用高压灌浆、高压喷射灌浆等措施。

（3）灌浆结束标准为，自上而下分段灌浆，灌浆段在最大设计压力下，当注入率不大于 0.04L/min 时，继续灌注 60min，灌浆即可结束。所有灌浆孔都结束后，经监理工程师验收合格方能封孔。

6. 灌浆处理效果的检测

对已建基础改造利用的 19 个设计柱位、核心筒基础混凝土层及地基持力层岩体进行地基加固灌浆处理完成后，通过钻探取芯、压水试验、单孔声波测试及声波 CT 测试等检测手段对其进行检测（图 8.3-5~图 8.3-7），得出以下结论。

1）基础与人工混凝土结合面胶结较好，无不良现象，人工混凝土强度等级达到 C15 或 C20，除少部分存在轻度离析外，绝大部分均密实，骨料均匀，强度较高，满足设计要求。

2）通过灌浆处理地基后，人工混凝土地基与基岩交界面、大部分基岩的节理裂隙面、溶槽、溶隙及溶洞都有不同程度的充填及加固，灌浆方量大于 20%，灌浆效果明显，地基下卧层稳定，满足设计要求。

3）核心筒部位灌浆质量较好，基本达到岩体固结灌浆设计要求。

4）通过单孔声波测试的波速值变化，发现岩体岩溶洞隙部位（软塑红黏土等）及破碎带（白云岩夹黏土）平均声波值提高 400～1400m/s，所有检测孔声波测试数据无黏土等软弱层指标（声波值小于 2000m/s）。

图 8.3-5　人工混凝土与基岩交汇处　　　　图 8.3-6　场地钻探破碎岩芯

图 8.3-7　地基加固灌浆处理后水泥结石

7. 地基加固灌浆处理的监测

在建筑物修建的整个过程中，监测工作显得非常重要，它使得建筑物沉降量变得直观，清楚地显示该次地基加固灌浆处理的效果。工程共进行了 13 次沉降观测，期间大楼由 14 层修建至 28 层，增加了 14 层楼的基础荷载；历时 8 个月，包括雨季，从沉降监测结果可知，大楼有下沉趋势，但沉降量很小，而且沉降均匀，一般在 2.00～3.00mm 之间，且随荷载的增加而增大，最大沉降为 S15 点的 3.55mm。裙楼沉降量一般在 0.24～1.50mm 之间变化，属于正常的观测误差，基本无下沉现象。可见本次地基加固灌浆处理效果明显，满足设计要求。

8.4　结论

1）化学灌浆是岩石工程补强加固手段之一，性能优良的化学灌浆材料和合理可行的施工灌浆方法是化学灌浆补强加固得以实现的关键所在。一般岩层中的断层和溶洞泥砂，以选用水泥-水玻璃或 817 型水玻璃浆材注浆加固为佳。

2）一般注浆效果除受浆材性能、比例参数等内因影响外，还取决于施灌设备和方案等外因。因此，对于不同的岩层和不同的浆材，必须采取不同的灌浆工艺。本工程设计概念明确，采取的各项技术措施先进、可靠，并充分利用已建地下室基础；选择的地基加固方案合理，施工工艺成熟，施工组织可操作性强，具有一定的推广使用价值。

3）贵州省位于我国西部的云贵高原，属多山地区，这里碳酸盐类岩石广布，水文地质条件复杂，喀斯特现象发育。本工程化学灌浆的成功，可为类似工程提供可靠的设计依据及工程经验，具有显著的社会经济效益。

参 考 文 献

[1] 叶书麟，叶观宝. 地基处理[M]. 北京：中国建筑工业出版社，2004.

[2] 地基处理手册编写委员会. 地基处理手册[M]. 北京：中国建筑工业出版社，2000.

[3] 林豪兴，彭建勋，罗启华，等. 817 水玻璃灌浆材料的应用[J]. 化学世界，1987，28(4): 145-147.

[4] 何泳生. 研制 400 浆材的工作报告[J]. 广州化学，1993，11(4): 1-4.

[5] 程鉴基. 化学灌浆在岩石工程中的综合应用[J]. 岩石力学与工程学报，1996，6(2): 186-192.

◢ 获奖信息 ◣

2008 年　贵州省优秀工程勘察设计二等奖

第 9 章

岩溶山区深回填地基处理

9.1 前言

岩溶山区地形起伏不平，高差大。随着城市建设的不断扩容，很多工程建设在坡地及山地之上，必然进行大挖大填，例如在场地内的低洼地段及沟谷中有大量的填方。相当一部分工程项目在前期平场时，由于种种原因未进行专门的回填设计，在场地内就地取材挖高填低，施工也未进行控制，多为随意抛填，从而形成松散堆填的深厚填方体。

一般填土体采用的处理措施有换填、注浆、冲击碾压、强夯（置换强夯）、复合地基等。由于全国各地的填料千差万别，根据不同的填料应采用不同的处理方法，各地也有相应的成熟技术，从处理机制分为压实、夯实和置换三大类，其中置换也可与压实、夯实组合使用。

9.2 贵州岩溶山区深回填的特征

贵州山区的土类多为残坡积红黏土及粉质黏土，其含水率高，呈现上硬下软的垂直分布特点。这种土层如不在回填时很好地控制含水率，则碾压不易压实，强夯还易形成橡皮土，后期处理比较困难。基岩多为硬质可溶岩，在开挖破碎后形成的粒径大小不一，多为块石夹碎石。在抛填过程中混着黏土的土石均匀性极差，石料粒径差异极大，达到碾压所需的控制粒径和级配比较困难；块石间还会形成架空现象，冲击碾压难以压实。

贵州山区建设中经常遇到的填方体呈现的特点为：厚度较大，填料以高含水率黏土夹块石及碎石为主，均匀性很差。这种填料完成基本自重固结的时间至少需要 5~8 年，即便基本完成自重固结，由于其成分的不均匀性，修建建筑物加荷后也会产生较大的不均匀沉降。因此，要在这样的场地上进行建设，必须对回填土进行处理。

对于填土的处理设计，建筑行业目前执行的技术标准主要有《建筑地基处理技术规范》JGJ 79—2012[1]、《组合锤法地基处理技术规程》JGJ/T 290—2012[2]、《高填方地基技术规范》GB 51254—2017[3]、《强夯地基处理技术规程》CECS 279: 2010[4]等行业标准、国家标准和团体标准。贵州省目前还没有专门的地基处理技术标准，针对贵州省岩溶山区红黏土、红黏土夹碎石的特殊性填料，目前设计及处理主要依据的技术标准为《贵州省建筑岩土工程技术规范》DBJ 52/T046—2018[5]及《贵州建筑地基基础设计规范》DBJ 52/T045—2018[6]。

一般填土体采用的处理措施中，换填和冲击碾压处理厚度不大（小于5m），无法处理深回填土。注浆处理的效果一般难以保证，串浆的情况很常见，开挖后常常发现只有灌浆孔有水泥浆，不能形成有效的扩散体，处理完的地基土均匀性仍然较差。

近年来，对于贵州山区由块石、碎石、黏土组成的高填方，针对填料成分的差异并结合需达到的处理目标，采用置换强夯、组合锤强夯、普通强夯加刚性桩复合地基等方法进行地基加固处理取得了很好的效果。本章以几个工程案例介绍相关处理方法。

9.3 工程案例

9.3.1 置换强夯

某大曲酒厂异地改造项目总占地面积282260m²，总建筑面积104281m²，总投资6.5亿元，设计生产能力为年产基酒10000t。场地原始地貌为一岩溶峰丛斜坡，总体东南高、西北低，场地标高1635~1665m，最大高差约30m，自然条件下无滑坡、崩塌、泥石流等不良地质现象。2010年经挖填、分级整平进行酒厂建设。场地开挖后为填土地基和土岩混合地基场地，填土成分主要为新近开挖堆积的软塑—可塑红黏土，经雨水和地表水浸泡后，填土含水率高，结构松散，厚度不均（1~16m不等），强度低。

场地填土主要为高含水率、高塑性红黏土，由于其孔隙水难以消散，强夯施工易形成橡皮土。通过添加碎（块）石料，确定合适的强夯工艺参数。根据建筑设计单位提供的各栋建筑的荷载情况，在荷载较大的建筑物场地，采用置换强夯和普通强夯两种工法的组合施工；先采用普通强夯进行初步处理，以减少在置换强夯施工时填土对夯锤产生的吸锤现象；增大置换深度，使地基稳定性和强度得到快速大幅提高。处理完成的场地内建筑物采用柱下独立基础（最大单柱荷载4196kN）即可满足上部荷载要求，且有效地解决了填土场地高耸建筑（锅炉房烟囱高40m）地基的均匀性问题。

本项目主夯能级选用4000kN·m，通过合理的强夯参数和有效的工法组合，在选用的单击夯击能不大的情况下，地基填土得到有效、可靠的加固效果。经试验及施工完成后的检测结果显示，结合建筑物运行、观测情况，本项目建筑地基有效加固深度比《建筑地基处理技术规范》JGJ 79—2012[1]中的要求深度明显增加。

一期建设中包括勾兑车间、包装车间等7个单体建筑及8条道路位于填方区，面积约4.5万m²的山区填土须进行处理。填土成分主要为厂区内就近开挖的红黏土，随意抛填整平后结构松散、厚度不均，经降水或地表水浸透后十分松软，难以作为建筑物地基使用。经多方论证，在初步勘察的基础上，若采用桩基础以下伏较完整基岩作为持力层，一方面工期长、造价高，而室内外地坪、道路、管沟等地基并未得到加固处理，会留下许多病害隐患；综合考虑后决定通过添加碎块石料，以置换强夯与普通强夯工法相结合，按一定的强夯工艺参数，对此范围填土地基进行加固处理，利用填土层作为建筑物浅基础（独立基础）持力层。

置换强夯场地区域，第一序次为对非柱位范围进行普通强夯，根据场地填土含水情况，结合夯坑深度，按 4～6 击固定击数进行每个夯点的夯击。第一序次夯完后将场地整平，进行第二序次置换强夯点的夯击。置换强夯点先夯击出夯坑，然后填料，从第一次开始逐次测记夯沉量；夯击到一定深度后，再次填料，直至最后两次平均夯沉量不大于 10cm。经统计，置换夯击最少 8 击，最多 16 击，平均 10 击达到最后两次平均夯沉量不大于 10cm，即单点平均累积夯击能为 40000kN·m，主夯单点夯击能为 4000kN·m。根据建筑物轴线（柱位）间距，各栋建筑物主夯点间距不等。制酒车间主夯点分 3 序次进行，其余各栋建筑物主夯点分 2 序次进行，主夯点最终间距在 3.00～5.50m 之间。各主要建筑物夯点布置如图 9.3-1～图 9.3-3 所示。

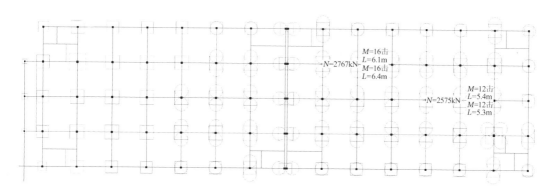

图 9.3-1　包装车间置换强夯点布置

注：图中仅举例示出个别夯点的夯击参数；N—单柱荷载；L—累计夯沉量；M—累计夯击次数。

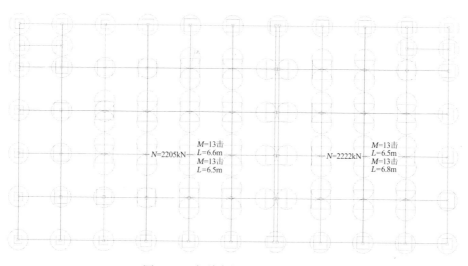

图 9.3-2　勾兑车间置换强夯点布置

注：图中仅举例示出个别夯点的夯击参数；N—单柱荷载；L—累计夯沉量；M—累计夯击次数。

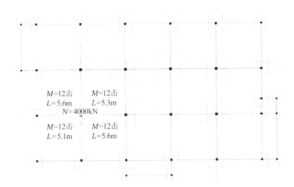

图 9.3-3　陶坛库 1 置换强夯点布置

注：图中仅举例示出个别夯点的夯击参数；N—单柱荷载；L—累计夯沉量；M—累计夯击次数。

完成全部现场施工及检测工作后，开展了两个试验区（置换强夯和普通强夯试验区）的试验性施工、试验区地基检测、强夯处理设计（确定各项强夯参数及工艺）、全场地强夯施工、全场地强夯加固处理地基检测等几个阶段的工作。检测点布置如图 9.3-4 所示，检测点相关曲线如图 9.3-5、图 9.3-6 所示。

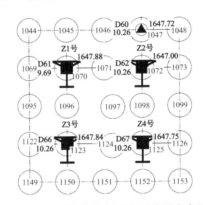

图 9.3-4　置换强夯点试验区检测点布置

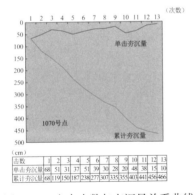

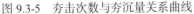

击数	1	2	3	4	5	6	7	8	9	10	11	12	13
单击夯沉量	68	51	31	37	51	39	30	28	20	48	38	15	10
累计夯沉量	68	119	150	187	238	277	307	335	355	403	441	456	466

图 9.3-5　夯击次数与夯沉量关系曲线

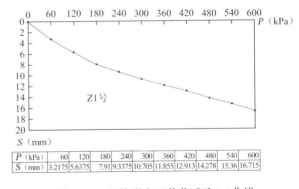

P（kPa）	60	120	180	240	300	360	420	480	540	600
S（mm）	3.2175	5.6375	7.91	9.3375	10.705	11.855	12.913	14.278	15.36	16.715

图 9.3-6　置换强夯区载荷试验 P-S 曲线

经超重型动力触探、静载试验等检测，全场地相关指标综合取值如下：置换墩地基承载力特征值 $f_{ak}=300$ kPa、变形模量 $E_0=20$ MPa；其余地基承载力特征值 $f_{ak}=200$ kPa，变形模量$E_0 = 10MPa$；基准基床系数$K_v = 85000kN/m^3$。

独立基础最大荷载达 4196kN，烟囱高 40m、轴向荷载为 3007kN，各栋建筑物经相关责任主体进行沉降观测，其沉降差和倾斜（烟囱）均远小于《建筑地基基础设计规范》GB 50007—2011[7]第 5.3.4 条的规定允许值。厂区投入运行的情况表明，各项指标满足国家相关标准要求，各栋建筑物运行使用正常。

本场地若采用人工挖孔或机械成孔灌注桩基础，以下伏较完整基岩为持力层，则平均桩长约 12m，桩径按 1.0～1.2m，强夯范围内 7 栋建筑物共 651 根桩，考虑到填土成孔难度较大等因素，桩基造价按 1300 元/m 计，则桩基造价估算约 1016 万元。根据建设单位估算，本项目实际所采用的独立基础及地基处理费用合计约 520 万元，节约造价约 49%，同时，室内外道路、地坪及各类管沟地基也得到良好加固。此外，采用人工挖孔灌注桩与本项目采用的柱下独立基础，施工工期相差 2～3 倍，且节省了桩基检测的时间与费用，比甲方原定基础施工完成时间提前了约 4 个月。

9.3.2　组合锤强夯

组合锤强夯法是近几年新兴的一项处理各种欠固结、高压缩性土的地基处理技术，能对回填较厚的区域有效地进行挤密、置换和夯实，进一步提高置换强夯的处理效果，具有比普通夯实工法更加安全、经济的效果。目前，组合锤强夯法地基处理技术已经积累了相当多的工程实践经验，在饱和土及淤泥质土、软岩弃土区路基、填谷造地、软弱地层地基处理方面均有成功案例。本节以贵州某附属高中回填区地基处理工程为例，根据场地工程地质条件，采用组合锤强夯法施工工艺并结合载荷试验检测，达到了较好的效果。

1. 组合锤强夯法的应用范围及加固原理

1）组合锤强夯法的应用范围

组合锤强夯法适用于处理碎石土、砂土、粉土、湿陷性黄土、含水率低的素填土等以骨料为主的杂填土以及大面积山区丘陵地带填方区域的地基。根据《建筑地基处理技术规范》JGJ 79—2012[1]中的强夯有效固结深度可知，当要求粗颗粒砂性土填料的素填土有效固结深度$h = 8.0m$或细颗粒黏土填料的素填土有效固结深度$h = 7.0m$时，所需的单击夯击能E需要达到 5000kN·m。普通强夯法的有效固结深度在 8m 内，组合锤法的有效固结深度可达 14～15m。因此，填土深度决定着选用何种强夯方法能取得最好的经济效益，当填土深度小于 8.0m 时，普通强夯法能够满足要求；当填土深度大于 8.0m 时，组合锤法能够满足要求。有时拟建场地回填土层厚度变化较大，为了使夯后地基土的强度整体均匀，变形协调一致，应根据回填土深度的不同，分别采用组合锤及普通强夯法工艺进行加固处理。

2）组合锤强夯法的加固原理

组合锤强夯法是分别采用柱锤、中锤、扁锤对地基土深层、中层和表层不断夯击，破坏原来土体中固相颗粒的组合结构，进行结构重组，迫使土体中固相颗粒紧密排列，挤出气体，形成排水通道，同时迫使液相水压力形成稳定—产生空隙水压力—再稳定的变化，从而达到对地基加固的目的。组合锤强夯法一般适用于含水率较低的填土，通过不断夯击场地上的原土，使其分层挤密形成上大下小的夯实墩体，深层击实区、中层击实区、浅层击实区叠加在一起形成新的复合土体，通过夯点位置的合理布置能够将场地土体形成多个这样的土体，从整体上提高地基的稳定性。

2. 工程实例

1）拟建场地工程地质条件

拟建场地上覆土层主要为素填土、硬塑状红黏土，素填土厚度在 1.50～29.49m 之间，素填土厚度较大，结构松散，为新近填土，未达自重固结。根据钻孔资料，自上而下揭露的地层岩性如下。

①素填土：灰褐色，主要由碎块石及少量黏土等组成，土体结构松散，平整场地时形成。

②红黏土：褐黄色，褐红色，微裂隙发育，呈碎块状至块状结构，局部含岩石风化残块，钻探范围内呈可塑状。

③中风化灰岩：灰色，薄—中厚层状，隐晶结构，节理裂隙发育，泥质及钙质充填，岩体较破碎。

岩芯采取率为 65%～85%，平均 75%。根据现场基岩出露情况判断，中风化岩体的坚硬程度为较硬岩。拟建场地地形较平坦，填土层有利于大气降水和地表水的渗透，地下水埋藏较深。

2）设计要求

拟建体育馆项目上部为框架结构，基础形式原设计为柱基，柱荷载为 4800kN，地基沉降较为敏感。根据上部结构荷载及基础形式，设计采用组合锤强夯法处理地基，处理后的复合地基承载力特征值 $f_{ak} = 300kPa$，变形模量 $E_s = 15MPa$。拟建篮球场项目设计处理后的地基承载力特征值 $f_{ak} = 150kPa$，变形模量 $E_s = 8MPa$。由于拟建场地区域用途不一致，区域内上部结构对复合地基承载力要求不同，所以整个拟建场地回填土强夯要求也不一样。地基处理后基础形式修改为柱下独立基础。

3）夯点布置方式

作为地基持力层的区域，设计组合锤夯点间距为 3.0m × 4.0m，具体夯点布置如图 9.3-7 所示。组合锤强夯法采用两遍点夯和一遍满夯。

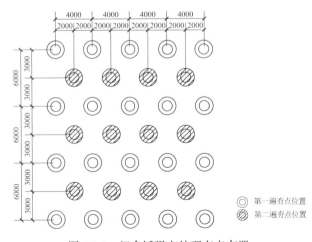

图 9.3-7　组合锤强夯处理夯点布置

4）施工参数的确定

根据设计要求及地基土特性，作为地基持力层的区域，按厚度分为 1 区、2 区和 3 区，两遍点夯，一遍满夯。工程选用的具体施工参数如表 9.3-1 所示。填土厚度超过 8m，按照施工图夯点进行强夯，第一遍柱锤点夯，第二遍中锤点夯，第三遍扁锤满夯。采用组合锤强夯法时，高能量柱锤和中锤点夯可加大填土有效固结深度。

组合锤强夯法施工参数   表 9.3-1

项目	分区		
	1 区	2 区	3 区
填土厚度（m）	8～12	12～15	15
动压当量（kJ/m²）	1100	1400	1400
有效固结深度（m）	12	15	15

5）工艺流程和施工工序

（1）组合锤强夯工艺流程：场地平整→测量放线→第一遍点夯→场地平整→第二遍点夯→场地平整→第三遍满夯→场地平整压实。

（2）组合锤强夯法按以下施工工序进行施工：

①第一道工序采用柱锤进行深层挤密施工，柱锤动压当量为 800～1400kJ/m²，锤重为 140～180kN，锤径为 1.2m，锤底面积为 1.13m²。施工前平整场地、测量放线，柱锤施工时将夯坑深度控制在 5m 以内，若在该深度范围内无法达到收锤标准，则须将夯坑填满进行第二次施工，第二次施工时夯坑深度控制在 3m 以内。柱锤收锤标准为最后两击的平均夯沉量为 200mm（±40mm）。

②第二道工序采用中锤进行中层挤密施工，单击夯击能为 2000kN·m。施工前回填夯坑、平整场地、测量放线，中锤施工时将夯坑深度控制在 1.5m 以内，若在该深度范围内无法达到收锤标准，则须将夯坑填满进行第二次施工，第二次施工时夯坑深度控制在 1.5m 以内。中锤收锤标准为最后两夯的平均夯沉量为 100mm（±20mm）。

③第三道工序扁锤低能量满夯 1 遍，单击夯击能为 1500kN·m。施工前回填夯坑、平整场地，扁锤施工时连续 2 击，将夯坑深度控制在 0.5m 以内，夯印搭接 1/3。扁锤收锤标准为最后两夯的平均夯沉量为 100mm（±20mm）。最后平整整个场地，完成施工。

（3）载荷试验检测结果和分析：

为检测组合锤强夯法处理拟建场地地基质量，工程采用了浅层平板静载试验，逐级增加荷载，承压板采用 2.0m² 圆形刚性承压板。选取篮球场区域 9 个荷载试验点检验强夯效果，并对其中 1 号静载试验点进行分析。

根据 1 号试验点载荷试验数据，校核后绘制出荷载-沉降（p-s）曲线及沉降-时间对数（s-lg t）曲线。试验结果显示，p-s 曲线无明显的比例界线点，s-lg t 曲线尾部未发生明显陡降。根据《建筑地基检测技术规范》JGJ 340—2015[8]综合确定该试验点承载力特征值为最大加载量的一半，同时，根据该规范中浅层平板载荷试验确定地基变形模型，整个篮球场区域试验加荷至最大值时各试验点沉降值 s、承载力特征值 f_{ak} 及地基变形模量 E_0 如表 9.3-2 所示。

根据各试验点 p-s、s-$\lg t$ 曲线和表 9.3-2，结合设计文件可知，该工程的篮球场区域满足 $f_{ak} \geqslant 150\text{kPa}$、$E_s \geqslant 8\text{MPa}$ 的要求。该工程竣工时，没有出现不均匀沉降等工程地质问题，达到了理想的地基处理效果。

篮球场载荷试验最终沉降值、承载力特征值及地基变形模量　　　　表 9.3-2

试验点编号	s（mm）	f_{ak}（kPa）	E_0（MPa）
1	28.58	180	31.37
2	26.54	190	38.45
3	20.41	175	40.81
4	23.94	185	27.69
5	27.67	190	30.64
6	25.27	180	31.42
7	29.08	175	38.22
8	24.42	185	34.19
9	26.97	190	28.74

组合锤强夯法地基处理技术具有特定的适用条件和范围。通过工程实践验证了组合锤强夯法对于含水率不高、欠固结、厚度较大的新近回填土具有很好的加固效果，加固深度较大，当该类填土深度大于 8m 时，组合锤强夯法能够达到很好的加固效果，同时经济和环保效益良好。

9.3.3　普通强夯加刚性桩复合地基

某县城搬迁新址，场地为清水江支流源江河汇入清水江前的河谷地段。整个新县址近 1/3 的谷底需填方抬高地面，填方总面积约 45 万 m²，其中填方厚度大于 4m 的约 13 万 m²。

经多方案对比，决定采用强夯法加固填土场地。由于新堆填土极其松散，重型机械不能在其上行走，因此拟定强夯只能采用低能级的轻型设备，且利于夯机移位，加快工程进度。但缺点是加固效果差，只可消除新填土层的欠固结状态，满足城市公共设施和低层民用建筑地基持力层的要求；但对于多层建筑，特别是临街建筑，底层均为商业用房，需采用底层框架结构，柱荷载较大，强夯地基承载力难以满足要求。

贵州地区常用的桩基形式为人工挖孔桩、钻孔灌注桩和沉管灌注桩，如果采用这些基础形式，经过低能级强夯的填土不能被利用，施工中将会遇到填土层成分不均、含块石和孤石，地下水位高、卵石层涌水量大、持力层性质复杂等问题。桩基施工的难度大，要在拟定的时间（约一年半）内新建一座县城，上述形式的桩基工程恐难满足要求。因此，急需选择一种施工快速、能充分利用强夯后的填土的基础形式，所以提出了在普通强夯后的填土上加刚性桩复合地基的方案。

刚性桩采用造价低、施工快的水泥粉煤灰碎石桩（CFG 桩），是由水泥、粉煤灰、碎石、石屑或砂加水拌合形成的高粘结强度桩，与桩间土和褥垫层一起构成复合地基。

1. 低能级试夯

低能级强夯的特点为：①夯击能低，所需机械设备荷载轻，在松散填土层地表面运行时无须做特殊处理；②轻型强夯机具易于搬动，在施工过程中可大量节省夯点间的移位时间；③夯击能低，夯击影响深度小，满足每次夯击所需填土层厚度不大，则所需堆填时间也较短，有利于尽快提供强夯场地。

本项目于 2012 年前设计，参照当时的行业标准《建筑地基处理技术规范》JGJ 79—2002[9]表 6.2.1 的有关规定，对于碎石土、砂土，单击夯击能为 1000kN·m 时，有效加固深度为 5.0～6.0m；单击夯击能为 2000kN·m 时，有效加固深度为 6.0～7.0m。本项目拟定单点夯击能为 1000kN·m 和 2000kN·m 两个能级。为了取得新填土场地低能级强夯设计参数，在有代表性的地段选取了 A、B 两块试夯区，设备选用 QUY-38 型夯机，夯锤重 150kN 和 100kN 各一个。

在 A、B 试夯区的夯点和夯点间各进行一次载荷试验，以了解强夯后地基的承载力与变形性质。压板面积为 0.25m²，堆载作为反力，共进行四次载荷试验检测，各试验点的荷载与沉降关系如表 9.3-3 和图 9.3-8 所示。其中，A01、A02 分别为 A 区夯点上、夯点间的试验成果，B01、B02 分别为 B 区夯点上、夯点间的试验成果。

A、B 试夯区夯点上与夯点间各级荷载下的沉降量 S（mm）　　　　表 9.3-3

荷载（kPa）	40	80	120	160	200	240	280	320	360	400
A01	1.6	2.8	4.0	5.1	6.3	7.6	8.8	9.6	10.3	10.8
A02	1.5	3.5	5.2	6.6	7.7	8.9	9.8	10.7	11.9	12.3
B01	2.1	4.7	7.0	9.6	13.2	16.2	19.0	21.0	22.5	23.6
B02	2.2	5.1	8.1	11.2	16.0	20.3	24.9	29.3	34.5	39.5

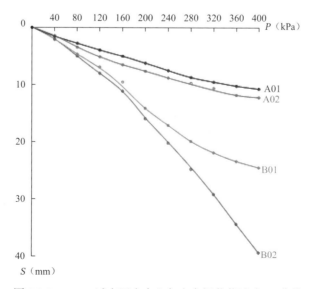

图 9.3-8　A、B 试夯区夯点上与夯点间载荷试验 P-S 曲线

由图 9.3-8 可得到如下结论。

1）两块试夯区 P-S 曲线的迭置顺序是 A 区在上、B 区在下，即荷载相同时，A 区的沉降量较 B 区小。A 区的变形模量为：夯点上 $E_0 = 12.35$MPa，夯点间 $E_0 = 9.57$MPa；B 区的变形模量为：夯点上 $E_0 = 6.23$MPa，夯点间为 $E_0 = 5.91$MPa。A、B 两区单点夯击能量相差一倍，变形模量也相差近一倍。

2）限于反力装置，载荷试验最终只能加载到 400kPa，均未能达到破坏状态。A 区夯点上的 P-S 曲线 A01 的直线段荷载达 280kPa，但直线段以后的线段并非下弯，而是曲线趋于平缓，即沉降增量反而较前减小；这一曲线形态同样出现在 A02 和 B01 两条 P-S 曲线上。这一现象表明，对于碎石类或较多碎石颗粒的填土，P-S 曲线在拐点以后出现曲线走势平缓，说明地基在拐点荷载作用下，碎石骨架间的较大孔隙被压缩，但地基仍处于弹性变形阶段而未进入塑性状态。

3）强夯地基的真正拐点还在曲线后段，尚未出现，我们将已出现的拐点命名为"初始拐点 P_{01}"。曲线 A01 的 $P_{01} = 280$kPa，曲线 A02 的 $P_{01} = 200$kPa，曲线 B01 的 $P_{01} = 160$kPa，曲线 B02 的拐点 $P = 160$kPa，拐点以后曲线下弯，基本符合理论曲线形态，主要是试验点下细粒土或夹黏性土数量较多之故。

4）按强夯有效加固深度的表达式：$H = K\sqrt{Mh}$，A 区的有效加固深度 $H = 6.0$m，单点夯击能 $Mh = 2000$kN·m，则 $K_1 = 0.134$；B 区的 $H = 4.8$m，$Mh = 1000$kN·m，则 $K_2 = 0.152$。即强夯有效加固度系数基本相同，$K_1 \approx K_2$，由于夯击能相差一倍，地基的变形模量也相差近一倍。上述第 2）、3）条还表明，满足加固深度的单点夯击能，并不是该类（碎石类）填土地基加固的最佳状态，因为 P-S 曲线可能多于一个拐点。

根据 A、B 试夯区检测结果，采用低能级强夯法，处理该县城新址大面积新填土，完全可以达到既快又好的预期目的。强夯设计参数可用于大面积工程处理，且用于地基计算是可靠的。A 区的地基承载力特征值 $f_{ak} = 200$kPa，$E_0 = 9.6$MPa；B 区的地基承载力特征值 $f_{ak} = 160$kPa，$E_0 = 6.0$MPa。

选定在 S6 强夯区对填土先进行大面积强夯处理，然后在强夯区内开展 CFG 桩复合地基的试验研究，以及修建试验性建筑。S6 建筑区采用单点夯击能为 2000kN·m 的低能级强夯处理后，填土地基均匀性良好，填土地基承载力特征值 $f_{ak} = 200$kPa、变形模量 $E_0 = 17.0$MPa；局部由较软粉质黏土回填地段，$f_{ak} = 160$kPa、$E_0 = 8.0$MPa。

2. CFG 桩单桩竖向承载力试验

单桩竖向承载力决定于桩身强度、桩端阻力和桩侧摩阻力。要取得较高的单桩竖向承载力，在桩身强度一定的条件下，必须选择较好的桩端持力层，而桩侧土层强度愈高自然愈有利。从实际应用的目的出发，在拟进行试验性建筑的、已经强夯处理后的 S6 夯区内，共进行了三根单桩破坏性静载试验。

试桩区填土层厚 5~7m，填土层下有 0.5m 厚的耕植土；填土下为卵石层，厚度大于 2m。试验场地处于 S6 夯区内，填土层 $f_{ak} = 200$kPa、$E_0 = 16$MPa。

设备采用 CFG-24 型长螺旋压灌钻机成孔，孔径 450mm。以卵石层为桩端持力层，钻入卵石层约 1.0m，三根试桩 4 号、6 号、8 号的长度分别为 7.6m、5.5m、5.4m。采用国内先进的 JCQ-503 型静力载荷试验仪，该仪器可自动加载和自动观测记录。反力装置为堆载平台，圆形铁压板，直径 450mm，面积为 0.159m²，直接放置在桩顶面上。对 4 号、6 号、8 号三根桩进行了破坏性静载试验，其荷载与沉降关系如图 9.3-9 和表 9.3-4 所示。

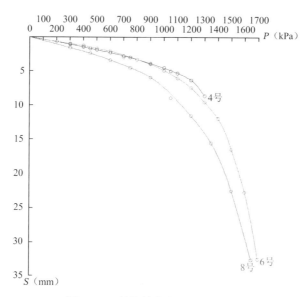

图 9.3-9　单桩静荷载试验 P-S 曲线

单桩静载试验各级荷载下的沉降量 S（mm）　　　　表 9.3-4

荷载（kN）	200	300	400	450	500	600	700	750	800	900	1000
4 号		1.1	1.5	1.7	1.9	2.3	2.8	3.0	3.3	3.9	4.5
6 号	0.7	1.0	1.3		1.7	2.1	3.0		3.3	4.0	4.9
8 号		1.6		2.4		3.4		4.50		5.9	

荷载（kN）	1050	1100	1200	1300	1350	1400	1500	1600	1650	1700
4 号	5.0	5.3	6.3	8.6						
6 号		6.0	7.4	95		11.9	16.4	22.7		32.5
8 号	7.9		10.5		14.5		21.5		31.6	

从图 9.3-9 可得到如下结论。

1）三条曲线均呈缓变形，没有十分明显的直线变形段拐点。

2）6 号桩、8 号桩曲线的极限荷载均为 1500kN。其中 6 号桩加载至 1600kN 荷载级时，历时 1110min 方基本稳定；加载至 1700kN 荷载级时，历时 1440min 方基本稳定，故取 1600kN 为破坏荷载较为安全。

3）4 号桩曲线加载至 1300kN 荷载级时，沉降量突然增大，误判为破坏荷载而终止试验。但图中显示 4 号桩与 6 号桩曲线基本重合，其极限荷载仍应视为 1500kN。

综上所述，三根试桩的单桩竖向极限承载力为 1500kN，单桩竖向承载力特征值 R_a 按文献[9]规定，取极限承载力的 1/2，则 $R_a = 750$kN；参照文献[9]对 CFG 桩复合地基承载力特征值取 $S/d = 0.008$ 的规定，本试验桩径 $d = 450$mm，则 $S = 3.6$mm，查 P-S 曲线得对应荷载为 620kPa、800kPa、800kPa，平均值为 740kPa。为安全计，本场地单桩承载力取 $R_a = 700$kPa，相应的桩基变形模量 $E_0 = 429$MPa。试验结果良好，适于本工程使用。

3. 强夯地基上 CFG 桩复合地基承载力

新填土经低能级强夯处理后，地基承载力特征值 f_{ak} 达 160～200kPa，变形模量 E_0 达 6.0～9.6MPa，可满足一般低层和多层砖混结构民用建筑对地基的要求，但对于框架结构，由于单柱荷载较大，单纯利用强夯地基，基础工程就不一定经济合理了。由于城市建设与经济发展的需要，即使是 3、5 层临街建筑，也多采用框架或底框结构，这就普遍要求改善地基条件，提高地基承载力。

为研究 CFG 桩复合地基的承载力，设计了两组静载试验模型。通过静载试验可知，荷载在达到 550kPa 以前单桩和双复合地基的 P-S 曲线近于重合，也近于直线变形，而曲线后段走势又较前平缓。按文献[9]的规定，对水泥粉煤灰碎石桩复合地基承载力特征值，可取 S/b 等于 0.008。本次静载试验压板宽度 $b = 1.2$m，则相应的 $S = 9.6$mm，查 P-S 曲线，其对应荷载也近于 550kPa。因此，取复合地基承载力特征值 $f_{SPk} = 550$kPa 是安全的，相应的变形模量 $E_0 = 46$MPa。

4. 试验性建筑特征及场地地质条件

通过上述对新填土强夯地基上的 CFG 桩复合地基的研究，取得了充分的数据和良好的成果。由于本地区内尚无实际投产应用的工程实例，因此先选择 S6 强夯区修建两栋 6 层试验住宅，从中取得实践经验。两栋建筑编号分别为 4 组团 14-5 栋和 5 组团 13-2 栋，平面均呈矩形，砖混结构，最大线荷载为 400kN/m。14-5 栋长 46.8m，宽 11m；13-2 栋长 38.5m，宽 12.6m。

两栋建筑场地的岩土构成如下。

1）新近回填土：由粉质黏土及风化页岩组成，黑色，结构松散，层厚 6.0～7.5m（经低能级强夯处理）。

2）卵石层：成分为板溪群板岩及砂岩，中密，夹较多粗、细砂，层厚 2.5～2.8m。根据邻近原位载荷试验，卵石层地基承载力特征值 $f_{ak} = 300$kPa，变形模量 $E_0 = 14$MPa；卵石层为含水层，含水量丰富，渗透系数 $k = 87.6$m/d。

3）炭质页岩：灰黑色，薄层状，夹少量薄层灰岩，表层为强风化，层厚 2.0～3.0m。根据邻近原位载荷试验，强风化层地基承载力特征值 $f_{ak} = 650$kPa，变形模量 $E_0 = 50$MPa。

5. CFG 桩复合地基设计

1）桩设计参数

采用 ϕ450 桩，桩长 7.5m，桩端持力层为砂卵石层。单桩竖向承载力特征值 R_a 按下式计算。

$$R_a = \mu_p \sum_{i=1}^{n} q_{si} l_i + q_p A_p \qquad (9.3\text{-}1)$$

式中　μ_p——桩的周长（m）；

　　　　n——桩长范围内所划分的土层数；

　　　　l_i——第i层土的厚度（m）；

　q_{si}、q_p——桩周第i层土的侧阻力、桩端阻力特征值；

　　　　A_p——单桩截面积（m²）。

2）复合地基承载力标准值估算

根据各建筑物地质剖面图和卵石层力学指标，采用下式计算承载力。

$$f_{spk} = m \times R_a / A_p + B \times (1 - m) f_{sk} \qquad (9.3\text{-}2)$$

式中　f_{spk}——复合地基承载力标准值（kPa）；

　　　　m——桩面积置换率；

　　　　B——桩间土承载力折减系数，取 0.75～0.95，天然地基承载力高时取大值；

　　　　f_{sk}——处理后桩间土承载力特征值（kPa），可取天然地基承载力特征值。

取$R_a = 500\text{kN}$，$B = 0.75$，$m = 0.10$ 按式(9.3-2)进行 CFG 桩设计计算，得到 CFG 桩复合地基承载力$f_{spk} = 415\text{kPa}$，按$f_{spk} = 400\text{kPa}$采用。

3）布桩方案

桩距$3d = 1350\text{mm}$，沿建筑物轴线布桩。

4）桩体强度

$f_{cu} \geqslant 3R_a / A_p = 9.587\text{MPa}$，取 CFG 桩体强度等级为 C20。

5）褥垫层厚度及材料

根据建筑物荷载和基底土质情况，确定褥垫层厚度为 250mm；褥垫层材料采用级配碎石。

6. CFG 桩复合地基施工

施工采用长螺旋钻管内泵区施工工艺，该工艺具有如下优点：①穿透硬土层能力强；②该工法为排土成桩工艺，不存在挤土效应，不会引起桩间土强度降低；③无论在地下水位以上或以下，无须下套管保护钻孔壁，能有效避免桩身缩径、灌注间断、混凝土离析等桩身质量缺陷，成桩质量易保证；④施工效率高，成桩速度快，桩长 5～8m 只需 10～15min 即可完成。

7. 复合地基检测

13-2 栋、14-5 栋 CFG 桩施工完毕后，随机抽检了 5 根桩，进行了单桩和单桩复合地基静载试验检测，并由中建四局科研所对桩身质量进行了低应变检测。静载试验结果见表 9.3-5、表 9.3-6。

从静载荷试验结果看，CFG 桩单桩承载力特征值$R_a = 708\text{kN} > 500\text{kN}$，单桩复合地基承载力特征值$f_{spk} = 588\text{kPa} > 400\text{kPa}$，满足设计要求。各楼座 CFG 桩低应变检测各抽检了 30%，检测结果见表 9.3-7。

试验性建筑 CFG 桩单桩静载试验结果 表 9.3-5

序号	楼栋号	试验类型	桩长（m）	桩径（mm）	压板尺寸（mm）	极限承载力（kN）	沉降量（mm）	承载力特征值（kN）	变形模量（MPa）	单桩承载力特征值（kN）
1	13-2	单桩破坏	7.6	450	φ450	1250	7.66	625	340	
2	13-2	单桩破坏	7.5	450	φ450	1500	16.14	750	195	708
3	14-5	单桩破坏	7.4	450	φ450	1500	21.06	750	149	

试验性建筑 CFG 桩单桩复合地基静载试验结果 表 9.3-6

序号	楼栋号	试验类型	桩长（m）	桩径（mm）	压板尺寸（mm）	沉降量（mm）	承载力特征值（kN）	变形模量（MPa）	复合地基变形模量特征值（MPa）	复合地基承载力特征值（kPa）
1	13-2	单桩复合地基	8.4	450	1200×1200	10.54	656	61	56	588
2	14-5	单桩复合地基	7.3	450	1200×1200	9.79	520	52		

试验性建筑 CFG 桩低应变检测结果 表 9.3-7

楼栋号	总桩数	检测数	I 类桩 桩数	I 类桩 比率（%）	II 类桩 桩数	II 类桩 比率（%）	III 类桩 桩数	III 类桩 比率（%）
14-5	190	57	54	94.7	3	5.3	—	—
13-2	194	58	53	91.4	5	8.6	—	—

从表 9.3-7 可以看出，两栋楼桩身质量完整，均不存在桩身明显缩径或离析缺陷的Ⅲ、Ⅳ类桩。

为了解两栋建筑在施工过程中 CFG 桩复合地基的变形特征，在两栋住宅纵轴方向外墙离地面 50～70cm 处设置建筑沉降观测点，每边 3 个，共 12 个。5 次观测的总沉降量为 4.1～9.1mm，平均为 6.0mm，可见建筑主体完工后沉降量不大，且较均匀。

8. 复合地基的经济效益

14-5 栋和 13-2 栋原地基方案为人工挖孔桩基础，改用 CFG 桩复合地基后取得了很好的经济效益。在该两栋楼房附近的建筑物，采用人工挖孔桩基础，其地质情况与 14-5 栋和 13-2 栋建筑物基本一样，建筑物楼层也一样，比较可知，CFG 桩复合地基施工工期是桩基础的 1/2，施工费用是桩基础的 80%。在 CFG 桩复合地基上，取地基承载力设计值 350kPa，只需采用 0.9m 宽的条形基础便可修建 6 层住宅，平均沉降 6.0mm，可见 CFG 桩复合地基还存在很大潜力。

9.4 结语

本章结合三个工程实际案例，针对贵州山区高填方填料成分的差异和各自需达到的处理目标，因地制宜地制订和实施地基处理方法；对某大曲酒厂异地改造项目采用置换强夯、某附属高中项目采用组合锤强夯、某县城搬迁新址采用普通强夯加刚性桩复合地基进行地基加固处理等进行了分析，积累了经验，并丰富了岩溶山区深回填地基处理的方法，有利于解决工程建设用地紧张问题，促进高填方建设的高质量发展。

参 考 文 献

[1] 住房和城乡建设部. 建筑地基处理技术规范: JGJ 79—2012[S]. 北京: 中国建筑工业出版社, 2012.

[2] 住房和城乡建设部. 组合锤法地基处理技术规程: JGJ/T 290—2012[S]. 北京: 中国建筑工业出版社, 2012.

[3] 住房和城乡建设部. 高填方地基技术规范: GB 51254—2017[S]. 北京: 中国建筑工业出版社, 2017.

[4] 中国工程建设标准化协会. 强夯地基处理技术规程: CECS 279: 2010[S]. 北京: 中国计划出版社, 2010.

[5] 贵州省住房和城乡建设厅. 贵州省建筑岩土工程技术规范: DBJ 52/T046—2018[S]. 北京: 中国建筑工业出版社, 2018.

[6] 贵州省住房和城乡建设厅. 贵州建筑地基基础设计规范: DBJ 52/T045—2018[S]. 北京: 中国建筑工业出版社, 2018.

[7] 住房和城乡建设部. 建筑地基基础设计规范: GB 50007—2011[S]. 北京: 中国建筑工业出版社, 2011.

[8] 住房和城乡建设部. 建筑地基检测技术规范: JGJ 340—2015[S]. 北京: 中国建筑工业出版社, 2015.

[9] 建设部. 建筑地基处理技术规范: JGJ 79—2002[S]. 北京: 中国建筑工业出版社, 2002.

第 二 篇

岩溶山区结构工程设计案例

第 10 章

贵阳龙洞堡国际机场 T2、T3 航站楼扩建工程

10.1 引　言

　　贵阳龙洞堡国际机场三期扩建工程 T3 航站楼于 2021 年 12 月 15 日正式启用，标志着 12 年的整体持续扩建完美收官。这一个轮回先后经历了 2009—2013 年 T2 航站楼建设、2013—2016 年 T1 航站楼改造以及 2016—2021 年 T3 航站楼建设 3 个阶段，见证了贵阳机场从百万级走进 2000 万级大型机场的发展历程[1]（图 10.1-1）。建设伊始，航站楼建筑设计提出创新的一体化航站楼及交通中心的设计理念，统筹性地将地上、地下空间纳入同一体系内进行科学规划，形成"空中—地上—地下"的立体综合空间，实现快铁、轻轨、机场三网无缝连接零换乘，将航站楼设计为现代化的"空港综合体"。建筑造型以连续大跨度的曲线钢屋架作为主要元素，阵列状的"Y"形钢柱支撑连续波浪形的巨型屋面；单元式线性建筑将新老航站楼连成有机整体，有利于远期发展在使用和形式上的统一。

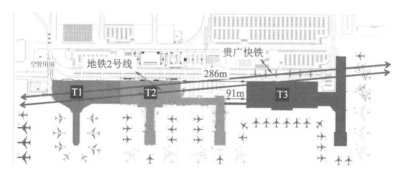

图 10.1-1　龙洞堡国际机场 T1、T2、T3 建筑总图

10.2　T2 航站楼及停车场

10.2.1　工程概况

贵阳龙洞堡国际机场扩建工程是 2010 年国家西部大开发的重点建设项目，旅客吞吐量为 1550 万人次、货邮 22 万 t、飞机起降 14.6 万架次。T2 航站楼建筑面积 11.2 万 m²（其中地上 9.44 万 m²，雨棚 1.08 万 m²），停车场 10.5 万 m²（图 10.2-1、图 10.2-2）。

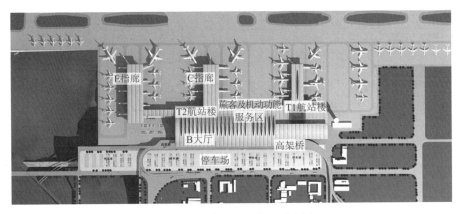

图 10.2-1　建筑平面分区示意图

图 10.2-2　T2 和 T1 航站楼鸟瞰图

T2 航站楼建筑高度 33m（图 10.2-3），分为地下设备用房及车库层、到港层、到港夹层、离港层和服务夹层。一层到港层为迎宾大厅、行李提取厅、远机位候机厅、政务贵宾候机室、远机位到达通道、商业餐饮、业务用房、行李处理及设备用房等；到港夹层为旅客到达通道、中转厅及业务用房等；二层离港层主要为办票大厅、旅客候机厅、联检安检区域、商业用房和业务用房等；服务夹层部分是安检通道和商业区的屋面，部分用作头等舱、商务舱候机室和商业餐饮。

航站楼西侧为停车场，贵阳轨道交通 2 号线同步建设贯穿航站区并设站，航站楼设计地下通道与站厅层、停车场直接连接，将地上、地下空间纳入同一体系进行规划，形成立体综合空间开发，实现与快铁、轻轨、公路三网无缝连接零换乘的现代化"空港综合体"（图 10.2-4）。

图 10.2-3　T2 航站楼外观实景

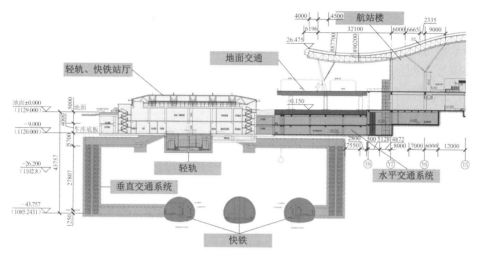

图 10.2-4　空港综合体剖面图

　　航站楼建筑造型设计采用单元式波浪形曲线三维屋面，将 T1 老航站楼、陆侧高架桥上空、新航站楼统一覆盖，营造一体化的整体空间建筑效果，设计与老航站楼的改造统一考虑，金属屋面采用单元化分段屋面，外立面采用 Y 形柱，航站楼内部采用树枝形柱支撑造型和叶子形天窗、叶茎式格栅吊顶，体现"林城贵阳"的门户形象[2]（图 10.2-5、图 10.2-6）。

图 10.2-5　T2 航站楼 B 区室内大厅实景

图 10.2-6　T2 航站楼 B 区出港大厅内外实景

工程设计使用年限为 50 年，为重点设防类建筑，地震分组为第一组，设防烈度为 6 度，场地类别 II 类，基本风压 0.30kN/m²，最热月和最冷月平均气温分别为 24.0℃和 4.9℃。自 2011 年 3 月工程动工，2012 年 8 月完成航站主体及楼室内网架工程，2013 年 2 月竣工并于 4 月正式投入使用。

10.2.2 结构体系

航站楼根据建筑功能设置结构变形缝，将平面分为四个区：B 区主航站楼、D 区指廊、E 区指廊，C 区连廊（图 10.2-2）。平面尺寸分别为：B 区 255m×116m；C 区 152m×33m（端头 45m）；D 区 146m×24m；E 区 198m×33m（端头 45m）。

B 区主航站楼下部为局部带地下室和夹层的 2 层钢筋混凝土结构，在 8.00m 标高楼面采用预应力混凝土梁板，纵向主跨 15m，横向主跨 15m、12m、18m（图 10.2-7、图 10.2-8），2 层楼面以上的夹层为钢结构；上部大跨度钢结构屋盖采用网架结构（图 10.2-9～图 10.2-11），由固接于 2 层楼面中央混凝土柱顶的 16 根树枝形钢管柱、外排 19 根 Y 形摇摆柱和周边混凝土框架柱共同支撑（图 10.2-12～图 10.2-14）。C 区连廊及 D、E 区指廊的结构体系与 B 区基本相同，下部结构 D 区纵向主跨 15m，横向主跨 6m、12m；C、E 区纵向主跨 9m，中部均设一道双柱伸缩缝，横向主跨 6m、9m、15m；上部屋盖采用网架结构（图 10.2-15）。

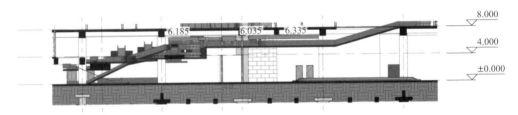

图 10.2-7　T2 航站楼 B 区剖面图

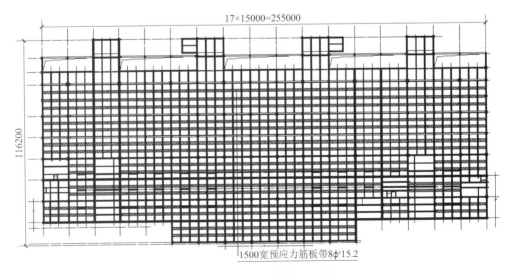

图 10.2-8　B 区 2 层结构平面图

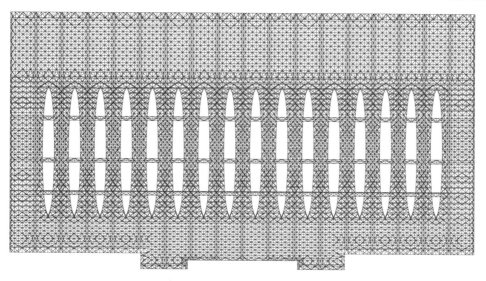

图 10.2-9　B 区网架结构平面图

图 10.2-10　B 区网架结构立面图

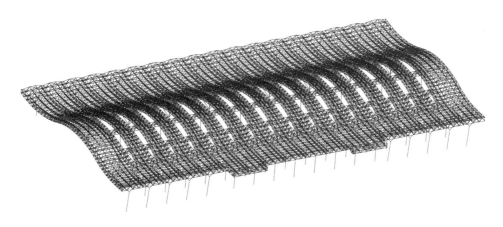

图 10.2-11　B 区网架结构三维图

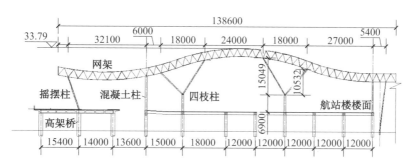

图 10.2-12　B 区网架结构横剖面图

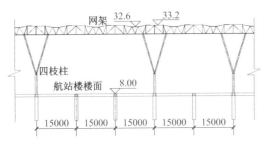

图 10.2-13　B区网架结构楼面中部纵剖面图

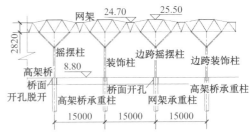

图 10.2-14　B区网架结构边跨和高架桥面
纵剖面图

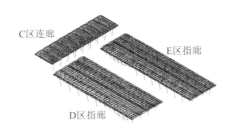

图 10.2-15　C、D、E区网架结构轴测图

10.2.3　结构设计特点

1. 主体结构

本工程因场地限制，C、E指廊间距较小。受登机桥高度等影响，航站楼夹层和其上出港大厅处、指廊和连廊层高仅4m，在新建同类机场中较小。因设备管道较多，柱距大，利用BIM技术协同设计，将建筑、结构、设备专业集成于一个模型空间中统一设计，合理确定梁高和梁板开洞，解决专业协调问题并保证公共空间室内净高（图10.2-16）。

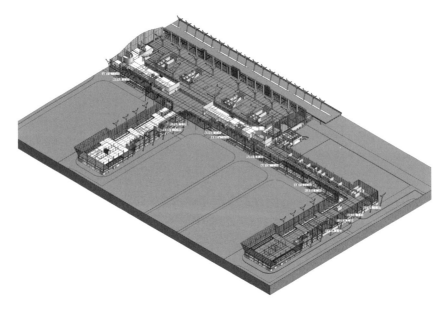

图 10.2-16　T2航站楼建筑、结构、设备 一体化 BIM 模型

　　B 区航站楼为满足建筑、工艺流程要求，整个 2 层大厅为 255m×116m 无缝结构，考虑季节温差、日照温差、混凝土收缩当量温差及混凝土徐变、刚度折减等的综合影响，通过 PMSAP 软件分析表明，结构的温度应力较大，2 层板面中部温度拉应力纵向达 3.3N/mm²、横向 2.6N/mm²，框架梁组合轴拉力设计值纵向达 2955kN、横向达 2407kN，次梁轴拉力达 1550kN。航站楼结构跨度大，板面恒荷载达 6～8kN/m²，因此纵横向主梁、次梁采用有粘结部分预应力钢筋混凝土结构（图 10.2-17），裂缝控制等级为三级，混凝土强度等级为 C40，预应力钢筋采用 ϕ^s15.2 高强度低松弛钢绞线，采用分段张拉[3]。梁截面尺寸（mm）为：横向主梁 800×(1000～1200)［配(1×8)～(2×10)ϕ^s15.2］，次梁 600×(900～1000)［配 (1×8)～(1×14)ϕ^s15.2］；纵向主梁 1000×(1000～1200)［配(2×8)～(2×14)ϕ^s15.2］。框架柱截面尺寸（mm）为(800×800)～(1700×1700)。楼板纵向采用无粘结预应力混凝土结构，板厚 150mm（行李重载区 200mm）；楼板横向温度拉应力稍小，将预应力在间距 5m 的主次梁中集中施加。楼板纵向每米按计算应布置 2ϕ^s15.2，考虑楼板施工及后期可能因使用功能变化而开洞，设计时创新性地在楼板中布置中距 4～4.8m、宽 1.5m 的预应力板带，板带内均匀布置 8ϕ^s15.2，控制局部预压应力不大于 3.5N/mm²（图 10.2-18），施工期方便设置塔式起重机等施工洞，后期需要时可在中间 2.5～3.3m 宽的非预应力板区开洞。2 层以下夹层仅在超过 100m 长的主框架梁采用有粘结部分预应力钢筋混凝土结构。

图 10.2-17　有粘结预应力梁施工

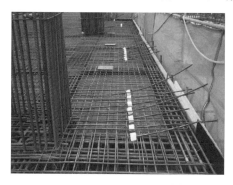

图 10.2-18　预应力板带施工

　　施工采用跳仓法（图 10.2-19）。B 区（255m×116m）设计 8 条竖向和 2 条横向跳仓施工缝，将 8m 楼板分为 27 块，根据相邻仓 7d 后可连成整体的原则，共分 6 次浇筑，工期仅 42d，梁板 C40 混凝土材料（水泥、碎石、山砂、矿渣粉、粉煤灰、减水剂等）全部采用贵州省本地材料，配合比按王铁梦工程结构裂缝控制理论[4]进行设计并进行混凝土性能控制，研发低收缩山砂混凝土技术，主要控制各阶段强度、泵坍落度、浇筑仓面坍落度、良好的和易性与保水性等，施工完毕未发现裂缝。

图 10.2-19　预应力楼盖跳仓法施工

2. 航站楼屋盖结构

钢结构屋盖在初步设计时采用平面桁架结构，B 区部分设置了 4 片柱间支撑，因纵向屋面造型呈单元式凹凸形状，需附加设置屋面次结构，周边和幕墙连接处需加设传力桁架，难以满足建筑造型屋盖厚度较小和取消柱间支撑要求；加上结构的整体刚度较弱（第 1 振型为扭转），桁架杆件截面较大，次应力影响大且不经济，故施工图屋盖设计改用网架结构。设计时按照造型要求建立模型，充分利用建筑空间增加网架结构刚度，上弦面凹凸不平有利于释放温度应力；平面上每个单元约 6m × 70m 的椭圆形采光区开设大洞处加了 3 道三角形立体桁架加强，周边网架分格按幕墙立柱间距取 3m 以便于直接传力。B 区网架主结构用钢量为 34.7kg/m²，C、D、E 区用钢量为 32.3kg/m²。

B 区网架需覆盖高架桥，为避免高架桥的振动对外排 Y 形柱的不利影响，将支撑于桥墩上的一半支柱设计为装饰柱，不考虑其支撑网架；另一半支柱设计为 Y 形摇摆柱支撑网架，在桥面跨中开洞并设置摇摆柱的承重混凝土柱墩，与高架桥完全脱开（见图 10.2-14）。

3. 幕墙结构

幕墙采用大跨度钢结构隐框玻璃幕墙，B 区主龙骨为(300～650)mm × 200mm × 16mm、(200～450)mm × 200mm × 12mm 鱼腹立柱，横梁采用 150mm × 100mm × 8mm 矩管，立柱直接将水平力传给网架节点，与屋面网架采用二连杆活动连接，与主体结构采用销钉连接方式，以消除屋面结构发生位移时对玻璃幕墙产生的不利影响。连廊和指廊主龙骨为(200～450)mm × 200mm × 12mm 鱼腹立柱，指廊放大端头 4m 以上斜面钢结构隐框玻璃幕墙外表面为外圆弧形，幕墙玻璃采用平板玻璃折线拼接圆弧的构造做法。航站楼设计中，雨水管的隐蔽设计是常见的难题，结构外立面 Y 形柱处不便于隐藏落水管，因此创新性地将不锈钢雨水管隐入幕墙立柱（图 10.2-20），获得了良好的视觉效果。安装时在立柱方管敷设内部管道一侧预先沿敷设方向按间距 2m 开 100mm×30mm 孔，并在一条直线上按间距 2m 配置可调管卡，最后逐一切除螺栓头，沿螺纹周边焊接磨平，补焊孔隙。

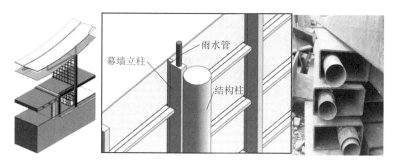

图 10.2-20　雨水管隐入幕墙立柱

10.2.4　设计计算

1. 整体计算和抗震缝宽度校核

下部钢筋混凝土结构采用 SATWE 和 PMSAP 软件进行整体计算，输入上部网架结构恒荷载、活荷载、升降温荷载和四个主方向的风荷载、地震作用工况的内力，上部网架结构的刚度，采用简化模型模拟；上部网架结构采用 3D3S 软件建模计算。最后采用 MIDAS Gen（7.8 版）软件进行整体计算校核（图 10.2-21）。

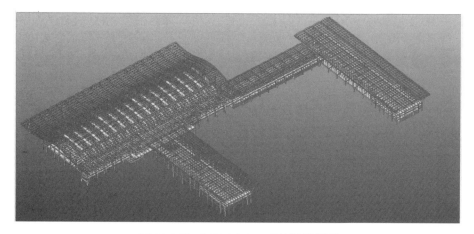

图 10.2-21　MIDAS Gen 整体计算模型

分析表明，上、下部结构主要由风荷载和温度荷载参加的工况控制，设计时风荷载的取值主要按模型风洞试验的结果考虑部分幕墙开窗的不利影响作调整，分别考虑多个风向角对应的体型系数和风振系数，对称的区域取大者以保证结构的安全性。设计后期根据建设方和建设主管部门要求，按设防烈度为 7 度计算复核，结构仍可满足规范要求。本工程设置结构变形缝（兼抗震缝），将平面分为五个区，抗震缝宽度取 150mm，下部钢筋混凝土结构和上部网架结构整体性好，网架和支撑的树枝形柱、Y 形摇摆柱形成的空间结构刚度较大，6 度大震静力弹塑性分析表明，大多数杆件未屈服，各区最大弹塑性水平位移

$\Delta_{\max} \leqslant 120\text{mm}$，求得相邻两区在罕遇地震下相邻点的侧向位移$\Delta_1$和$\Delta_2$后，参考美国建筑规范 IBC-2003[5]采用随机振动方法校核抗震缝宽度。本工程最不利的位置是 B 区与 C 区相邻点：$w = \sqrt{\Delta_{\text{BC}}^2 + \Delta_{\text{CB}}^2} = \sqrt{95^2 + 109^2} = 145\text{mm} < 150\text{mm}$，满足要求，结构不会相撞。

2. 预应力梁偏心受拉裂缝控制计算

超长预应力混凝土框架梁结构在温度作用下梁中轴向拉力可达数千千牛，框架梁为偏心受拉构件。有限元软件一般根据《混凝土结构设计规范》GB 50010—2010[6]中无预应力偏心受拉构件受拉区纵向钢筋应力σ_{sk}的计算式，进行预应力构件裂缝计算，未考虑轴向拉力，偏于不安全。设计时对σ_{sk}进行了必要的修正，推导出预应力偏心受拉构件纵向钢筋应力σ_{sk}的计算式[7]：

$$\sigma_{\text{sk}} = \frac{M_{\text{k}} \pm M_2 - N_{\text{po}}(z - e_{\text{p}})}{(A_{\text{p}} + A_{\text{s}})z} + \frac{N_{\text{k}}(a + z - h/2)}{(A_{\text{p}} + A_{\text{s}})z} \tag{10.2-1}$$

式中　a——纵向受拉钢筋合力点到受拉区边缘的距离。

其余符号意义同文献[6]。

查出结构计算书典型框架梁中受弯构件的σ_{sk}、z、A_{p}、A_{s}值后，代入式(10.2-1)可求得预应力偏心受拉构件的σ_{sk}，计算裂缝宽度按不大于 0.2mm 控制，计算温度荷载取准永久值，准永久值系数取 0.5。

3. 钢管柱计算长度系数确定

以 B 区航站楼为例，屋盖网架结构由中央的树枝形钢管柱、外排 Y 形摇摆柱及部分混凝土框架柱共同支撑，形成有侧移结构。准确地确定树枝形钢管柱各枝的计算长度是设计的关键，设计时利用 MIDAS Gen 软件进行整体屈曲分析，考虑整体结构各柱的相互支撑作用，分别求出各柱各枝屈曲模态下的极限荷载，按欧拉公式反算各枝的计算长度系数μ（表 10.2-1）[8]。

B 区部分钢管柱计算长度　　　　　　表 10.2-1

钢管柱名称	树枝位置编号	柱长度（m）	计算长度系数μ
1 号室内四枝柱	下枝	6.9	5.93
	上枝 1	18.1	2.28
	上枝 2	14.56	2.28
2 号室内四枝柱	下枝	6.9	5.93
	上枝 1	13.35	2.28
	上枝 2	17.31	2.28
桥上 Y 形摇摆柱	下枝	9.08	1.83
	上枝	6.55	2.53
落地 Y 形摇摆柱	下枝	15.46	1.55
	上枝	6.38	3.76

分析表明，网架结构平面内刚度较大，对四枝柱和 Y 形摇摆柱上枝有较强的约束力。将表 10.2-1 结果输入 3D3S 计算可得，B 区四枝柱下柱取$\phi1100 \times 50 \sim \phi1300 \times 60$，上柱取$\phi600 \times 25 \sim \phi800 \times 45$，Y 形柱下柱取$\phi600 \times 25 \sim \phi750 \times 25$，上柱取$\phi530 \times 20 \sim \phi600 \times 25$。

4. 线性屈曲分析和非线性稳定分析

采用 MIDAS Gen 软件进行两种组合工况（工况 1：恒荷载 + 活荷载，工况 2：恒荷载 + 上吸风荷载）的线性屈曲分析（图 10.2-22～图 10.2-24）和非线性稳定分析。线性屈曲分析结果表明，工况 1 的低阶屈曲模态均为局部屈曲，除第 1 阶为支撑双向悬挑网架的边跨摇摆柱（图 10.2-23）屈曲外，其余多为天窗中间一段连系桁架屈曲，荷载系数均大于 70，设计时对该摇摆柱及网架局部进行了加强；工况 2 低阶屈曲模态为局部区域连系桁架屈曲（图 10.2-24）。非线性稳定分析结果表明，工况 1、工况 2 破坏模态均为中部支撑屈曲，荷载系数大于 6，满足整体稳定要求。

(a) 第 1 阶（$T_1 = 1.146$s）　　(b) 第 2 阶（$T_2 = 0.938$s）　　(c) 第 3 阶（$T_3 = 0.839$s）

图 10.2-22　B 区第 1～3 阶振型图（MIDAS Gen 计算）

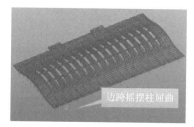 

(a) 第 1 阶屈曲模态：$K = 70.28$　　　　(b) 第 2 阶屈曲模态：$K = 85.60$

图 10.2-23　B 区恒荷载 + 满跨活荷载屈曲模态

(a) 第 1 阶屈曲模态：$K = 25.89$　　　　(b) 第 2 阶屈曲模态：$K = 26.01$

图 10.2-24　B 区恒荷载 + 上吸风荷载屈曲模态

10.2.5　节点设计

1. 钢管柱与混凝土梁连接节点

钢管柱插入混凝土柱顶节点因有预应力钢筋和大量非预应力钢筋穿过，节点受力复杂，传统节点做法有：（1）穿心式节点和半穿心式节点，需在钢管柱上开若干圆孔穿筋，设置构造较复杂的内外加强环，剩下的钢筋或绕过钢管柱，或焊接于外加强环的加劲肋上，存在节点施工困难和钢管柱削弱等不利影响；（2）钢管柱—钢筋混凝土环梁节点，钢管柱需设置一个较大的钢筋混凝土环梁传力，节点过于庞大，影响建筑平面使用功能。

本工程借鉴日本和中国台湾经验设计了一种新型节点（图 10.2-25），加工钢管柱时焊接两片外环厚钢板（90mm），非预应力框架梁一半的 $\phi25$、$\phi28$ 和 $\phi32$ 钢筋通过 FD GRIP 双套筒轴向挤压钢筋连接器连接于外环厚钢板上，采用 I 级机械接头，其对接接头形式分别为 D25、D28、D32，接头直径分别为 39mm、43.5mm、49mm。为保证钢筋连接器接头与柱牛腿对接接头焊接质量，选用钢板厚度分别为 79mm（即 $39+2\times20$）、83.5mm（即 $43.5+2\times20$）、89mm（即 $49+2\times20$），为保证材料统一性便于采购，统一选用 90mm 钢板。另一半钢筋尽量绕过钢管柱，钢筋较多时，开 1~2 个圆孔洞穿筋，节点简单可靠，施工方便；与预应力框架梁连接时，开 1~2 个方孔洞穿预应力筋（图 10.2-26），在严格控制预应力度满足抗震规范的要求下，非预应力钢筋可尽量采用机械接头，较多时每边绕过 2~4 根钢筋即可。双套筒钢筋连接由焊接连接、直螺纹机械连接、冷挤压机械连接 3 个连接点组成（图 10.2-27），前期在加工厂制作焊接，现场框架梁两端头连接时仅采用扳手连接，是一项可保证工程质量、缩短现场施工周期并具有显著效益的绿色施工新技术。

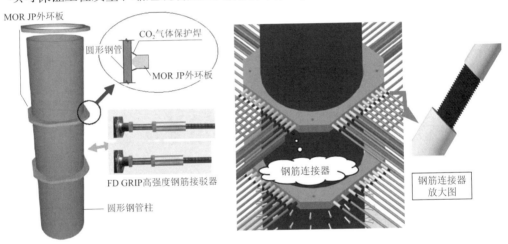

图 10.2-25　钢管柱环板与混凝土梁连接节点

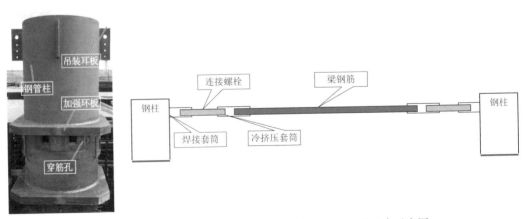

图 10.2-26　钢管柱穿筋孔　　　　图 10.2-27　双套筒钢筋连接组合示意图

2. 连接节点外加强环板设计

1）外加强环板的形式

钢管混凝土柱在梁的上、下翼缘分别设置上、下加强环，与梁相连后，传递梁端弯矩[9]。上、下环板采用全熔透焊缝与钢管柱焊接的腹板连接，外形曲线光滑，施工演示如图 10.2-28 所示。

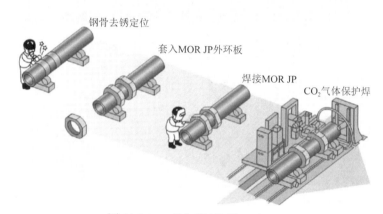

图 10.2-28　外加强环板施工演示

2）外加强环板的特点

根据现有试验研究成果和工程实践经验，梁柱刚性节点采用加强环形式安全可靠，便于混凝土浇筑，同时加强环和管柱共同工作能可靠地将梁的内力传给柱肢（图 10.2-29）。由于加强环的存在，管壁受力均匀，防止了局部应力集中，改善了节点受力性能，也增强了节点和构件在水平方向的刚性[10]；节点传力明确，应力分布比较均匀，刚度大，塑性性能好，承载力高。柱头部分可以在工厂加工制作，将梁端连同加强环板与管柱段一起加工焊好，形成小段的钢梁，现场安装时，将二者等强焊接即可，施工方便（图 10.2-30、图 10.2-31）。

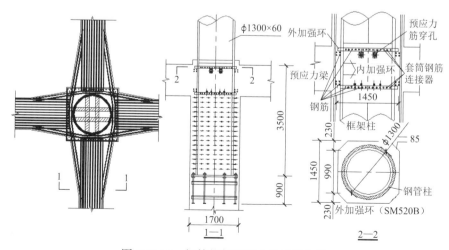

图 10.2-29　钢管柱与混凝土柱连接大样

图 10.2-30　钢管柱穿预应力筋及混凝土柱连接节点施工

图 10.2-31　钢管柱吊装与安装施工

3）外加强环板的设计计算

计算简图如图 10.2-32 所示。加强环板的设计计算，应满足以下两个条件：梁端等强过渡并符合构造要求，环板的设计承载力安全、可靠。设计时按以下方法计算。

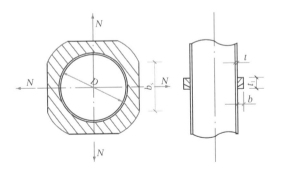

图 10.2-32　外加强环板

（1）外加强环板宽度和厚度计算

连接钢梁的环板宽度b_s，一般与梁翼缘等宽，以便于相互连接。连接钢梁的环板厚度

t_1，按钢梁翼缘板的轴心拉力确定。

（2）外加强环板控制截面宽度b的计算

对于钢管混凝土柱-钢梁，按下式计算[9-10]：

$$b \geqslant (1.44 + \beta)\frac{0.392 \cdot N_{x,\max}}{t_1 f_1} - 0.86 \cdot b_s \frac{tf}{t_1 f_1} \tag{10.2-2}$$

$$\beta = \frac{N_y}{N_{x,\max 1}} \leqslant 1 \tag{10.2-3}$$

式中　β——加强环同时受垂直双向拉力的比值，当单向受拉时，$\beta = 0$；

$N_{x,\max}$——x方向由最不利效应组合产生的最大拉力；

N_y——y方向与$N_{x,\max}$同时作用的拉力；

f_1——加强环板钢材抗拉强度设计值；

f——柱肢钢材强度设计值；

b_s——柱肢管壁参与加强环工作的有效宽度，计算式为：

$$b_s = \left(0.63 + 0.88\frac{b_s}{D}\right)\sqrt{Dt} + t_1 \tag{10.2-4}$$

D——圆钢管直径；

t——柱肢钢管壁厚度。

4）外加强环板的构造要求

（1）$0.25 \leqslant b_s/D \leqslant 0.75$；

（2）$0.10 \leqslant b/D \leqslant 0.35$，$b/t_1 \leqslant 10$。

环板厚度t和控制截面宽度b对应关系见表 10.2-2。

环板厚度 t 和控制截面宽度 b 对应关系　　　　　　表 10.2-2

项目		环板厚度t（mm）					
		40	50	60	75	90	120
环板控制截面宽度b（mm）	50	●	●				
	60	●	●	●			
	75	●	●	●	●		
	90		●	●	●	●	
	120			●	●	●	●
	150				●	●	●

5）算例

某钢管混凝土柱，钢管外直径$D = 850$mm，壁厚$t = 20$mm，钢管材质为 Q345 钢，内灌 C40 混凝土，柱肢钢管强度设计值$f = 295$N/mm²，梁翼缘宽度$b_s = 600$mm，翼缘钢材强度设计值$f_1 = 295$N/mm²，轴向拉力$N = 2000$kN。试计算钢管柱外环板宽度b。

假定拉力最大值$N_{\max} = 2000$kN，取$t_1 = 50$mm，$b = 90$mm，则：

$$f_1 \cdot b_s \cdot t_1 = 295 \times 600 \times 50 = 8850000\text{N} = 8850\text{kN} > N_{max}（2000\text{kN}）$$

$$b_s = \left(0.63 + 0.88\frac{b_s}{D}\right)\sqrt{Dt} + t_1 = (0.63 + 0.88 \times 600/850) \times \sqrt{850 \times 20} + 50$$
$$= 213.1\text{mm}$$

$$\beta = \frac{N_y}{N_{x,max1}} = 1$$

代入式(10.2-2)，求得：

$$(1.44 + \beta)\frac{0.392 \times N_{x,max}}{t_1 f_1} - 0.86b_s\frac{tf}{t_1 f_1} = 56.37\text{mm} < b = 90\text{mm}$$

满足要求。

构造要求检验：

（1）$b_s/D = 600/850 = 0.707 \subset [0.25, 0.75]$，满足要求；

（2）$b/D = 90/850 = 0.106 \subset [0.10, 0.35]$，$b/t_1 = 90/50 = 1.8 < 10$，满足要求。

对于荷载较大的连接节点，尚须采用有限元等其他方法进行计算、检查或验算，以保证节点的安全、可靠。

3. 树枝形柱铸钢节点

树枝形钢管柱和 Y 形摇摆柱顶与网架结构通过铸钢铰接节点相连，计算假设是理想的万向球铰节点，传统的单向销铰节点无法完全满足本工程结构要求，设计时采用了先进的向心关节轴承铸钢铰接节点[11]（图 10.2-33）；装饰柱与网架采用普通带长圆孔的销铰铸钢节点连接。

图 10.2-33　向心关节轴承铸钢铰接节点

Y 形摇摆柱与下部混凝土柱铰接节点连接采用减震万向球铰，装饰柱与下部混凝土节点采用半球铸钢铰接连接（图 10.2-34）；纵向边跨部分支撑网架的混凝土柱顶采用弹性万向球铰释放部分温度应力。树枝形柱中部采用半球铸钢连接节点（图 10.2-35），Y 形摇摆柱中部采用 Y 形铸钢连接节点（图 10.2-36）。

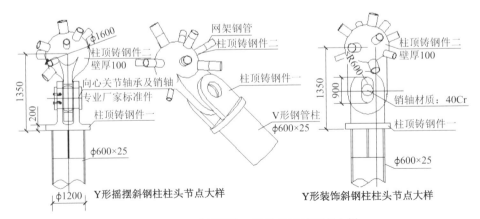

图 10.2-34　Y 形摇摆柱、装饰柱连接节点大样

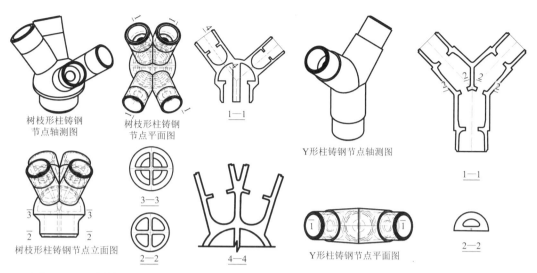

图 10.2-35　树枝形柱中部铸钢连接节点大样　　图 10.2-36　Y 形柱中部铸钢连接节点大样

10.2.6　试验、有限元分析

1. 屋盖风洞试验

本工程钢结构在中国建筑科学研究院风洞实验室进行了航站楼屋盖刚性模型风洞试验（图 10.2-37），得出以下结论。

1）屋盖上表面以负压为主，稍高的正压在连廊上方出现，正压大多是因为墙面阻挡来流之后形成，主屋盖基本上不出现正压。屋盖较高负压主要集中在边缘部分，平均负压系数最高可达−2.7（对应体型系数约−1.8）；在悬挑部分，上吸下顶的受力特征导致局部区域在特定风向下平均合压力系数约达−3.5（对应体型系数约−2.3）。墙面压力与规范规定基本一致，负压较规范规定值小。屋盖部分风振系数多为 1.6～2.0，某些风向角体型系数不大，但最大风振系数达到 3.4。如图 10.2-38 所示。

图 10.2-37　T2 航站楼
　　　　　　风洞模型

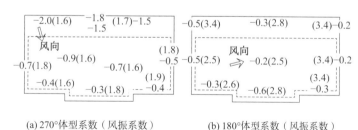

(a) 270°体型系数（风振系数）　　　　(b) 180°体型系数（风振系数）

图 10.2-38　B 区屋盖主要风向角的体型系数（风振系数）

2）贵阳地区的基本风压较小，航站楼所有测点中的最高极值正压和负压分别约为 0.9kN/m² 和−1.8kN/m²（图 10.2-39），围护结构设计时应考虑局部区域较大的极值压力。

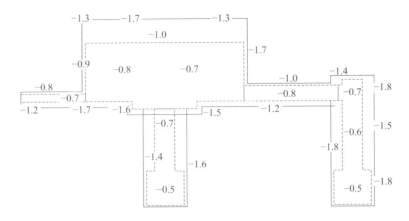

图 10.2-39　航站楼屋盖最大极值负风压（kPa）

2. 节点应力有限元分析

1）钢管柱与混凝土柱连接节点

钢管柱与混凝土梁柱节点采用焊接外环厚钢板和双套筒轴向挤压钢筋连接器的新型节点，按照第 10.2.5 节外加强环板计算式确定环板控制截面宽度，电算采用 MIDAS FEA 非线性分析和细部分析，按实配钢筋根数，取钢筋抗拉强度标准值 1.1 倍的拉力施加至外环厚钢板进行应力分析，节点上外环板及钢柱区域的 von Mises 应力最大值约为 184N/mm²（图 10.2-40），满足规范要求[9-10]。

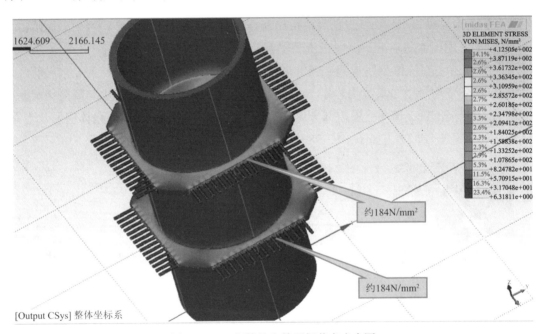

图 10.2-40　钢管柱和外环板节点应力图

2）铸钢节点

树枝形柱中部半球铸钢连接节点和摇摆柱中部 Y 形铸钢连接节点应力分析，在施工图阶段采用 MIDAS FEA 软件，在施工详图阶段采用 ABAQUS 软件（图 10.2-41）。单元类型选取

4 节点四面体单元,在主要应力集中部位进行网格细化以提高分析精度。按《铸钢节点应用技术规程》CECS 235:2008[12],在 3 倍设计荷载作用下,Y 形节点 von Mises 应力最大值为 164N/mm²,半球节点最大应力为 287N/mm² < 300N/mm²(图 10.2-42);Y 形节点极限承载力约为设计值的 7.02 倍,半球节点极限承载力约为设计值的 5.87 倍,节点承载力满足要求。

图 10.2-41 树枝形柱、Y 形柱中部铸钢节点几何模型

图 10.2-42 树枝形柱中部半球铸钢节点 3 倍设计荷载作用下应力云图

10.2.7 地基基础设计

本工程场地处于贵阳岩溶盆地边缘地带,为溶蚀地貌类型,亚类型为溶丘凹地地貌,位于南东—北西向岩溶冲沟的顶部,总体地势为南东面高、北西面低。拟建场地内地形高差较大,地基土分布复杂,场地地层由碎石、素填土、碎石土、耕植土、红黏土及下伏三叠系大冶组薄层状石灰岩组成,场地区域内回填土层厚薄不均,岩土种类较多,选择中风化石灰岩(承载力特征值f_a = 3000kPa)作为基础持力层。基础采用大直径灌注桩基础,桩径 1200~3500mm,非回填区主要采用人工挖孔桩。

航站楼地下 1 层,底板底标高为−10.45m,基础为桩基础,场地自然地面标高最低处为−33.44m,需回填土石方的深度约 23m。部分区域如 B、C 区北面及 D、E 区原始地面低于设计±0.00 高程最大达 34.2m,回填土较深(图 10.2-43),最长桩达 40m。如回填后再进行桩基施工,成桩难度大;另外,因钻探遇洞率达 8.2%,少数桩位存在浅表顺层竖向发育的溶洞、溶槽、溶隙等,溶洞发育高度最大达 3m,桩底施工质量不易保证,还存在成桩后超深回填在桩间碰撞、侧向挤压对桩身产生不利影响和负摩阻过大的问题。经多方数次研究,传统接桩施工工艺不能满足工期、设计和质量要求，创新性地在桩基施工中采用了边成孔、边回填，再接护壁，最后下钢筋笼后浇筑桩身混凝土的工艺（图 10.2-44）。根据不同情况和桩径要求，嵌岩深度取 1.0~2.5m；成孔采用 370mm 厚砖砌护壁，每 2.25m 高浇筑一道圈梁，接桩长度每段不大于 5m，一个接桩周期为 6d，共 24d 成桩；桩四周采用土石比 7：3 的土夹石进行回填，分层厚度 0.5m，振动碾压 8 遍，达到设计要求的 96% 的压实度。桩基工程验收后一年，32 个沉降观测点的最大沉降量为 2mm，表明工程高回填区的桩基施工工艺取得成功。

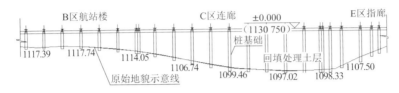

图 10.2-43　部分区域超深回填及桩基础立面示意图

图 10.2-44　超深回填及桩基础施工

10.2.8　停车场设计

T2 航站楼西侧停车场下方为与快铁、轻轨、公路三网无缝连接的空港综合体（见图 10.2-6），停车场底板下为轻轨线，−40m 深处为快铁隧洞，设计时停车场基础持力层为中风化岩，局部采用转换结构跨越轻轨线。因快铁隧洞上方跨越施工条件不足，为避免施工和运行时与快铁隧洞间相互影响，保证三方设计施工工期和控制造价，经与快铁、轻轨设计协商研究后确定控制隧洞上停车场基础基底应力小于 520kPa，快铁隧洞顶部岩层按水平层状围岩计算，与停车场基底间保证有厚度大于 10m 的岩石隔离层，少数实际不足厚度区域用 1~6m 片石混凝土补足，其内每隔 1.5m 配一层 $\phi14@150×150$ 网片，成功解决了各方设计施工难题。

10.2.9　小结

贵阳龙洞堡国际机场扩建项目 T2 航站楼结构设计采用了以下多项新技术。

（1）采用双向预应力混凝土结构和跳仓法施工，解决了 255m 超长大跨度结构设计施工问题；推导出预应力偏心受拉构件裂缝计算式；楼板预应力设计中创新性地布置预应力板带，解决了楼板开洞难题。

（2）根据建筑特点，钢屋盖采用弧形网架结构（上弦面单元式凹凸，平面上每个单元约 6m×70m 的椭圆形采光区），实现了建筑造型的要求。

（3）幕墙结构设计中，将屋面雨水不锈钢立管隐藏于幕墙竖龙骨中，实现了良好的视觉效果。

（4）采用整体屈曲分析获得了钢屋盖支撑树枝形钢管柱合理的计算长度。

（5）对于钢管柱与混凝土梁节点连接，创新性地采用了焊接外环厚钢板和双套筒轴向挤压钢筋连接器的新型节点形式；钢管柱与网架连接采用了向心关节轴承铸钢铰接节点的先进技术。

（6）基础设计在国内首次采用砖砌护壁接桩，解决了地貌起伏的岩溶山区超高填方区（最深 40m）成桩施工困难的问题。

（7）B 区覆盖高架桥网架采取在桥面跨中开洞并设置混凝土柱墩支撑网架摇摆柱的措施，与高架桥完全脱开，避免了高架桥振动的不利影响。

（8）在停车场基础设计中通过跨越及控制基底应力、设置片石混凝土隔离层等多种方法，解决了下部有多条轻轨线特别是快铁隧洞的难题。

（9）利用 BIM 技术，将建筑、结构、设备专业集成于一个模型空间中协同设计，合理确定预应力梁高和梁板开洞，解决了专业协调问题，保证了航站楼层高仅 4m 时的室内净高要求。

10.3　T3 航站楼

10.3.1　工程概况

贵阳龙洞堡国际机场 T3 航站楼项目是贵州省"十二五"规划的重点建设项目"贵阳龙洞堡国际机场三期扩建工程"的核心组成部分，位于贵阳龙洞堡机场 2 号航站楼北侧，由一个主楼和一个指廊构成，陆侧与 T2 航站楼的主楼之间通过高架桥及地面道路联系（图 10.3-1～图 10.3-3）；也是贵阳市"临空经济示范区 2018—2030 年发展规划"的核心组成部分。工程按 2025 年旅客吞吐量 3000 万人次、货邮吞吐量 25 万 t、飞机起降量 24.3 万架次的目标设计。采用主楼加指廊构型（图 10.3-4），整体呈 T 形，南北全长 522m，东西全长 360m，主楼建筑高度为 38.3m，指廊建筑高度为 33.3m，总建筑面积为 16.74 万 m²。T3 航站楼为地上 4 层、地下 1 层，其中，1 层为国际国内行李提取厅及迎客厅等；2 层为国际国内远机位出发候机厅、国际国内远机位到达通道等；3 层为国内国际通道、国内国际下沉出发候机厅、办票大厅等；4 层为国内安检区、国际联检区及国际国内候机厅等；地下 1 层布置行李机房、制冷机房、通风机房及变配电室等。

工程结构设计使用年限为 50 年，结构安全等级为一级，地基基础设计等级为甲级，采用桩基础与柱下扩展基础相结合，建筑抗震设防类别为重点设防类，抗震设防烈度为 6 度，第一组，场地类别为 Ⅱ 类，基本风压为 0.35kN/m²。T3 航站楼通过连廊与南侧的 T2 航站楼连通，通过地下通道与长途换乘站、轨道交通站点、停车楼直接联系[13]。

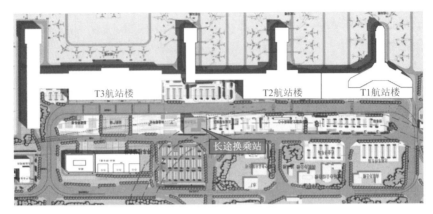

图 10.3-1　T2、T3 航站楼平面图

图 10.3-2　T2、T3 航站楼空侧鸟瞰图

图 10.3-3　T2、T3 航站楼全景图

图 10.3-4　T3 航站楼外观实景

10.3.2　结构体系

工程地上 4 层，层高自下而上分别为 6.0m、6.0m、4.5m、4.5m；屋面为曲面网架结构，

主楼网架层高为 12.8～25.3m，指廊网架层高为 7.8～17.9m。T3 航站楼主楼、指廊、连廊下部为钢筋混凝土框架结构，南北全长 522m，东西全长 360m。指廊部分（A 区）通过结构缝分为独立的 A1～A6 共 6 个结构单元，主楼部分（B 区）通过结构缝分为独立的 B1～B3 共 3 个结构单元，T2～T3 连廊（C 区）独自形成一个结构单元。下部混凝土结构共计 10 个分区，最大的分区单元为 B2 区，尺寸为 108m×124m；混凝土主要柱跨尺寸为 9m×9m、9m×12m、9m×18m；最大混凝土楼面高度为 15m。结构分区如图 10.3-5 所示。

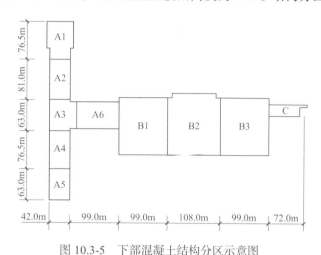

图 10.3-5　下部混凝土结构分区示意图

10.3.3　上部大跨度钢结构与下部混凝土结构协同分析

T3 航站楼下部为混凝土框架结构，屋盖为正放四角锥网架结构。设计时，分别建立以下两组模型进行包络设计：模型组 1 为上、下部结构分开建模，计算将上部钢结构的柱脚力以节点荷载的形式输入下部混凝土模型，模型组 2 为上部钢结构和下部混凝土整体建模。对两组模型的计算结果取包络值以确保安全。如上所述，下部混凝土结构包含 A1～A6、B1～B3 及 T2～T3 连廊（C 区）共 10 个结构单元。上部钢结构按指廊、主楼、连廊三部分设置 6 个分区，指廊设缝分为 GA1、GA2、GA3 共 3 个区，主楼设缝分为 GB1 和 GB2 两个区，连廊部分为 GC 区。整体计算时形成 A1＋A2＋GA1、A3＋A4＋A5＋GA2、A6＋GA3、B1＋GB1、B2＋B3＋GB2、C＋GC 共 6 组混凝土结构和钢结构整体模型（图 10.3-6）。

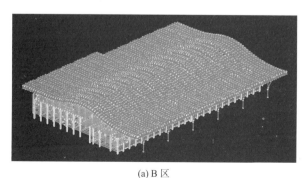

(a) B 区　　　　　　　　　　(b) A 区

图 10.3-6　下部混凝土结构＋上部钢结构整体模型

以 B1 区结构分析为例，下部混凝土结构模型为 B1，上部钢结构模型为 GB1，整体计算模型为 B1＋GB1，计算分析结果如表 10.3-1～表 10.3-3 所示。设计时柱和承受荷载较大的梁采用 HRB500 级钢筋，钢筋用量可节省约 10%。

结构模型典型周期（s）表 10.3-1

模型	振型号								
	1	2	3	4	5	6	7	8	9
下部混凝土结构	0.642	0.539	0.511	0.270	0.237	0.222	0.208	0.186	0.165
上部钢结构	1.165	1.105	1.053	0.815	0.777	0.637	0.596	0.553	0.544
整体模型	1.298	1.214	1.165	0.847	0.808	0.651	0.621	0.607	0.561

地震作用下与钢柱连接层的柱剪力值（kN）表 10.3-2

模型	1 层（柱顶标高 8.37m）		4 层（柱顶标高 14.87m）		1、4 层合计柱底剪力	
	X向	Y向	X向	Y向	X向	Y向
下部混凝土结构	23691	18774	18822	15468	42513	34242
整体模型	21903	18121	16461	14447	38364	32568

地震作用下的首层剪力值（kN）表 10.3-3

模型	1 层（柱底标高 −0.13m）		2 层（柱底标高 −0.13m）		1、2 层合计柱底剪力	
	X向	Y向	X向	Y向	X向	Y向
下部混凝土结构	23691	18774	17076	14452	40767	33226
整体模型	21903	18121	14447	12919	36350	31040

10.3.4 屋盖设计

1. 屋盖体系

指廊（A 区）、主体（B 区）4 层及以下、T2～T3 连廊（C 区）3 层及以下为钢筋混凝土框架结构，以上为钢结构支撑柱，屋面为正放四角锥网架结构。之前 T2 航站楼下部混凝土结构最大分区为 255m×105m，楼板采用双向预应力混凝土结构，以解决超长大跨度结构温度拉应力偏大的设计难题[2]。T3 航站楼参考六盘水凉都体育场[14]做法，主体混凝土结构适当设缝，罩篷钢结构不设缝（图 10.3-7、图 10.3-8），以降低下部混凝土的温度拉应力和施工难题[15]。混凝土结构共计 10 个分区，最大单元为 108m×124m；屋面网架结构为 6 个分区，最大单元为 217m×158m。屋面东西向呈单曲面布置（图 10.3-9）。

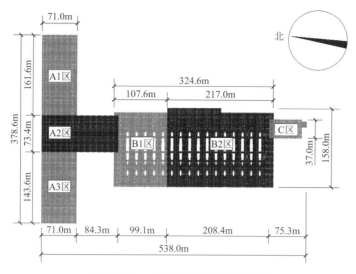

图 10.3-7　上部钢结构平面示意图

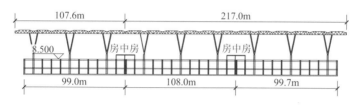

图 10.3-8　B 区设缝剖面图

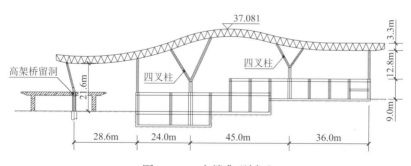

图 10.3-9　主楼典型剖面

屋面网架结构基本网格尺寸约为 3.0m×3.0m，网架杆件截面为 $\phi75.5×3.75\sim\phi219×16$，网架采用变厚度设计，天沟处厚 2.5m，天窗处厚 3.3m，以最大限度地使网架和屋面造型贴近，避免大量使用次结构找坡（图 10.3-10）。航站楼屋面采光顶按照建筑需求做了开洞处理（图 10.3-11），对洞口周边上、下弦加设水平斜杆形成水平桁架，以加强"飘带"的刚度；在树枝形柱支撑点加设连系桁架（图 10.3-12）。

屋面支撑柱均为钢柱，边柱采用 900mm×30mm、1000mm×32mm 箱形钢柱；中柱为树枝形柱，分叉点高度距楼面 5m，树干直径为 1200～1400mm，壁厚 40～45mm；树枝直径为 700～950mm，壁厚 24～32mm。室外部分为 Y 形柱，B 区 Y 形柱穿门前高架桥，桥下部分为型钢混凝土柱，桥上部分为 Y 形柱并向外倾斜 15°，分叉点高度距桥面 2m，分叉点以下至高架桥面为 $\phi1050×40$；桥面以下为型钢柱，分叉以上为 $\phi750×24$。

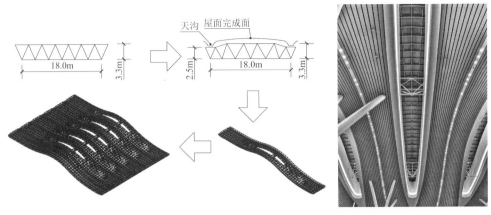

图 10.3-10　网架变厚度设计　　　　　　图 10.3-11　屋面采光顶

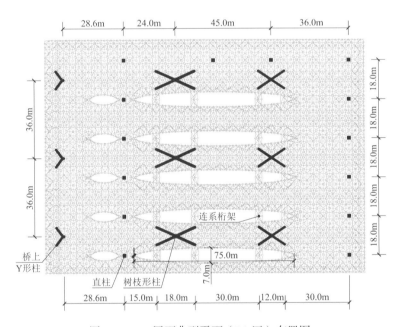

图 10.3-12　屋面典型平面（B1 区）布置图

2. 荷载取值

荷载取值为：屋面上弦恒荷载 0.7kN/m²，采光天窗 1.5kN/m²，下弦吊挂（含吊顶、喷淋、灯具、广告等）1.0kN/m²，网架节点自重按 30%考虑。根据《建筑结构荷载规范》GB 50009—2012[16]，屋面活荷载为 0.5kN/m²，100 年重现期基本雪压为 0.35kN/m²，基本风压为 0.35kN/m²，地面粗糙度类别为 B 类。贵阳市基本气温最高值为 32℃，基本气温最低值为−3℃，合龙温度确定为 17~27℃。考虑太阳辐射对钢结构的升温影响，设计时最高温度在基本气温的基础上增加 20℃，即 52℃。设计正温差取+35℃，设计负温差取−30℃。

本工程属于重要且体型复杂的建筑，需要通过风洞试验确定其风压特性。根据中国建筑科学研究院、建研科技股份有限公司提供的《贵阳龙洞堡国际机场三期工程风动风压试验报告》，试验模型比例为 1：250（图 10.3-13），测点数量为 849 个，共 36 个风向角，屋面结构上表皮平均压力系数绝大部分区域为负压，其中 B 区东侧边缘在对应迎风来流方向负压最大，达到 -4.5。设计时选择了 4 个不利方向，取平均压力系数，再乘以风振系数和基本风压，得出风荷载标准值。

风荷载作用时，恒荷载对结构有利，荷载分项系数需要按实际进行折减，取小于 1.0。设计时考虑网架自重 $0.4 kN/m^2$，下弦吊挂 $1.0 kN/m^2$，部分区域无喷淋、灯具、广告等，吊顶自重约为 $0.2 kN/m^2$，因此在考虑风吸力主导的组合时，恒荷载折减系数为 $(0.4 + 0.7 + 0.2)/(0.4 + 0.7 + 1.0) = 0.62$，即补充 $0.62D + 1.4W$ 组合。

图 10.3-13　T3 航站楼风洞模型

3. 计算分析

采用空间结构计算程序 3D3S 建立整体模型，根据《空间网格结构技术规程》JGJ 7—2010[17]和《建筑抗震设计规范》GB 50011—2010[18]，网架支座直接连接的杆件长细比不大于 150；其余杆件压杆长细比不大于 180，拉杆长细比不大于 200，杆件应力比不大于 0.80。

A 区支撑柱均为 15°斜柱，幕墙竖向荷载由下部混凝土结构承担，上部网架仅提供侧向支撑。在恒荷载作用下会有水平力传递给网架（图 10.3-14），对网架形成张拉效应，使网架原本受压稳定控制上弦杆轴力减小，但在未施工幕墙时，该工况并不存在，设计时按没有幕墙水平力和有幕墙水平力进行包络。

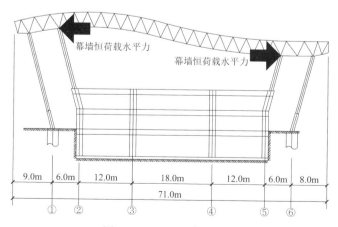

图 10.3-14　A 区典型剖面

在标准组合作用下，悬挑端最大挠度值为 109mm，位于 A3 区，109/14200 = 1/130 < 1/125；跨中最大挠度值为 141mm，同样位于 A3 区，141/50100 = 1/355 < 1/300，均满足文献[17]的要求。最大挠度及挠跨比如表 10.3-4 所示。

最大挠度及挠跨比　　　　　　　　　表 10.3-4

区段	悬挑端		跨中	
	最大挠度（mm）	挠跨比	最大挠度（mm）	挠跨比
A1	53	1/175	129	1/388
A2	9	1/365	130	1/385
A3	109	1/130	141	1/355
B1	105	1/136	93	1/483
B2	100	1/143	112	1/405
C	38	1/184	53	1/509

按文献[17]采用 MIDAS Gen 进行屈曲模态分析，取 1.0D + 1.0L 标准组合作为变量，各区第一临界荷载系数如表 10.3-5 所示，B 区第一阶屈曲模态均为整体失稳，前三阶临界荷载系数相近，无特别薄弱部位；A1、A3 区第一阶屈曲模态特征值相对较小，为南北向整体失稳，与结构布置南北向较弱相符。

整体稳定临界荷载系数　　　　　　　　表 10.3-5

区段	第一阶	第二阶	第三阶
A1	15.7	33.3	38.4
A2	29.5	30.5	37.7
A3	18.5	23.9	29.6
B1	33.4	35.0	37.2
B2	35.1	36.6	37.1

《钢结构设计标准》GB 50017—2017[19]只给出了框架结构计算长度取值，本工程树枝形柱、Y 形柱计算长度系数参照 MIDAS Gen 整体屈曲分析结果，$P_{cr} = \lambda \times (1.0D + 1.0L)$，找到对应柱的屈曲模态，如 A3 区第三阶屈曲模态表现为室外 Y 形柱失稳（图 10.3-15），再根据欧拉公式反推，对于无明显屈曲模态的柱子，采用第一阶临界荷载系数。

屋盖网架结构最高点标高 37.081m，网架杆件共有 15 种规格，最大尺寸为 $\phi325 \times 16$，最小尺寸为 $\phi75.5 \times 3.75$。焊接球约 1600 件，螺栓球约 18400 件。网架总投影面积约 7.7 万 m^2；钢结构含量约 1.1 万 t，其中网架约 3700t。

采用 SAUSAGE 软件对结构整体模型进行弹塑性分析，选取两组天然波和一组人工波，最大结构响应为 Hector Mine 波，大震下网架个别支撑柱出现轻度损坏，网架支座附近个别杆件出现轻微损坏。下部混凝土结构分缝位置出现错动（位移差），最大位移差为 56mm（图 10.3-16、图 10.3-17）。出发大厅钢结构房中房设计时，考虑到使用功能和美观需求，未在混凝土结构设缝，房中房支座按照错动位移差添加强制位移进行分析计算，并将房中房顶板设计为轻质防火隔板以适应变形。

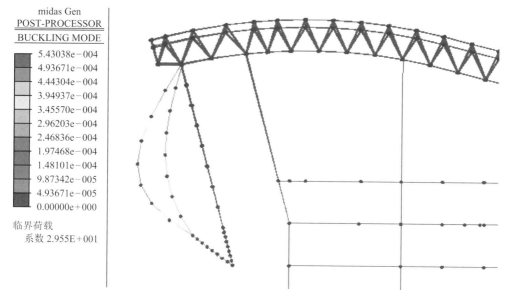

图 10.3-15　A3 区第三阶屈曲模态

图 10.3-16　下部结构分缝两侧柱 X 向位移差时程曲线

图 10.3-17　下部结构分缝两侧柱 Y 向位移差时程曲线

4. 节点设计

直柱、斜柱柱顶与网架采用成品球形钢支座连接，树枝形柱、Y 形柱柱顶与网架采用向心关节轴承铸钢铰接节点。树枝形柱、Y 形柱中部交汇处角度小，施工焊接难度大，杆件内力较大，采用铸钢节点（图 10.3-18），材质为 G20Mn5QT。采用有限元软件 ANSYS 分析，铸钢节点整体处于线弹性状态，应力不大于 200MPa。设计荷载最大 von Mises 应力为 60~80MPa，最不利工况应力云图如图 10.3-19 所示，3 倍设计荷载作用下应力小于 300N/mm²[12]。

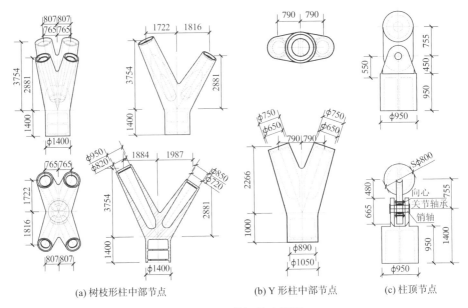

(a) 树枝形柱中部节点　　　　　　(b) Y 形柱中部节点　　　(c) 柱顶节点

图 10.3-18　铸钢节点详图

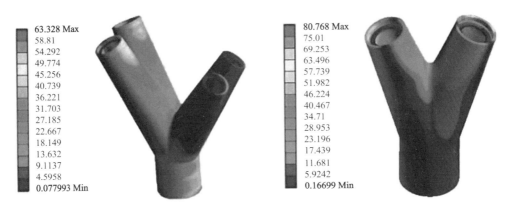

图 10.3-19　铸钢节点应力云图（MPa）

　　B 区网架覆盖高架桥，为避免高架桥振动对 Y 形柱的不利影响，在高架桥跨中设计和施工时预留洞口与高架桥完全脱开（图 10.3-20），柱高 21.6m。经多次试算发现，采用纯钢柱时，该柱计算长度过大，在竖向荷载作用下最先失稳，将桥下部分调整为型钢混凝土柱后，柱整体刚度得到较大提高，在各种不利组合工况均能保证一定的安全储备。

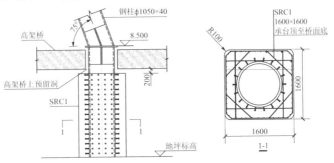

图 10.3-20　网架支撑柱与高架桥脱开

10.3.5　BIM 协同设计

T3 航站楼平面构型复杂，内部功能分区多，对工艺流程的设计、建筑空间的布局具有较高的要求。同时，航站楼内部拥有大量独立的高大空间，如行李提取大厅、迎客大厅、值机大厅、商业区、远机位候机厅、安检厅等，以及商业设施、办公设施、服务设施、急救设施、设备机房等功能设施。设计时采用了 Revit、3D3S、PKPM 等软件实现了 BIM 正向协同设计，对本工程涉及的设备管线、细部构造（如过道、走廊、门窗、洞口）以及房间内部的净高、设备的布置进行了优化和碰撞检查，以保证管线布置科学、设备布局合理，保证航站楼内部空间区域功能和各项工艺设计满足设计需求，同时提升航站楼建筑设计的美观度。BIM 协同设计主要包括以下内容。

1）建立下部混凝土结构与上部钢结构的整体模型（图 10.3-21），以真实反映结构梁、板、柱及钢结构网架、幕墙外立面的布置情况；实现钢柱与混凝土关键连接节点的精准建模、砌体圈梁、构造柱的排布优化，以及行李系统预埋件精准预留。

图 10.3-21　B 区整体模型剖面

2）对局部结构空间进行优化，解决土建与机电安装的碰撞冲突；对机房净空、设备、管线排布加以优化；展示设计意图并与现场实际效果进行对比（图 10.3-22），实现 BIM 模型沉浸式查看和施工，对安全风险进行技术交底。

(a) BIM 三维效果　　　　　　　　　　　(b) 现场实际效果

图 10.3-22　管线 BIM 三维效果与现场实际效果对比

10.3.6　APM 捷运系统的设计

根据贵阳龙洞堡国际机场总体规划和 T2/T3 航站楼初步设计批复，T3 航站楼需留有主楼容量扩展的空间，扩展方向为南侧。APM 捷运系统起于 T3 航站楼，出 T3 航站楼后利用既有 1 号下穿隧道向东敷设，之后向南折，新建隧道避开规划立交后到达规划 S1 卫星厅（图 10.3-23）。

APM 捷运系统板顶与邻近区域功能及荷载复杂，覆土厚度达到 1.8m，设置有站坪照明电缆排管、站坪高杆灯、机坪消防管、机坪排水沟、机坪服务车道等，需要考虑机场特种车辆（如牵引车、油罐车、消防车等）通行，同时，该区域靠近 411～413 机位，需要考虑飞机荷载作用的影响。牵引车（60t）轮迹 $a \times b = 0.45m \times 0.45m$，单轮最大轮压为 150kN。根据机位布置图，计算时只考虑飞机前轮荷载对侧壁的影响，前轮轮迹 $a \times b = 0.49m \times 0.34m$，间距为 0.64m，双轮最大轮压为 193.5kN。

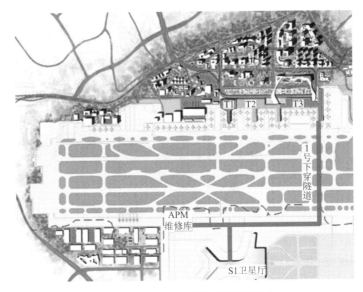

图 10.3-23　APM 捷运系统平面图

APM 捷运系统三面挡土，在 1 轴、6 轴及 Y30 轴设置混凝土墙体，其中 Y30 轴墙体需设置隧道通道口。同时，考虑机坪传来的飞机荷载，为提高 Y30 轴墙体的平面外刚度，设置垂直于墙体的混凝土墙体作为平面外支撑。在计算车道范围内的地梁及底板荷载时，考虑动力放大系数，并对车道影响范围的顶板、底板增设构造抗裂钢筋网。对于 APM 捷运系统中荷载大、承受动荷载工况频繁、混凝土构件截面大的侧墙、底板、顶板等重点部位，除采用补偿收缩混凝土外，均设置抗裂钢筋网片。

受站坪及航站楼场地标高限制，APM 捷运系统标高有限且内部系统布置复杂（布置有站台、火车轨道、设备机房、行李传送带、活塞风道夹层、水平风井、底板下电缆夹层等），对净空的要求严格，要求空间利用率高。设计时运用 BIM 技术对建筑功能进行了净高分析、夹层空间排布、设备机房排布等，并对结构梁柱布置进行了碰撞检查和调整，后期的结构构件布置能够满足建筑专业严苛的功能要求。

10.3.7　小结

T3 航站楼因地制宜地采用各项绿色技术，是贵州省内首个获得三星级绿色建筑设计标识的绿色机场。机场建设中充分考虑了高新技术的应用，如自助防疫闸机、自助值机、自助托运、自助安检等，是一座智慧机场。值机大厅选取了贵州省 9 个代表性人文景观，分别在 9 根立柱上采用数控冲孔图案技术加以展示，打造贵州地域文化，是一座人文机场（图 10.3-24）。

T3 航站楼结构主要采用了以下多项新技术。

1）对超长结构采用了下部混凝土结构适当设缝，上部屋盖钢结构少设缝的方案，保证了屋盖的完整性，又规避了下部采用预应力方案的难度，缩短工期的同时降低了造价。

2）屋盖采用大量掏空的方式设计采光带，带来了良好的通风、照明条件，并通过风洞试验和本工程风压特性提出了风吸力工况下恒荷载折减系数，确保网架适应风荷载的能力，满足了建筑师对美观、绿色建筑的追求。

3）斜面幕墙的水平力为恒荷载输入时，考虑了施工期间幕墙未施工时结构在没有幕墙水平力状况下的承载力；并通过整体稳定分析了解结构薄弱点，对异形柱通过欧拉公式反推其计算长度系数。

4）在高架桥桥面设置圆洞与结构罩棚支撑柱脱开，避免桥面不同结构体系复杂连接。

图 10.3-24　T3 值机大厅实景

参考文献

[1]　万昊, 武陶陶, 董明. 山地机场航站楼改扩建思考——以贵阳龙洞堡国际机场改扩建历程为例[J]. 建筑实践, 2022, (4): 126-131.

[2]　赖庆文, 周卫, 杨通文, 等. 贵阳龙洞堡国际机场扩建项目结构设计[J]. 建筑结构, 2011, 41(S1): 755-761.

[3]　陈瑜, 郑立煌, 黄宝清, 等. 武汉天河机场新航站楼混凝土结构设计[J]. 建筑结构, 2009, 39(2): 33-35.

[4]　王铁梦, 工程结构裂缝控制[M]. 北京: 中国建筑工业出版社, 1997.

[5]　International Code Council. Internationtional Building Code 2003 [S]. ICC, 2003.

[6] 住房和城乡建设部. 混凝土结构设计规范: GB 50010—2010[S]. 北京: 中国建筑工业出版社, 2010.

[7] 王鑫, 孟少平, 熊俊, 等. 预应力偏心受拉构件裂缝控制方法的探讨[J]. 工业建筑, 2009, 39(12): 18-20.

[8] 王春华, 王国庆, 朱忠义, 等. 首都国际机场 T3 航站楼结构设计[J]. 建筑结构, 2008, 38(1): 16-24.

[9] 钟善桐. 高层钢管混凝土结构[M]. 哈尔滨: 黑龙江科学技术出版社, 1999.

[10] 韩林海, 杨有福. 现代钢管混凝土结构技术[M]. 北京: 中国建筑工业出版社, 2004.

[11] 汪大绥, 周健, 刘晴云, 等. 浦东国际机场 T2 航站楼钢屋盖设计研究[J]. 建筑结构, 2010, 37(5): 45-49.

[12] 中国工程建设标准化协会. 铸钢节点应用技术规程: CECS 235: 2008[S]. 北京: 中国计划出版社, 2008.

[13] 陈尧文, 赖庆文, 夏恩德, 等. 贵阳龙洞堡国际机场 T3 航站楼屋盖结构设计[J]. 建筑结构, 2021, 51(S1): 447-451.

[14] 赖庆文, 周卫, 陈获屹, 等. 凉都体育中心结构设计[J]. 建筑结构, 2011, 41(S1): 762-767.

[15] 陈志强, 冯远. 中国建筑西南设计研究院有限公司机场航站楼结构设计实践[J]. 建筑结构, 2017, 41(19): 59-66.

[16] 住房和城乡建设部. 建筑结构荷载规范: GB 50009—2012[S]. 北京: 中国建筑工业出版社, 2012.

[17] 住房和城乡建设部. 空间网格结构技术规程: JGJ 7—2010[S]. 北京: 中国建筑工业出版社, 2010.

[18] 住房和城乡建设部. 建筑抗震设计规范: GB 50011—2010[S]. 北京: 中国建筑工业出版社, 2010.

[19] 住房和城乡建设部. 钢结构设计标准: GB 50017—2017[S]. 北京: 中国建筑工业出版社, 2017.

◢ 获奖信息 ◢

2013 年　第八届全国优秀建筑结构设计二等奖

2014 年　贵州省优秀工程勘察设计一等奖

2015 年　全国优秀工程勘察设计行业奖一等奖

2019 年　第二届优路杯全国 BIM 技术大赛银奖

2023 年　第十五届中国钢结构金奖

2023 年　贵州省土木建筑工程科技创新奖一等奖

2023 年　贵州省"黄果树杯"优质工程

第 11 章

贵阳龙洞堡国际机场 T1 航站楼扩容改造工程

11.1 工程概况

11.1.1 建筑概述

贵阳龙洞堡国际机场 T1 航站楼始建于 1994 年，机场占地面积 5647 亩，地上 2 层，檐口高度 11.9m，建筑面积约 3.1 万 m²。航站楼投入使用多年未经大规模改造，部分设备老化，建筑装修陈旧，国际流程不畅。在 T2 航站楼建成投用后，两个航站楼之间未能实现有效连接，并在建筑造型、建筑风格、外观质感等方面存在较大差异。2013 年 12 月，贵阳机场 T1 航站楼扩容改造工程启动（图 11.1-1），建筑面积为 8.23 万 m²，与 T2 融为一体，形成总建筑面积 21 万 m² 新航站楼[1]（图 11.1-2、图 11.1-3），并与 2021 年建成的 T3 航站楼相连接，使贵阳机场总建筑面积达到近 40 万 m²。

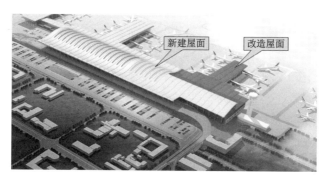

图 11.1-1　T1 航站楼改扩建范围示意

图 11.1-2　改造前的 T1 航站楼（右侧）与已建成的 T2 航站楼（左侧）

图 11.1-3　改造后的 T1 航站楼（右侧）与已建成的 T2 航站楼（左侧）

11.1.2　结构概述

扩容改造工程设计使用年限 50 年，原 T1 航站楼后续使用年限 40 年，结构安全等级为二级（考虑到老航站楼为 20 世纪 90 年代建设，设计标准较低，故定为二级，新增部分按一级复核承载力），地基基础设计等级为甲级，建筑抗震设防类别为重点设防类，抗震设防烈度为 6 度，设计地震分组为第二组，场地类别为 Ⅱ 类，基本风压 0.30kN/m²，基本雪压 0.20kN/m²。

新增部分下部为钢结构框架，屋盖为钢结构网架，网架支撑柱为树枝形柱、Y 形柱、直柱；T1 改造部分下部为钢筋混凝土框架结构，根据实际情况分别采用加大截面法、粘贴钢板法、粘贴碳纤维法进行加固，屋盖新增钢结构屋面网架。通过 3D3S、PKPM、MIDAS、ANSYS 软件分别对新老结构体系进行受力、变形、模态和节点应力等分析，并灵活处理各新旧结构接触面特别是大型悬挂幕墙设计，解决了不停航施工、原 T1 航站楼加固设计、复杂钢结构及幕墙设计、地基处理等一系列工程难题。

11.2　主体结构

本工程设计主要由 T1 新增部分（A 区）、旅客及机组服务功能区（B 区）、原 T1 航站楼改造部分（C 区）组成，三部分通过抗震缝分开（图 11.2-1）。A 区尺寸为 214.0m × 26.2m，主要柱网跨度为 15.0m × 6.3m、15.0m × 6.0m、15.0m × 13.9m，主体为钢框架结构；屋顶采用网架结构，共 2 层，首层层高 5.2m，局部夹层标高为 8.5m，2 层层高为 5.2m 以上至网架底，网架最高点标高 34.28m。B 区尺寸为 79.9m × 93.0m，主要柱网跨度为 11.7m × 10.2m、15.0m × 12.0m、8.0m × 7.8m、11.7m × 7.8m 等，主体为钢框架结构，屋顶采用网架结构，共 5 层，首层层高 8.5m，2 层层高 6.0m，3～5 层层高均为 3.9m；钢框架屋顶标高 26.2m，网架最高点标高 34.28m。C 区原 T1 航站楼为 2 层钢筋混凝土框架结构，混凝土檐口高度为 11.9m，结构竣工于 1997 年，结构改造主要针对屋面，因建筑造型和原屋面耐久性要求，在原有建筑的屋顶新增加一个网架（图 11.2-2），网架以原结构框架柱为支点，植筋设置支座，新增网架外观造型与 T2 航站楼屋顶相协调，并保留原 T1 航站楼候机厅上的网架。

经评估，原 T1 航站楼需要加固的区域为高架桥改为室内楼面、新增卫生间、新增空调机房及行李分拣区、新增扶梯/楼梯、原有楼板大洞口封闭、屋面裂缝处理等。需要加固框架梁主要截面为 400mm × 900mm（跨度 7.3～12.0m）；加固的次梁主要截面为 250mm × 750mm（跨度 6.5～12.0m）；增加、拆除、加固的梁板区域共约 1.8 万 m²；加固的框架柱主要截面为 600mm × 600mm（层高 5.2m）。框架梁、板采用加大截面法、粘贴钢板法及粘贴碳纤维法，框架柱采用增大截面法。原 T1 航站楼结构模型如图 11.2-3 所示。

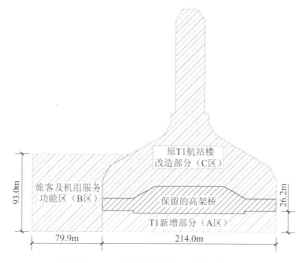

图 11.2-1　分区示意图（室内尺寸）

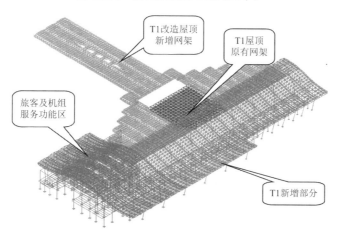

图 11.2-2　T1 航站楼新增钢结构

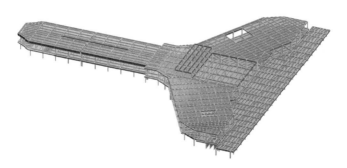

图 11.2-3　原 T1 航站楼结构模型

改扩建工程为了保持工程形象与 T2 航站楼的统一,在 1/A 轴以东(空侧)即原 T1 航站楼屋面增加了平板网架,外形与 T2 相呼应;在 1/A 轴以西(陆侧)为扩建部分,屋面采用与 T2 相同的空间曲面网架。交界处 1/A 轴存在近 15m 高差,为保证建筑的采光与美观,设计中采用了框架式幕墙(215m 长 × 15m 高)来衔接新老建筑;为解决屋面网架竖向上下变形及新旧建筑之间变形不一致的问题以及不影响下部功能,创新性地采用了悬挂幕墙的形式(图 11.2-4、图 11.2-5)。

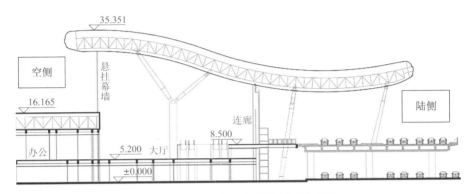

图 11.2-4 1/A 轴悬挂幕墙剖面示意图

图 11.2-5 T1 新增部分室内及悬挂幕墙处室内采光

11.3 屋盖和幕墙设计

11.3.1 屋盖结构

为满足建筑造型要求,延续 T2 航站楼的建筑风格,在该工程屋面网架采用多种支撑方式,如直柱、树枝形柱、Y 形柱等。各种支撑柱的杆件的形状、尺寸和节点根据建筑造型需要和受力确定,如图 11.3-1～图 11.3-4 所示。

图 11.3-1　直柱

图 11.3-2　树枝形柱铸钢节点施工

图 11.3-3　树枝形柱

图 11.3-4　Y 形柱

　　分析表明，整体屋面网架上弦面凹凸不平有利于释放温度应力，B 区及 A 区原采光带上空按建筑采光要求，在每个单元开设约 6m × 70m 的椭圆形采光带，并在树枝形柱支撑点处设置了三道三角形立体桁架，以加强整体稳定性，如图 11.3-5 所示。

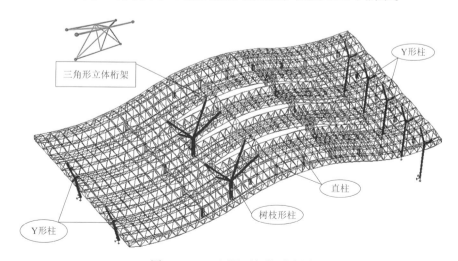

图 11.3-5　B 区屋面钢柱示意图

钢结构节点主要采用以下连接类型：树枝形钢管柱和Y形柱顶与网架结构通过向心关节轴承铸钢铰接节点相连，Y形摇摆柱与下部混凝土柱铰接节点采用万向球铰，树枝形柱中部采用半球铸钢连接节点，摇摆柱中部采用铸钢连接节点。

11.3.2 幕墙设计

A区和B区幕墙采用大跨度钢结构隐框玻璃幕墙，A、B区主龙骨为200mm×450mm×12mm矩形管立柱，横梁采用150mm×100mm×8mm矩形管，立柱直接将水平力传给网架节点，与屋面网架采用二连杆活动连接，与主体结构采用销钉连接，以消除屋面结构发生位移时对玻璃幕墙产生的不利影响。航站楼大屋面雨水管与T2航站楼一样，采用将不锈钢雨水管隐入幕墙立柱的做法（图11.3-6）。

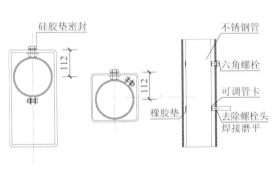

图11.3-6　雨水管隐入幕墙立柱

为了保留新增结构下的高架桥（面积约5030m²）作为新出发大厅楼面，设计将原建筑方案结构柱往西侧移动12.8m至A-C轴处，屋面网架悬挑18.5m，在1/A轴存在近15m高差，采用悬挂框架式幕墙（215m长×15m高）来衔接新老建筑。

为确保悬挂幕墙安全，采取了如下措施。

（1）加强幕墙上悬挂节点（图11.3-7），在网架球节点和幕墙顶部方钢管横向龙骨间设置了双套筒二道防线，以保证每个节点的安全。同时，加强施工焊缝检测，确保幕墙节点在竖向荷载和风荷载、地震作用组合受力和变形下安全。

（2）适当增大了幕墙竖向龙骨刚度，后期装修时利用LED显示屏支撑柱在幕墙底端增设橡胶防塌落支座，确保在重大雪灾等极端情况时，起到第二道防线的作用（图11.3-8），实时监测网架下弦悬挂点挠度，并及时会商处理。

（3）幕墙下节点设计成仅将水平力传给原T1航站楼的竖向滑动支座，滑动量根据风荷载和活荷载变化时新、老楼竖向挠度差计算值设计为120mm，并补充弹塑性分析，小震最大位移差为14mm，相对位移角为1/1071；中震最大位移差为38mm，相对位移角为1/395，满足《玻璃幕墙工程技术规范》JGJ 102—2003[2]对高层钢结构房屋幕墙允许位移角为1/300的要求。

（4）幕墙面积为215m×15m，属于比较大型的悬挂幕墙，又处于建筑中央，检修难度较大，为此在1/A轴增加检修吊篮，正常使用期间将吊篮停放在屋面网架上，保证建筑美观。

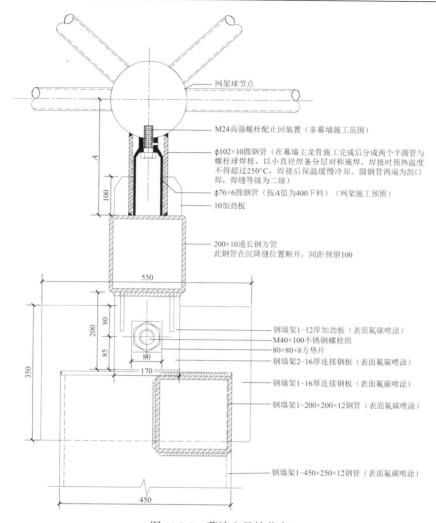

图 11.3-7 幕墙上悬挂节点

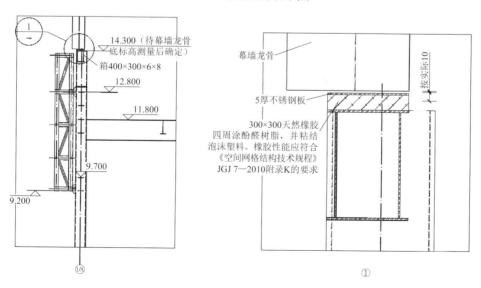

图 11.3-8 1/A 轴悬挂幕墙底部二道防线大样

11.4　加固和地基基础设计

11.4.1　结构加固设计

本工程原 T1 航站楼 2 层混凝土框架结构建造于 1997 年，系按 1989 版系列规范进行设计的，考虑了黏土填充墙的抗侧力作用。本次改造按《建筑抗震鉴定标准》GB 50023—2009[3]选择加固后续使用年限为 40 年。因资料收集困难且与现场吻合度较低，加固设计采用 PKPM 加固软件全部翻样成模型后，按新的使用功能加固设计。

选用 2 条天然波、1 条人工波进行弹塑性分析，其中反应最大的为 Hector Mine, America 地震波，大震作用下结构弹塑性位移角为 1/195，中震为 1/509，小震为 1/1441，可以满足性能目标要求（图 11.4-1）。部分悬挑较大部位的框架柱新增荷载较大，轴压比由原来的 0.36 变为 0.6，轴压比限值满足规范要求。内部功能改造部分采用 PKPM 软件 JDJG 模块计算，加固构件全部手算复核。

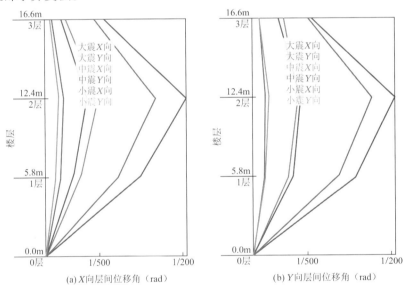

(a) X 向层间位移角（rad）　　　　(b) Y 向层间位移角（rad）

图 11.4-1　原 T1 航站楼加固后各楼层层间位移角

经核算，结构综合抗震能力指数基本大于 1.0，但仍有 1.8 万 m² 区域（含屋面）的大部分梁板和部分柱需要加固；施工前提供黏土填充墙分布图和预应力梁分布图，并随时现场踏勘，避免误拆造成安全事故。所有加固构件在施工前先观察并分析裂缝情况和形成原因，裂缝封闭后再进行承载力加固施工（图 11.4-2）。加固后不考虑黏土填充墙的抗侧力作用，按框架结构补充抗震性能化设计，全部加固竖向构件均实现大震下轻度损坏的性能目标（图 11.4-3）。

图 11.4-2　T1 航站楼梁板加固施工

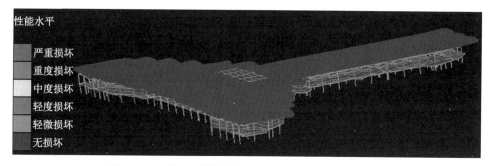

图 11.4-3　原 T1 航站楼加固后大震下各构件性能水平

11.4.2　原 T1 航站楼地基设计

本工程原 T1 航站楼 M 轴东侧（空侧）位于强夯回填区，原基底（−3m）下约 6m 范围分 2 层采用中等能量级（3000kN·m）堆填灰岩块石碎石强夯[4]，其中粗颗粒（200～600mm）约占 26%，中颗粒（20～200mm）占 55%～60%，细颗粒（<20mm）占 14%～19%；原设计地基承载力 $f_a = 600$kPa，地基变形模量 $E_0 > 150$MPa，地基干密度 $\rho_d = 2.02～2.31$g/cm^3，该设计的强夯处理技术曾获 1999 年国家科学技术进步三等奖。

基底以上采用碎石土分层回填，因增加了屋面网架，指廊端部地基承载力不能满足要求，初步设计考虑地基基础加固处理，需将地基承载力提高 30% 以上方可满足要求。施工图设计时，考虑到不停航施工及地下管线复杂等因素，空侧不具备地基加固和基础加大截面施工条件，经过多次论证，将网架悬挑长度由初设 13.5m 调整为 7.5m 以减轻荷载，并充分利用基础埋深 3m 下强夯地基近 20 年的长期压密提高系数提高地基承载力，为此及时委托第三方检测公司做了超重型动力触探试验，报告提出地基承载力达 830kPa，可满足设计要求。施工期间为保证安全，采用信息法施工，委托第三方全程进行沉降监测（图 11.4-4），监测结果显示，最大沉降位移量为 −4.20mm，平均速率为 −0.010mm/d，点号为 23 号；最大相邻基础沉降差为 20～21 号点，沉降差为 2.04mm，小于 0.002×13950 = 27.9mm，满足规范要求。设计最终取强夯地基承载力为 780kPa。

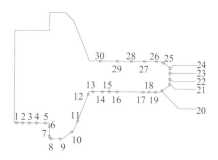

图 11.4-4　T1 航站楼沉降监测点位布置图

沉降监测进一步验证了采用大块石堆填地基强夯处理技术的先进性，也使本工程地基基础设计达到了国内先进水平。

11.4.3　新建部分桩基础设计

新建区域持力层选为中风化灰岩，在基础施工前探明了 T2 航站楼与原 T1 航站楼之间错综复杂的地下管线、排水沟、强弱电沟等情况，在不停航施工的前提下，场地不具备地梁施工条件，设计时取消了全部地梁，全部钢柱按插入式柱脚设计；为保证柱底嵌固端假设，设计按桩基础刚度控制桩顶水平位移不大于 6mm[5]，同时保证了工程工期。

11.4.4 高架桥处基础设计

　　B 区网架覆盖新建高架桥（纵向跨度 30m），为避免高架桥的振动对外排 Y 形支柱的不利影响，在高架桥跨中设计和施工时预留洞口设置 Y 形柱的承重混凝土柱墩，与高架桥完全脱开（图 11.4-5）。

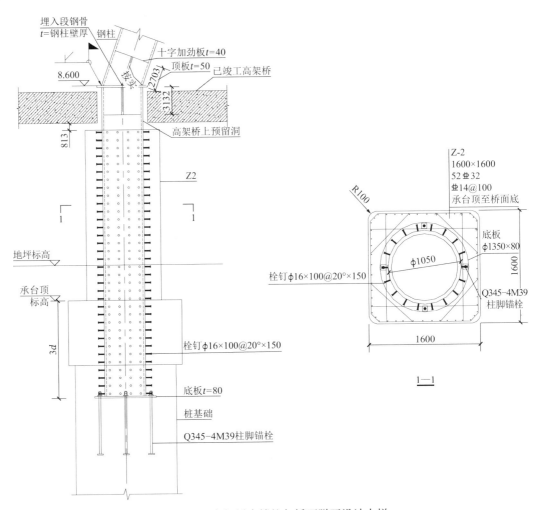

图 11.4-5　高架桥支撑柱与桥面脱开设计大样

11.4.5 节材设计

　　设计中保留了原 T1 航站楼前的预应力框架高架桥（横跨 13.5～14.85m，纵跨 9.9m），面积约 5030m²，设计大跨度钢结构屋盖跨越覆盖，改造后使之成为 T1 航站楼出发大厅楼面的一部分。设计收集原有资料进行模型翻样，通过 PKPM 软件 JDJG 模块计算内力，并且全部手算复核结构承载力，另因高架桥标高低于现室内设计标高 350～500mm，采用了轻质材料回填，拆除引桥后高架桥两头存在近 3m 缺角，结构上利用了回填层进行盖板悬挑设计（图 11.4-6）。

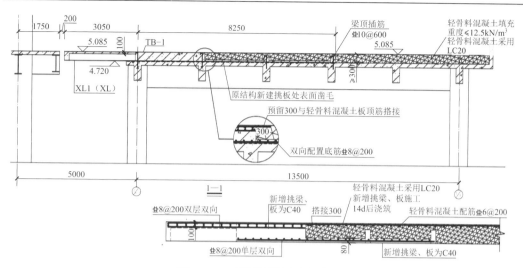

图 11.4-6 利用回填层进行盖板设计

原 T1 航站楼候机厅屋面为网架设计，其余屋面为混凝土屋面，为了协调造型和保护原有混凝土屋面（屋面梁裂缝严重，漏水点多），在原有屋面按 T2 造型增加了覆盖网架。考虑到不停航施工要求，保留了原候机厅上网架面积约 3600m²，在 1/A 轴悬挑幕墙处对原网架进行局部拆改以满足新的建筑造型（图 11.4-7），并加强了新老网架处建筑防水排水构造。改造后使用 5 年未发现渗漏，反映良好。

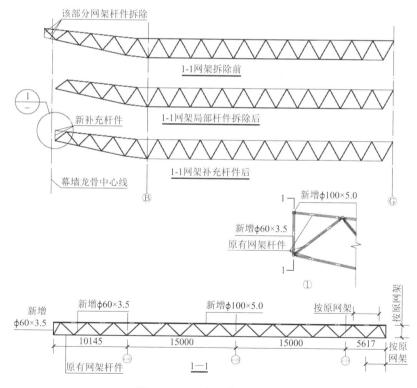

图 11.4-7 网架局部拆改方案

注：1. 因原 T1 航站楼网架与现有建筑功能冲突，需拆除悬挑端 2m；
2. 新增杆件材质为 Q235，与原网架结构焊接，所有焊脚尺寸均为 4mm。

11.5 计算分析

11.5.1 钢结构分析

本工程钢结构部分采用 3D3S 软件进行计算。根据建筑造型和 T2 航站楼协调需要，树枝形柱下部树干为圆钢管，上部树枝为梭形圆管；Y 形柱下部为锥形圆管，上部为圆钢管；直柱为方钢管。树枝形柱中部采用半球铸钢连接节点（重约 25t），Y 形柱中部采用铸钢连接节点（重约 6t）。

采用 MIDAS 软件进行线性屈曲分析和非线性稳定分析，其中旅客及机组服务功能区第一阶屈曲模态为树枝形柱失稳，荷载因子为 18.0，第二阶屈曲模态为 Y 形柱失稳，荷载因子为 18.5；T1 新增部分第一阶屈曲模态为局部失稳，荷载因子为 19.5，第二阶屈曲模态为柱失稳，荷载因子为 21.8。铸钢节点采用 ANSYS 软件进行节点应力分析，加载 3 倍荷载设计值[6]的铸钢件 von Mises 应力云图如图 11.5-1、图 11.5-2 所示。

旅客及机组服务功能区钢结构（图 11.5-3）采用 PMSAP 软件分析楼板竖向振动频率，标高 5.2m、8.5m、18.4m 的各层楼板最小竖向振动频率为 4.79Hz，大于 4Hz，满足《高层建筑混凝土结构技术规程》JGJ 3—2010 对于[7]楼盖舒适度的要求。

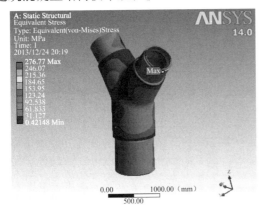

图 11.5-1　Y 形柱铸钢件应力云图　　图 11.5-2　树枝形柱铸钢件应力云图

图 11.5-3　旅客及机组服务功能区钢结构施工

11.5.2　悬挂幕墙两侧主体结构分析

设计分析了悬挂幕墙两侧主体的小震、中震、大震弹塑性位移，选用 2 条天然波、1 条人工波分析了 A、C 区主体结构的顶点位移，其中反应最大的为 Hector Mine, America 地震波。

由图 11.5-4、图 11.5-5 可知，主周期点相差均小于 20%，满足规范要求；选取 A 区 14242 节点、C 区 68191 节点位移如图 11.5-6、图 11.5-7 所示。

中震 A、C 区最大位移差为 38mm，相对位移角为 1/395；大震最大位移差为 92mm，相对位移角为 1/163（表 11.5-1），根据《玻璃幕墙工程技术规范》JGJ 102—2003[2]，多遇地震作用下多、高层钢结构房屋幕墙允许位移角为 1/300，本工程满足要求。悬挂幕墙施工如图 11.5-8 所示。

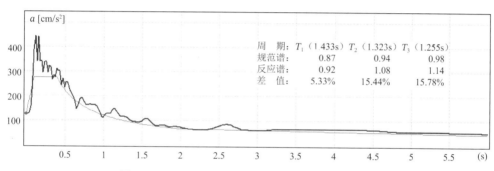

图 11.5-4　A 区地震反应谱、规范谱主周期点对比

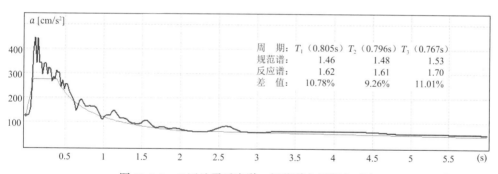

图 11.5-5　C 区地震反应谱、规范谱主周期点对比

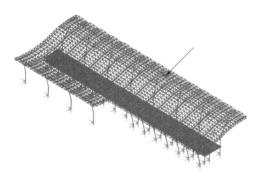

图 11.5-6　A 区 14242 节点

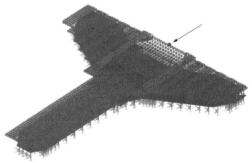

图 11.5-7　C 区 68191 节点

A、C 区控制点最大位移（mm）　　　　　　　　　　表 11.5-1

方向	分区	小震	中震	大震
X向	A 区	8	23	58
	C 区	5	14	34
Y向	A 区	8	22	55
	C 区	6	16	35

图 11.5-8　悬挂幕墙施工

11.6　结语

　　T1、T2 航站楼相邻而建，整体造型的延续和协调对于航站楼的外部形象尤为重要；机场的运营负荷较大，要求在施工期间占贵阳龙洞堡国际机场总流量 25%近 400 万人次旅客流量不受影响。在施工工期仅 18 个月且扩容改造不能停航的情况下，综合采用了一系列先进技术，结构设计方案采用了绿色设计和建筑垃圾减量化理念，保留原 T1 航站楼及高架桥，新建部分采用全钢结构，在原 T1 航站楼结构改造和地基基础设计中建立 BIM 模型，合理采用了动态设计法和信息施工法等措施进行基础和结构设计施工。

　　工程建成后，T1 和 T2 航站楼在造型和管理使用上融为一体（图 11.6-1），提升了原有建筑的品质，延长了原航站楼的生命周期。2016 年建成当年，贵阳龙洞堡国际机场旅客吞吐量首次突破 1500 万人次，2019 年达 2190 万人次，取得了良好的社会和经济效益，为大中型公共建筑绿色设计和施工提供了成功范例。

图 11.6-1　T1 航站楼（图右）与已建成的 T2 航站楼（图左）实景

参考文献

[1]　赖庆文，陈尧文. 贵阳龙洞堡国际机场 1 号航站楼扩容改造工程[J]. 建筑科学，2020, 36(S2): 173-180.

[2]　建设部. 玻璃幕墙工程技术规范: JGJ 102—2003[S]. 北京: 中国建筑工业出版社, 2003.

[3]　住房和城乡建设部. 建筑抗震鉴定标准: GB 50023—2009[S]. 北京: 中国建筑工业出版社, 2009.

[4]　甘厚义，焦景有，金幸初，等. 贵阳龙洞堡机场大块石填筑地基的强夯处理技术[J]. 建筑科学, 1995(1): 17-26.

[5]　建设部. 建筑桩基技术规范: JGJ 94—2008[S]. 北京: 中国建筑工业出版社, 2008.

[6]　中国工程建设标准化协会. 铸钢节点应用技术规程: CECS 235: 2008[S]. 北京: 中国计划出版社, 2008.

[7]　住房和城乡建设部. 高层建筑混凝土结构技术规程: JGJ 3—2010[S]. 北京: 中国建筑工业出版社, 2011.

◤ 获奖信息 ◢

2017 年	贵州省土木建筑工程科技创新奖一等奖
2018 年	全国建筑设计奖(建筑幕墙专业)三等奖
2018 年	贵州省优秀工程勘察设计（结构专项）一等奖
2019 年	全国优秀工程勘察设计（结构专项）三等奖

第 12 章

贵州省人民大会堂配套综合楼结构优化

12.1 工程概况

贵州省人民大会堂配套综合楼工程项目为全省"5 个 100"工程中 100 个城市综合体之首，建成后使贵州饭店这一著名地标建筑再次成为贵阳具有现代化特色的办公会展型城市综合体地标和全省重大的政治经济活动场所。项目位于贵阳市核心区域北京路商圈，北京路与人民大道交叉口，坐拥城区主干道，无缝连接轻轨 1、3 号线，城市交通脉络四通八达。项目由一栋超高层办公综合楼（53 层、275m）、一栋超高层酒店塔楼（38 层、185m）及下部 6 层大型商场裙房（30.25m）和 4 层地下室（底板建筑标高为−20.4m）组成，总建筑面积 20.29 万 m²，其中地上建筑面积 16.94 万 m²，地下建筑面积 3.35 万 m²。项目设计使用年限 50 年，结构安全等级为二级，地基基础设计等级为甲级，建筑抗震设防类别为标准设防类，抗震设防烈度为 6 度，Ⅱ类场地土。办公综合楼和酒店塔楼均为框架-核心筒结构，之间设抗震缝分为独立的结构单元，地下部分连为整体。建筑实景如图 12.1-1～图 12.1-4 所示。

图 12.1-1 建筑实景 1
（左为综合楼，中为酒店，右为原一期贵州饭店）

图 12.1-2 建筑实景 2

图 12.1-3　建筑实景 3　　　　　　　　　图 12.1-4　建筑实景 4

12.2　结构体系优化

　　两栋塔楼的建筑立面如图 12.2-1、图 12.2-2 所示，超高层综合楼标准层平面及剖面如图 12.2-3、图 12.2-4 所示，楼层外形为弧形，核心筒为矩形，楼面（不含悬挑部分）及核心筒宽度分别为 34.2m 和 13.7m。初步设计阶段综合楼为 51 层，主屋面高 239m，后因建筑功能及消防调整增加避难层，综合楼增加至 53 层，主屋面高度增加至 249.75m，调整后整体结构及核心筒高宽比分别为 7.3 和 18.2。按建筑的使用功能要求，结构体系采用框架-核心筒结构；周边框架柱采用含钢率 6%～8% 的 SRC 柱，主次梁均为钢筋混凝土梁，核心筒为钢筋混凝土墙。SRC 框架柱从下往上截面尺寸由 1500mm × 2000mm 缩小至 900mm × 1200mm，框架主梁尺寸为 500mm × 900mm，核心筒剪力墙从下往上厚度由 950mm 缩小至 450mm。标准层楼板厚度为 120mm，角部加厚为 130mm；核心筒内楼板厚度为 150mm[1]。

　　因综合楼建筑修改后 Y 向结构高宽比和核心筒高宽比增大，采用框架-核心筒结构时刚重比已超过规范限值[2]，需在第 6、26、36 层的 3 轴和 6 轴布置 V 形支撑。结构设计对采用普通支撑和 BRB（屈曲约束支撑）作了方案对比：①方案一，采用传统普通支撑加强层，结构刚度沿竖向发生突变，结构的核心筒和外围框架的变形协调集中在加强层处[2]，导致在重力和水平荷载作用下，加强层上下几层的内力发生突变，结构地震反应复杂，在地震作用下容易出现薄弱层，楼板损伤也非常严重；②方案二，采用耗能型 BRB（屈曲约束支撑），BRB 在塔楼主体完工后安装，避免在竖向荷载作用下 BRB 受力，按照变形协调原则，楼层层间位移角大于 1/460 时支撑进入屈服耗能状态，基本上与中震弹性、大震耗能的性能目标对应，按照有限加强层的概念，支撑截面可按需调整，大震下楼层剪力突变、楼板损伤可控，可实现按照性能目标需求设计（图 12.2-5）。

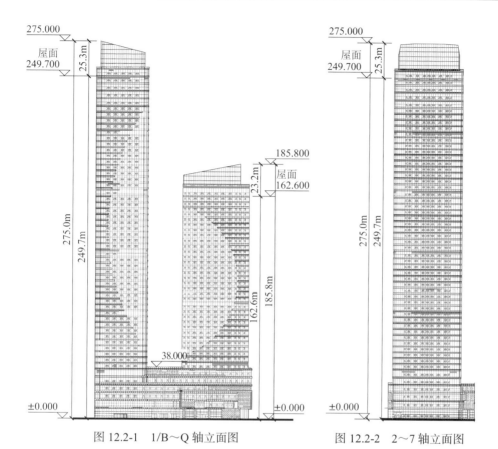

图 12.2-1　1/B～Q 轴立面图　　　　图 12.2-2　2～7 轴立面图

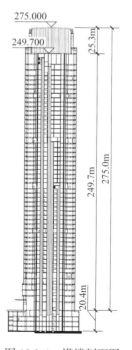

图 12.2-3　塔楼典型平面图　　　　图 12.2-4　塔楼剖面图

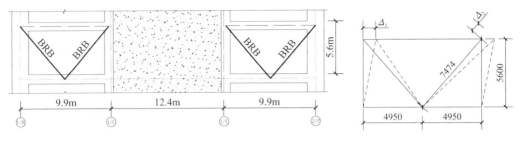

图 12.2-5　BRB 布置剖面示意图

屈服位移角推导如下。

（1）BRB 屈服位移$\Delta_2 = f_y L/E = 225 \times 7474/206000 = 8.16$（mm）；

（2）由 BRB 屈服层间位移$(7474 + \Delta_2)^2 = (4950 + \Delta_1)^2 + 5600^2$可得$\Delta_1 = 12.1\text{mm}$；

（3）BRB 屈服层间位移角$\Delta_1/5600 = 1/460$。

水平地震作用下，26 层层间位移角最大，36 层次之，6 层最小，最终选定 26 层 BRB-2 屈服承载力为 5300kN，36 层 BRB-3 屈服承载力为 3000kN，6 层 BRB-1 屈服承载力为 1650kN；每层 BRB 总数为 8 根，全楼共 24 根 BRB 屈曲约束支撑，最终 Y 向刚重比增大到 1.37，距 1.4 的限值仅差 2.1%。大震弹塑性时程分析结果表明，普通支撑方案楼层剪力突变、楼板损伤较大；采用 BRB 有限加强的方案，剪力突变及楼板损伤较小，可达到预期目的。

12.3　计算分析

12.3.1　小震弹性分析

本工程采用 SATWE 软件进行整体计算，采用 MIDAS Building 软件进行校核，计算分析采用振型分解反应谱法，其中水平地震影响系数最大值$\alpha_{\max}$按照场地地震安全性评价报告取 0.0617，其值大于 0.04（抗震规范值）。计算表明，SATWE 和 MIDAS Building 结果吻合较好，地下室顶板满足结构嵌固端条件，各计算结果均能满足规范要求，达到了预期的目标。SATWE 计算结果（不含地下室）如表 12.3-1、表 12.3-2 所示，其中重力值为 1963214kN。

综合楼周期计算结果　　　　　　　　　　　　　　　　　表 12.3-1

振型	1	2	3	4	5	6
周期（s）	6.606	5.319	3.875	1.699	1.580	1.405
平动系数	1.00	1.00	0.00	1.00	0.99	0.01
扭转系数	0.00	0.00	1.00	0.00	0.01	0.99

综合楼位移角和楼层剪力计算结果　　　　　　　　　　　表 12.3-2

最大层间位移角				受剪承载力与相邻上层的比值最小值	
X 向		Y 向		X 向	Y 向
地震	风	地震	风	0.82（第 6 层）	0.79（第 1 层）
1/1499 （第 38 层）	1/2211 （第 36 层）	1/1025 （第 40 层）	1/919 （第 44 层）	首层框架分配的楼层地震剪力比	
				8.64%	7.00%

依据《建筑抗震设计规范》GB 50011—2010（2016 年版）[3]的相关要求，选取 2 组天然波、1 组人工波进行弹性时程分析，3 组波主方向峰值加速度均取安评报告提供的小震地面运动峰值加速度 24.2cm/s²。图 12.3-1 为本工程采用的 3 组地震波加速度谱与规范反应谱的对比。

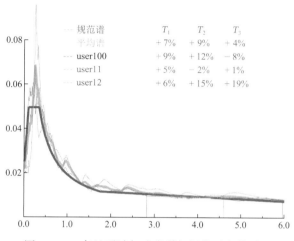

图 12.3-1　各地震波加速度谱与规范反应谱对比

由图 12.3-1 可看出，结构前 3 周期对应的地震影响系数，地震波加速度谱和规范谱取得了良好的一致性，3 条波的弹性时程分析的包络值仅在结构 2/3 高度以上略大于 CQC 法的计算值，设计时在上述部位的内力和配筋需要调整和加强。

12.3.2　大震弹塑性分析

小震下 SATWE 计算结果表明，结构模型的 Y 向刚度相比 X 向较弱，以下分析中地震波主方向对应结构模型的 Y 向，地震波次方向对应结构模型的 X 向。弹塑性时程分析采用双向地震计算，主次向峰值加速度的比值为 1∶0.85。选取反应最大的一组地震波采用 PKPM-EPDA 与 SAUSAGE 软件分析对比最大楼层位移曲线，如图 12.3-2 所示（不含塔冠）；采用 SAUSAGE 计算得到结构弹塑性耗能时程曲线如图 12.3-3 所示。

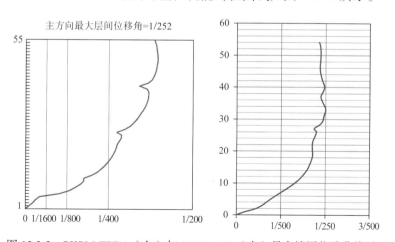

图 12.3-2　PKPM-EPDA（左）与 SAUSAGE（右）最大楼层位移曲线对比

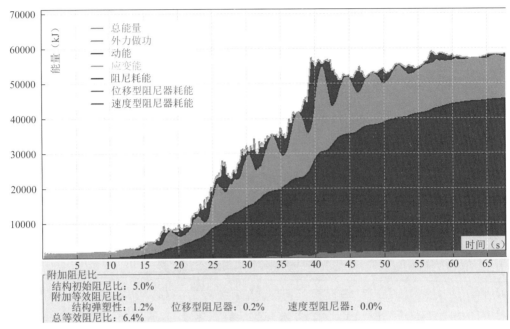

图 12.3-3　结构弹塑性耗能时程曲线

由所列楼层最大响应包络曲线可以看出，所选用的地震波的最大楼层位移结果较为接近，软件计算结果较为合理。3 条地震波的最大层间位移角分别为 1/267、/252、1/264，均满足《建筑抗震设计规范》GB 50011—2010（2016 年版）[3]规定的中等破坏最大层间位移角目标 1/200 的要求。结构的不同类型累积耗能以振型阻尼耗能最大，其次为应变能，再次为 BRB 位移型阻尼器耗能约占 5%，结构弹塑性附加阻尼比为 1.2%。结合最大层间位移角和能量耗散角度可以认为，结构为"轻度破坏"。

通过 SAUSAGE 软件分析，得到顶层最大位移时程（弹性/弹塑性）与基底剪力时程（弹性/弹塑性）如图 12.3-4、图 12.3-5 所示，其中 CASE_1 为弹性，CASE_2 为弹塑性，可以看出，35s 以后耗能构件屈服，结构刚度退化，结构阻尼增大，周期变长，吸收地震剪力减小，弹塑性时程分析的基底剪力、位移逐渐小于弹性时程。

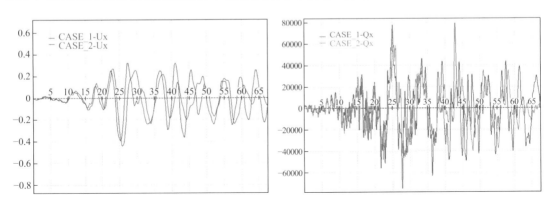

图 12.3-4　X 向顶层最大位移时程（左）与基底剪力时程（右）

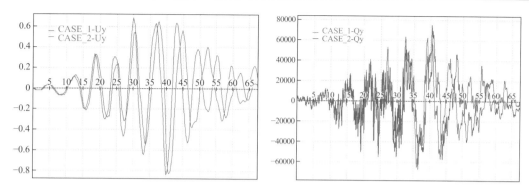

图 12.3-5　Y 向顶层最大位移时程（左）与基底剪力时程（右）

　　Y 向弹塑性层间位移角在 30～35s 突破 1/460，对应的 BRB 也在这一时间段开始耗能，符合上文对 BRB 屈服位移角的分析，其滞回曲线如图 12.3-6 所示，可以看出，BRB 滞回曲线饱满，耗能效果较好，达到了预期的性能目标要求。

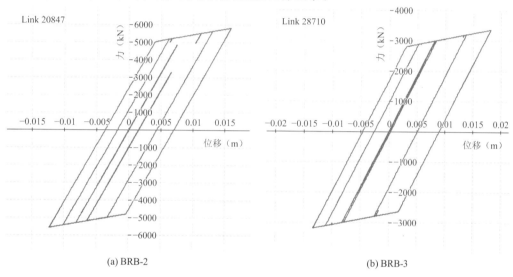

(a) BRB-2　　　　　　　　　　　　　　　　(b) BRB-3

图 12.3-6　典型 BRB 滞回曲线

12.3.3　BRB 与普通支撑大震弹塑性分析对比

　　大震弹塑性时程分析得到 BRB 支撑楼板损伤如图 12.3-7 所示，普通支撑楼板损伤如图 12.3-8 所示；BRB 支撑下主要剪力墙损伤如图 12.3-9 所示。

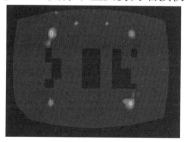
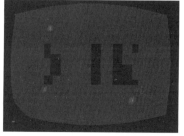

(a) 第 26 层　　　　　　　　　　　　　(b) 第 36 层

图 12.3-7　大震 BRB 支撑楼板损伤

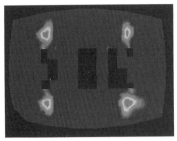
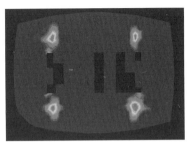

(a) 第 26 层　　　　　　　(b) 第 36 层

图 12.3-8　大震普通支撑楼板损伤

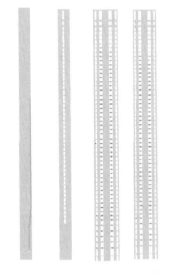

图 12.3-9　大震动力弹塑性分析
剪力墙损伤

针对综合楼Y向整体及核心筒高宽比超限情况，在 6、26、36 层布置 V 形支撑加强，因工程处于 6 度区，传统加强层按普通支撑方案弊大于利。根据方案对比结果，按有限加强层概念设计采用 BRB（屈曲约束支撑）方案；共布置了 24 个耗能型 BRB[4]（图 12.3-10），材质选用 225LY；按照中震不屈服、大震耗能的性能目标设计，相比按加强层设伸臂构件方案，剪力突变现象得到了较大的缓解，楼板损伤较轻，大震弹塑性时程分析结果表明 BRB 位移型阻尼器耗能约占 5%，剪力墙几乎全是连梁损伤耗能，结构具有良好的侧移刚度和消能能力，是低烈度地区超高层应用耗能设计的成功案例。

综合楼（不含地下室）三种结构方案计算结果对比如表 12.3-3 和图 12.3-11～图 12.3-13 所示，BRB 支撑（含塔冠）的楼层位移角如图 12.3-14 所示。

图 12.3-10　BRB（屈曲约束支撑）实景

三种结构方案计算结果对比　　　　　　　表 12.3-3

项目		无支撑	普通支撑	BRB
周期（s）	Y向	6.72	6.29	6.61
	X向	5.33	5.25	5.32

续表

项目		无支撑	普通支撑	BRB
刚重比	Y向	1.32	1.51	1.37
	X向	2.09	2.16	2.10
剪重比	Y向	0.83%	0.88%	0.84%
	X向	0.92%	0.93%	0.92%
混凝土用量（m³）		44920	45113	44920
混凝土成本（万元）		2018	2029	2018
钢筋用量（t）		6211	6234	6162
钢筋成本（万元）		2849	2862	2826
BRB用量（根）		—	—	24
BRB成本（万元）		—	—	48
总成本（万元）		4867	4891	4892

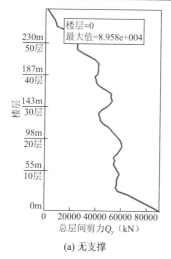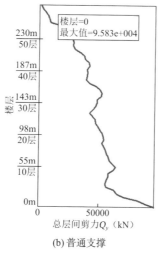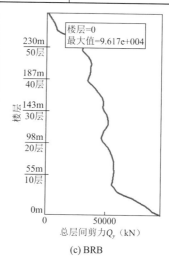

(a) 无支撑　　(b) 普通支撑　　(c) BRB

图 12.3-11　总层间剪力

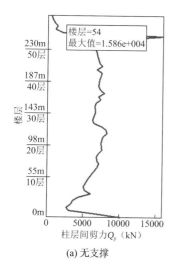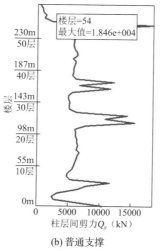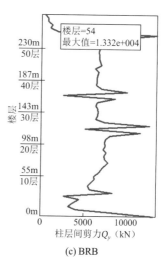

(a) 无支撑　　(b) 普通支撑　　(c) BRB

图 12.3-12　框架柱层间剪力

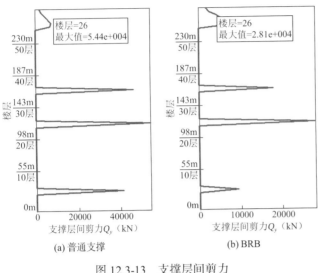

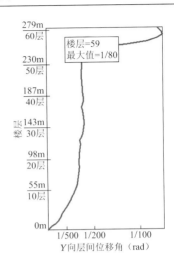

图 12.3-13　支撑层间剪力

图 12.3-14　Y向 BRB 支撑
（含塔冠）楼层位移角

综上所述，本工程Y向在 6、26、36 层布置支撑后，对于总层间剪力、支撑层间剪力及柱层间剪力，BRB 相比普通支撑，各层突变现象均得到缓解，总层间剪力甚至优于无支撑方案。综合楼Y向结构采用 BRB 的目的主要是适度提高结构的刚重比和避免增设加强层[5]后大震应力集中，选型上采用了耗能型 BRB。为了发挥 BRB 有效增大结构侧向刚度的作用，避免 BRB 过早屈服造成楼层变形集中破坏[6]，利用 6 度区地震力较小的有利条件，没有采用常规抗震设计[4]让 BRB 在小震下屈服耗能，而是创新性地设计 BRB 在中震后屈服耗能，使结构耗能能力在大震时才充分发挥，保证了大震作用下层间剪力突变缓解，最大限度地减小结构特别是竖向构件在大震时的损伤。

经对比，采用 BRB 方案时底部框架柱分配剪力与无支撑时大致相同，在个别分配剪力小于 5%的楼层处比普通支撑方案约大 20%；内筒与外框之间的刚度比更合理[2]，结构在提高安全度的同时延长了更换 BRB 的周期。造价分析表明，虽然 BRB 增加了近 50 万元造价，但因结构合理，采用 BRB 和采用钢筋混凝土支撑总造价基本持平，大震下损伤降低，钢筋混凝土用量减少约 200m³，降低了碳排放。

12.4　结构超限加强措施

12.4.1　结构超限情况

按照《超限高层建筑工程抗震设防专项审查技术要点》（建质〔2015〕67 号），本工程无平面扭转不规则和竖向不规则，仅高度超过《高层建筑混凝土结构技术规程》JGJ 3—2010[2]中 B 级高度。抗震性能目标定为 C，加强措施如下。

1）因下部框架部分分配的剪力X向有一层小于底部总剪力标准值的 8%，Y向有四层小于 8%，底部加强区核心筒剪力墙和塔楼框架柱的配筋率分别提高到 0.50%和 1.1%，核心筒外筒通高设置约束边缘构件，四角墙中通高设置型钢，框架柱最大轴压比为 0.7，剪力墙最大轴压比为 0.5。

2）核心筒高宽比大于 18，设计时从严控制小震下各项计算指标满足规范要求，塔楼框架柱采用型钢混凝土柱，核心筒中下部楼层扶壁柱中增设型钢。

3）为适当提高楼层Y向抗侧刚度，在 6、26、36 避难层设置 V 形 BRB（屈曲约束支撑）；设置 V 形 BRB 楼层及上下层、顶层墙体最小配筋率提高至 0.50%。

4）顶部 25.3m 高塔冠[7]采用钢管空间网格结构（图 12.4-1），因体型收进部分钢柱落于转换梁上，塔冠单独分析的第一周期为 0.54s，建立整体模型分析后得到鞭梢效应地震作用放大系数为 3.50。塔冠结构主要振型周期点按地震作用放大系数放大后，安评反应谱与楼面谱的数值基本相符，即按计算出的地震作用放大系数进行塔冠结构设计合理。结构屋面顶层楼板加厚为 180mm，钢结构柱脚采用埋入式柱脚锚固在混凝土环梁内，支撑环梁（截面 650mm×1500mm）按转换梁设计，梁及下层支撑柱均按关键构件设计。

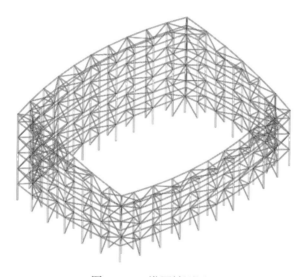

图 12.4-1　塔冠轴测图

12.4.2　高强钢筋和型钢混凝土应用

2012 年设计时因工程量较大，结合 HRB500 级钢筋的推出，对比分析了采用 HRB400 和 HRB500 级钢筋的用量，如表 12.4-1 所示。比较可知，水平构件采用 HRB500 级钢筋减材效果明显，施工图设计时框架梁、板改为使用 HRB500 级钢筋，减少钢筋用量约 300t，节省率约 9%。

HRB400 和 HRB500 用钢量（t）对比　　　　　表 12.4-1

部位	对比	整楼	梁	柱	墙	板
整楼	HRB400	8489	2404	1698	3594	792
	HRB500	8140	2185	1690	3547	719
	节省率（%）	4.11	9.14	0.45	1.32	9.27
地下室	HRB400	2146	378	240	1372	160
	HRB500	2057	335	239	1338	145
	节省率（%）	4.03	9.76	0.19	2.46	9.89

部位	对比	整楼	梁	柱	墙	板
地上部分	HRB400	6345	2033	1459	2222	632
	HRB500	6083	1849	1451	2208	574
	节省率（％）	4.13	9.03	0.50	0.62	9.11

框架柱均采用型钢混凝土柱，含钢率 6%～8%，相比普通混凝土柱，有效减小了柱横截面面积，主框架梁与核心筒剪力墙相交处也设置了构造型钢以提高框架和剪力墙的延性，从而提升整体结构抗震性能。本工程对型钢混凝土柱与普通混凝土梁节点进行了针对性设计，型钢变截面处运用仿真分析软件 MIDAS FEA 进行节点应力分析（图 12.4-2），应力集中处采用局部加腋，以确保传力可靠。合理选用螺纹套筒、牛腿连接等不同的节点连接方式，在保证节点施工质量的同时满足施工便利性的要求（图 12.4-3～图 12.4-6）。

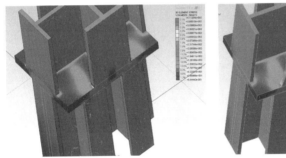 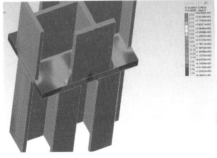

图 12.4-2　型钢变截面处节点不加腋与加腋应力对比

图 12.4-3　型钢柱与混凝土梁牛腿连接　图 12.4-4　型钢柱与混凝土梁螺纹套筒连接

图 12.4-5　主楼地下室型钢混凝土柱施工　图 12.4-6　主体结构施工

12.5　基础设计及结语

场地位于贵阳盆地东部边缘地带，区域上位于扬子准地台黔北台隆遵义断拱之贵阳复杂构造变形区，断裂、褶皱发育，岩溶发育。地下室底板标高为−20.4m，基坑开挖完成后大多数基岩裸露，基础持力层为中风化白云岩，分 B 岩质单元和 C 岩质单元，地基承载力特征值分别为 4000kPa 和 6000kPa。基础设计为整体筏板基础，办公楼塔楼核心筒下筏板厚 2.8m，塔楼其他范围筏板厚 2.5m，裙楼范围筏板厚 1.15m，塔楼框架柱增设 30cm 高上柱墩以提高基础抗冲切能力。详细勘察时发现办公塔楼地下室西南角岩溶形态表现为岩面急剧起伏，溶沟、溶槽特别发育，呈囊状垂直形态，并存在串珠状多层溶洞，较大溶洞直径约 26m（图 12.5-1、图 12.5-2），溶洞底距底板超过 30m。设计时局部采用桩筏基础，溶洞相关筏板加厚至 2.5m，桩基础采用直径为 1.5m 旋挖成孔灌注桩[8]，12 根桩基础呈三角形扩展布置（图 12.5-3），桩长 31～41m。分析时，岩石基床系数 B、C 岩质单元分别取 $2 \times 10^5 kN/m^3$ 和 $4 \times 10^5 kN/m^3$（溶洞区域岩石基床系数取 0），筏板设计时考虑了溶洞区域部分桩基础失效并进行配筋包络设计。

建立整体筏板基础加局部桩基础的桩筏基础有限元模型进行筏板优化设计。综合楼筏板厚度比初步设计时减小 20%，减少混凝土用量约 2500m³；针对旋挖钻在垂直溶沟区域成孔时易偏置造成卡钻和冲击成孔在串珠状溶洞区域成桩时易漏浆的现象，根据不同桩位的岩溶特点，设计分别采用旋挖成孔和冲击成孔两种成桩工艺[8]，在冲击成孔桩长达 49m 时，合理选择不同的施工工艺，做了多根桩的精细化设计，确保桩基工程质量。施工所用的旋挖机为三一重工 SR285R 型钻机，钻岩钻进速度为 0.8～1.0m/h，最深的两根桩钻到 40m 左右后旋挖极困难，改为冲击成孔冲到 47～49m。54 号沉降观测点位于溶洞边的塔楼角柱，2015 年 12 月塔楼主体封顶（不含幕墙、砌体工程）时该点沉降观测值为 7.4mm，2017 年 7 月竣工后最后一次测量累计沉降值为 9.48mm；65 号沉降观测点最大沉降值为 11.99mm，与计算结果基本一致，符合预期要求（图 12.5-4）。

工程底板混凝土用量 1.8 万 m³，对岩石上兼有一定滑动功能的柔性防水层进行了拉伸水平阻力系数验证性试验，确定了水平阻力参数。地下水抗浮水头高达 17.3m，设置锚杆约 1900 根，结合部分区域采用单根 $\phi50$ 钢筋的锚杆（直径 130mm），便于施工并减少水平约束[9]。

采用 MIDAS Gen 有限元软件对施工过程底板应力进行了校核，合理设置后浇带后底板和侧墙最大拉应力为 1.8N/mm²，小于混凝土抗拉强度值，解决了岩溶岩石地基超深超长大体积混凝土底板和侧墙裂缝控制和抗裂防水的技术难题。

本工程针对低烈度区高宽比超限超高层的问题，经过结构方案比选，确定了采用有限加强层为 V 形 BRB（屈曲约束支撑）的框架-核心筒结构体系。通过 SATWE、MIDAS Building 及 SAUSAGE 软件对比分析，结构弹性时程分析与 CQC 法计算得到的基底剪力基本一致；大震弹塑性分析时位移角满足抗震性能目标 C 级要求，大震下加强层剪力突变现象得到了较大的缓解，结构具有良好的抗震性能和消能能力。本工程是国内首个在 6 度区近 300m

超高层上采用耗能型 BRB 框架-核心筒结构的成功案例。

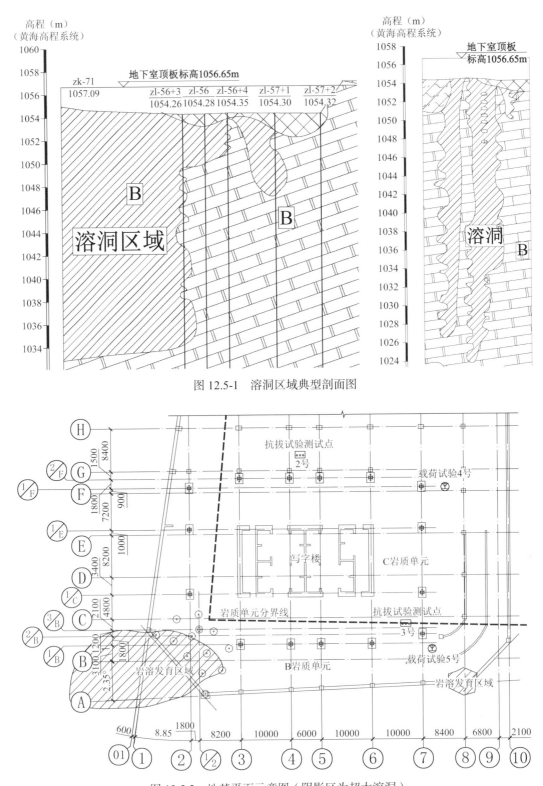

图 12.5-1 溶洞区域典型剖面图

图 12.5-2 地基平面示意图（阴影区为超大溶洞）

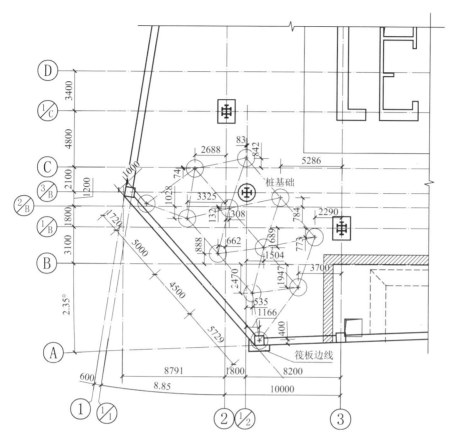

图 12.5-3　桩基础布置图

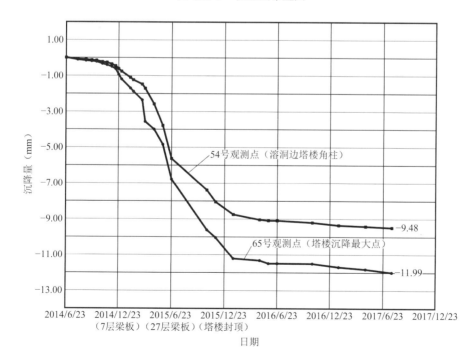

图 12.5-4　塔楼沉降观测记录

参 考 文 献

[1] 赖庆文，陈尧文，夏恩德. 某超限高层结构优化设计[C]//第二十五届全国高层建筑结构学术交流会论文集. 深圳, 2018.

[2] 住房和城乡建设部. 高层建筑混凝土结构技术规程: JGJ 3—2010[S]. 北京: 中国建筑工业出版社, 2011.

[3] 住房和城乡建设部. 建筑抗震设计规范: GB 50011—2010(2016 年版)[S]. 北京: 中国建筑工业出版社, 2016.

[4] 中国工程建设标准化协会. 屈曲约束支撑应用技术规程: T/CECS 817: 2021[S]. 北京: 中国建筑工业出版社, 2021.

[5] 沈蒲生. 带加强层与错层高层结构设计与施工[M]. 北京: 机械工业出版社, 2009.

[6] 丁洁民，邵聪，等. 双阶屈服屈曲约束支撑框架结构抗震性能研究[J]. 建筑结构, 2023, 53(10): 1-9.

[7] 周建龙，包联进，陈建兴，等. 超高层建筑塔冠结构设计与研究[C]//第二十三届全国高层建筑结构学术交流会论文集. 广州, 2014.

[8] 建设部. 建筑桩基技术规范: JGJ 94—2008[S]. 北京: 中国建筑工业出版社, 2008.

[9] 赖庆文，邓曦，王星星，等. 岩石地基超深超长地下结构裂缝控制设计[J]. 建筑结构, 2023, 53(S2): 1261-1266.

◢ 获奖信息 ◣

2022 年　贵州省"黄果树杯"优质工程

2023 年　贵州省优秀工程勘察设计一等奖

2023 年　贵州省土木建筑工程科技创新奖一等奖

2023 年　国家优质工程奖

第 13 章

贵州省地质博物馆

13.1 工程概况

本工程位于贵阳市观山湖区，总建筑面积 39562m²，地下 2 层，地上 7 层。建筑设计立意提取了贵州喀斯特地貌的洞、沉积的岩石、瀑布、梯田等地质元素进行有序组合，如图 13.1-1、图 13.1-2 所示。主要功能为展厅、资料档案库房、综合业务用房、多功能报告厅及配套用房。地上部分由 5 个单体组成（图 13.1-3），其中单体 1 采用钢框架-中心支撑与钢桁架结构，其余为钢筋混凝土框架-剪力墙结构。单体 1 在顶部两层形成连体，并根据建筑立面造型外挑，建筑高度 33.3m。本工程属于大型博物馆，档案库房为甲级档案库房，抗震设防类别为重点设防类，耐久年限为 100 年，设计使用年限为 100 年，建筑安全等级为一级，抗震设防烈度为 6 度，设计基本地震加速度为 0.05g，地震设计分组为第一组，场地类别Ⅱ类，基本风压 0.30kN/m²。

图 13.1-1　建筑实景

图 13.1-2　建筑鸟瞰

图 13.1-3　结构单体划分示意图

13.2 结构体系及抗震性能目标

13.2.1 结构体系

单体 1 采用钢框架-中心支撑与钢桁架结构体系，连体及悬挑部位采用钢桁架体系，嵌固部位为地下 2 层顶板，结构高度 36m，最大悬挑长度 20m，连体部分最大跨度 33.6m。顶部两层连体部分采用 4 榀两层平面钢桁架与两个塔楼连接，层高均为 4.2m；连体桁架与塔楼钢框架柱采用刚性连接，使连体部位在结构分析和构造连接的实现变得相对容易，同时保证了连体结构有较好的整体刚度，并使塔楼变形协调。悬挑伸臂桁架形式为两层平面桁架，在各个悬挑位置与塔楼钢框架柱刚性连接，连体及悬挑伸臂钢桁架结合建筑平面功能至少伸入塔楼结构一跨并与主体结构可靠连接。各榀悬挑伸臂桁架再通过最外端连接双层平面次桁架，使结构形成整体空间体系，如图 13.2-1、图 13.2-2 所示。

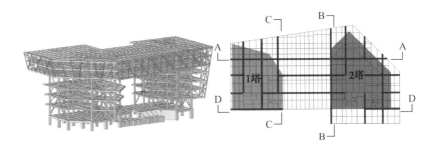

图 13.2-1　单体 1 结构模型及顶层结构平面布置示意图

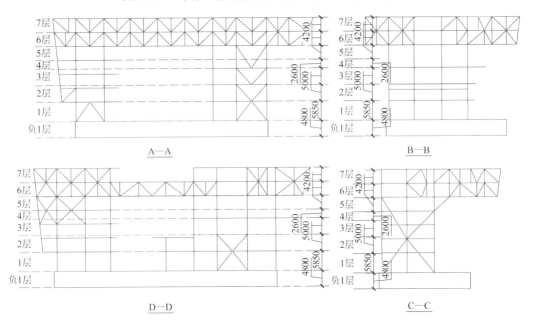

图 13.2-2　单体 1 结构剖面图

因建筑造型以及内部使用功能需求，本工程结构规则性超限项目较多，属于特别不规则结构，根据《超限高层建筑工程抗震设防专项审查技术要点》（建质〔2015〕67 号），结构超限情况如下：

（1）楼层位移比最大值 1.67 > 1.2，为扭转不规则；

（2）多层开洞面积大于 30%，为楼板不连续；

（3）因顶部两层连体，造成刚度突变；

（4）顶部连体且最大悬挑达 20m，造成构件间断及尺寸突变；

（5）顶部连体层造成承载力突变。

13.2.2　结构抗震性能设计目标

针对本工程超限情况，综合考虑建筑规模及功能，将抗震整体性能目标定为 C 级，但考虑到关键部位构件在罕遇地震下的安全，对本工程关键部位（连体、大悬挑部位）抗震性能水准适当提高至中震弹性、大震不屈服；鉴于工程馆藏文物等的重要性，还补充了极罕遇地震位移控制指标。

按照《建筑抗震设计规范》GB 50011—2010[1]第 3.10.3 条条文说明，结构轻微损坏变形值为 1.5～2 倍弹性变形值，中等破坏变形值为 3～4 倍弹性变形值。考虑钢结构侧向刚度较弱以及本工程建筑重要性，偏严格地控制中震及大震作用下层间位移角，以保证结构不发生严重损坏。根据《中国地震动参数区划图》GB 18306—2015[2]第 6.2 条规定，极罕遇地震动峰值加速度宜按基本地震动峰值加速度 2.7～3.2 倍确定，峰值加速度取 $50 \times 3.2 \times 1.4 = 224 \mathrm{cm/s^2}$，考虑极罕遇地震下层间位移角限值为 5 倍弹性变形值，即 $h/50$。表 13.2-1 为结构在多遇、设防、罕遇和极罕遇地震下层间位移角限值。

结构位移控制指标　　　　　　　　　　　　　　　　表 13.2-1

地震烈度	多遇地震 $\alpha = 0.056$	设防地震 $\alpha = 0.168$	罕遇地震 $\alpha = 0.392$	极罕遇地震
性能水平定性描述	无损坏	轻微损坏	中等损坏，修复后可继续使用	中度—较严重损坏
层间位移角限值	$h/250$	$h/165$	$h/85$	$h/50$

工程设计使用年限 100 年，考虑地震作用调整系数将水平地震影响系数放大到 1.4 倍。结构抗震设防类别为乙类，根据《建筑抗震设计规范》GB 50011—2010[1]，钢结构抗震等级为三级，并按《钢结构设计标准》GB 50017—2017[3]性能化设计要求进行复核，确保结构满足承载性能等级及对应延性等级的要求。

13.3　超限设计计算分析

13.3.1　小震弹性计算

分别采用 YJK 及 PMSAP 软件进行结构小震弹性计算，结果见表 13.3-1。

结构小震弹性计算结果 表 13.3-1

项次		计算程序	
		YJK	PMSAP
结构自振周期（s） （X向+Y向+扭转）	T_1	1.246（0.97+0.02+0.01）	1.268（0.98+0.01+0.01）
	T_2	0.905（0.03+0.73+0.24）	0.895（0.02+0.85+0.13）
	T_3	0.859（0+0.39+0.61）	0.852（0.01+0.13+0.86）
第一扭转、平动周期比		0.689	0.670
剪重比（%）	X向	1.89	2.18
	Y向	2.30	2.80
地震作用下 倾覆弯矩（kN·m）	X向	76685	79619
	Y向	93259	116631
有效质量系数（%）	X向	96.39	97.75
	Y向	98.24	99.06
地震作用下最大层间位移角	X向	1/1266（5层2塔）	1/1160（4层1塔）
	Y向	1/1944（5层2塔）	1/1825（5层2塔）

13.3.2 中震、大震等效弹性计算

按等效弹性计算原则，采用振型分解反应谱法对设定的抗震性能目标进行中震不屈服、中震弹性以及大震不屈服计算。中震水平地震影响系数最大值取 0.168，大震水平地震影响系数最大值取 0.392，结果如下。

1）中震不屈服验算。地下 1 层半地下室钢筋混凝土墙及型钢混凝土柱基本为构造配筋；上部钢结构部分钢柱及钢框架梁应力比无明显增大情况。上部连体及大悬挑钢桁架弦杆应力比不超过 0.75，支撑腹杆应力比不大于 0.70，满足中震不屈服要求。

2）中震弹性验算。上部钢结构构件应力比有小幅度增加，1、5、6 层少量钢支撑、腹杆平面外稳定性验算应力超过钢材强度设计值，应力比在 1.1 以下，但强度验算应力比均能满足中震弹性要求。上部连体及大悬挑钢桁架弦杆应力比最大不超过 0.85，绝大部分应力比在 0.70 以下，支撑腹杆应力比不大于 0.80，可满足中震弹性要求，首层剪力墙墙肢未出现拉力。

3）大震不屈服验算。地下 1 层混凝土结构均未进入塑性，可以满足性能目标要求。上部钢结构 1、2、5 层少量梁正应力比超过钢材屈服强度，但不超过极限强度值；各层局部支撑腹杆平面外稳定性验算应力比超过屈服强度，但不超过极限强度值，可以满足设定的性能目标要求。

4）上部连体及大悬挑钢桁架弦杆应力比最大不超过 0.90，绝大部分应力比在 0.75 以下，绝大部分支撑腹杆应力比不大于 0.90，连体层及悬挑桁架存在少量腹杆平面外稳定性验算应力比略超过屈服强度，但未超过极限强度，且强度验算应力比均小于 0.6，针对此类杆件截面做适当调整。首层剪力墙少量出现拉力，但拉应力值均小于混凝土抗拉强度标准值。

13.3.3　弹性时程分析

结构弹性时程分析选取了 5 组实际强震记录及 2 组人工波进行计算,图 13.3-1 为各组地震波弹性反应谱与规范多遇地震下反应谱对比图。规范反应谱计算得出的楼层剪力、底部弯矩与弹性时程分析的平均值相近,其中规范反应谱值底部剪力略大于弹性时程分析结果;设计时按规范反应谱得出的地震作用进行适当放大,放大系数取 1.05。地震波最大层间位移角 X 向 1/1485,Y 向为 1/2296,均满足性能目标要求。

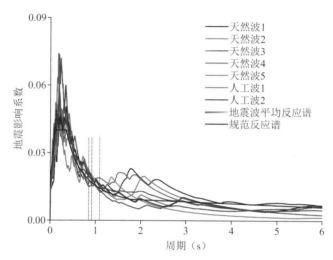

图 13.3-1　各组地震波弹性反应谱与规范多遇地震下反应谱对比图

13.3.4　弹塑性计算

1. 地震波选取

本工程采用 PKPM-SAUSAGE 软件进行罕遇地震下的动力弹塑性时程分析。因结构连体大悬挑以及连体以下两个塔楼层数、层高不同,结构的质量、刚度沿高度分布不对称性明显,且连体大悬挑部位的竖向振动、两个塔楼的单独振动在前 3 个振型之后的高阶振型陆续呈现,为得到符合此项目特点的地震波,需定制专门的地震波选取方案。按照《建筑抗震设计规范》GB 50011—2010[1]的要求,在结构主要周期点上地震波反应谱值与规范反应谱值相差不大于 20%。

采用设计单位自行开发的地震波选取工具——PEER 地震波转换程序(图 13.3-2),以结构的前 6 个平动周期为控制点从地震波数据库中挑选出 50 组地震波,再以结构的前 2 个竖向周期为控制点从上述 50 组地震波中挑选出 10 组备选地震波,按此方案选取的备选地震波既能考虑大跨度连体结构各分塔的水平振动,也能考虑大跨度连体结构连体部分的竖向振动。结合 YJK 和 PKPM 程序的弹性时程分析结果,从 10 组备选地震波中最终挑选出 3 组天然波并生成 1 组人工波进行弹塑性时程分析,地震波采用三向输入,加速度峰值比为 1.00∶0.85∶0.65。由图 13.3-3 可见,采用自行开发的地震波选取工具增加选波控制点后，地震波反应谱与规范反应谱更为接近且符合本工程大跨度连体结构的特点，选取的地震波质量得以提高，更能针对结构薄弱部位进行有效加强，从而提高复杂结构的抗震设计水平。

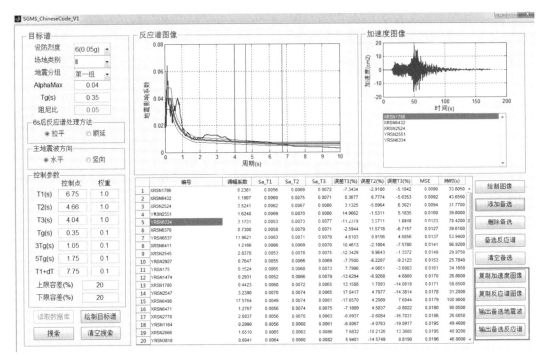

图 13.3-2　PEER 地震波转换程序

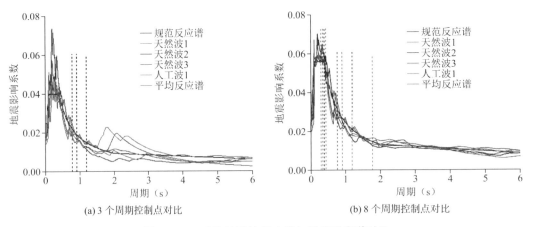

(a) 3 个周期控制点对比　　　　　　　　　(b) 8 个周期控制点对比

图 13.3-3　选取地震波反应谱与规范反应谱对比

2. 层间位移角计算结果

结构在各组地震波作用下的弹塑性最大层间位移角结果见表 13.3-2，其中最大位移角 X 向为 1/89、Y 向为 1/191，分别发生在天然波 2 以 Y 为主输入方向，以及天然波 3 以 X 为主方向作用时，均小于中等破坏位移角（3～4）$[\Delta u_e]$，即 1/83.3～1/62.5 的要求。鉴于本工程的重要性，还补充了极罕遇地震弹塑性时程分析，层间位移角可满足位移角为 $h/50$ 的抗倒塌性能目标。

各组地震波作用下弹塑性最大层间位移角　　　　　表 13.3-2

项次	X为主输入方向		Y为主输入方向	
	X方向最大层间位移角 （层号）	Y方向最大层间位移角 （层号）	X方向最大层间位移角 （层号）	Y方向最大层间位移角 （层号）
天然波 1	1/106（5）	1/259（2）	1/90（5）	1/233（6）
天然波 2	1/113（5）	1/203（5）	1/89（5）	1/206（2）
天然波 3	1/156（5）	1/191（2）	1/168（5）	1/264（2）
人工波 1	1/114（5）	1/212（2）	1/131（5）	1/248（5）
平均值	1/122	1/216	1/119	1/237
最大值	1/106	1/191	1/89	1/206

3. 弹塑性计算应变及损伤

结构地下 1 层顶板混凝土梁受压损伤较小，钢筋及型钢均无塑性应变，地下室顶板的损伤主要出现在柱脚、平面转折处（图 13.3-4），损伤值在 0.1～0.7 之间，损伤面积较小且钢筋均为屈服状态，总体上可定义为轻度—中度损伤。地下 1 层半地下室外墙在天然波作用下，受压损伤很小，转角处损伤稍大；受拉损伤主要存在转角处、型钢插入部位，混凝土内钢筋均无塑性应变，如图 13.3-5 所示。

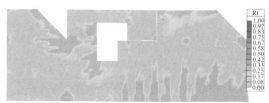

图 13.3-4　天然波 1 作用下地下室顶板受压和受拉损伤情况

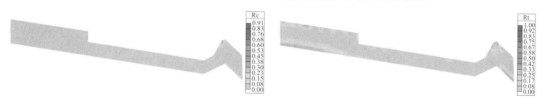

图 13.3-5　天然波 2 作用下半地下室外墙受压、受拉损伤情况

2 层楼板开洞区域周围，斜撑与楼板交接处出现较严重的局部损伤，需针对性地予以加强配筋；由于损伤面积较小，钢筋均未屈服，总体可定义为中度损伤（图 13.3-6）。5 层楼板至屋面在平面收进、转角处有损伤，损伤值在 0.1～0.4 之间，钢筋未见屈服，总体可以定义为轻度损伤（图 13.3-7）。

图 13.3-6　天然波 2 作用下 2 层楼板受压、受拉损伤情况

图 13.3-7 天然波 2 作用下 5 层楼板受压、受拉损伤情况

钢框架梁在罕遇地震作用下未屈服，只有底部部分斜撑屈服进入塑性阶段，塑性应变在 0.02~0.13 之间，其余支撑和框架柱均处于弹性状态（图 13.3-8）。

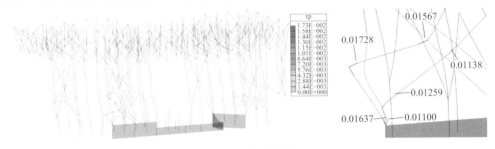

图 13.3-8 钢结构部分塑性应变

13.3.5 关键节点有限元性能化分析

运用"多尺度分析法"对本工程连体大跨度及大悬挑关键部位构件进行有限元性能化分析。"多尺度分析法"通过不同尺度模型之间合理的耦合方式，实现宏观尺度与微观尺度模型的协同计算，即将单独的节点划分网格后与整体模型组合进行分析，直接得到真实的加载内力和边界条件，获得更准确的分析结果，分析软件结合采用 MIDAS FEA 与 MIDAS Gen。分析节点选取连体层及伸臂桁架在考虑多遇地震作用效应的基本组合下对应杆件应力比较大的部位（图 13.3-9）。

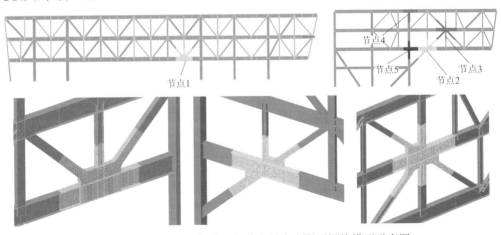

图 13.3-9 关键节点部位及部分多尺度有限元网格模型示意图

采用对应第三性能水准的荷载组合，按荷载组合"1.0 恒＋0.5 活＋0.4 水平地震＋竖向地震"在整体模型中对各节点分别运行分析，von Mises 应力最大值出现在斜撑上翼缘与节点板连接根部，达 281.3MPa，未超过 Q345B 钢材屈服强度值，证明构件仍在弹性范围内，满足关键构件大震不屈服性能要求(图 13.3-10)。钢结构关键节点施工如图 13.3-11 所示。

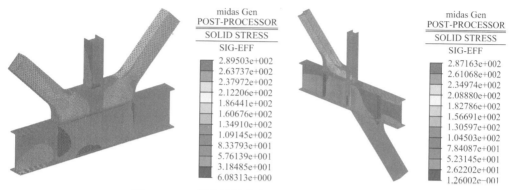

图 13.3-10　部分关键节点 von Mises 应力云图

图 13.3-11　部分关键节点施工现场

13.3.6　抗连续倒塌分析

本工程安全等级为一级，根据规范要求采用 MIDAS Gen 软件进行抗连续倒塌设计，运用拆除杆件法，针对工程大跨度连体及大悬挑钢桁架 1～5 关键部位进行结构抗连续倒塌分析，钢桁架 1～5 平面位置如图 13.3-12 所示。

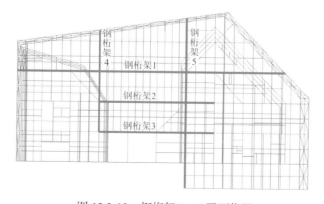

图 13.3-12　钢桁架 1～5 平面位置

以杆件应力为依据,选取若干关键构件,荷载组合采用"1.0 恒 + 0.5 活 + 0.2 风"(连体层主要功能为办公及会议室,可变荷载准永久值均取 0.5),分别拆除构件进行分析,并与钢材强度设计值 f 进行比较。为简化判断过程,考虑当与失效构件相连接构件应力不超过 $f/2$,剩余构件应力不超过 f 时,结构即满足抗连续倒塌设计要求。图 13.3-13~图 13.3-18 显示了部分钢桁架由平衡状态至拆除杆件后杆件的应力变化。

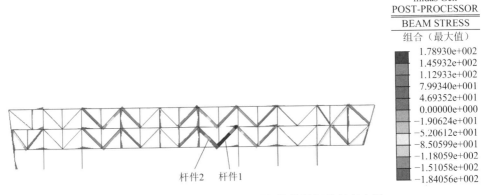

图 13.3-13　钢桁架 1(6~7 层)构件平衡状态应力图

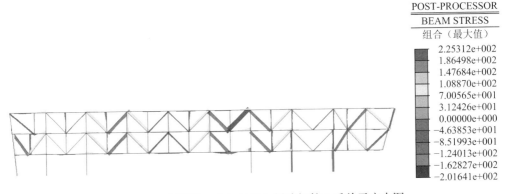

图 13.3-14　钢桁架 1(6~7 层)拆除杆件 1 后单元应力图

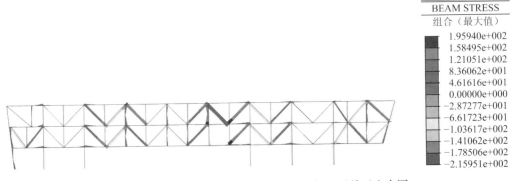

图 13.3-15　钢桁架 1(6~7 层)拆除杆件 2 后单元应力图

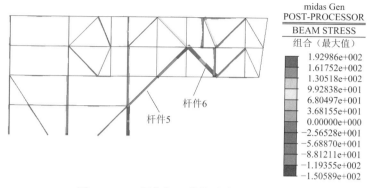

图 13.3-16　钢桁架 4 构件平衡状态应力图

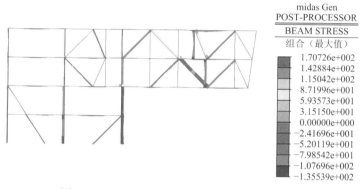

图 13.3-17　钢桁架 4 拆除杆件 5 后单元应力图

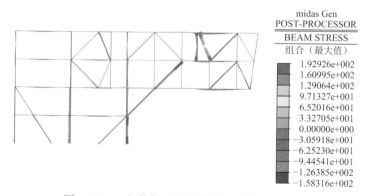

图 13.3-18　钢桁架 4 拆除杆件 6 后单元应力图

抗连续倒塌分析结果显示，结构传力路径变化后，与拆除杆件相连的杆件最大应力小于限值 $f/2$，且剩余构件应力均不超过 f，证明结构具备较好的二次传力路径及冗余度，具有抗连续倒塌能力。

13.3.7　楼盖舒适度分析

本工程存在大悬挑和大跨度连体区域，主要功能为办公和展览，须对楼盖系统进行舒适度控制。楼板自振频率和竖向振动加速度按《高层建筑混凝土结构技术规程》JGJ 3—2010[4]、《建筑楼盖结构振动舒适度技术标准》[5]以及美国《钢结构设计指南 11—人类活动引起的楼面振动》[6]控制，并参照法国《人行天桥设计指南》[7]确定行人人群密度。采用MIDAS Gen 分析竖向振动模态（图 13.3-19），确定楼板振动的最不利区域，同时结合本工程建筑功能和人流分布情况，施加行走激励（高、低密度人群随机行走）和有节奏运动（跳跃和齐步前进）。

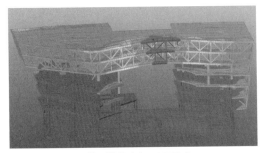

(a) 第 1 模态（$f_1 = 2.85$Hz）

(b) 第 2 模态（$f_1 = 3.57$Hz）

(c) 第 3 模态（$f_1 = 3.92$Hz）

(d) 第 4 模态（$f_1 = 4.37$Hz）

(e) 第 5 模态（$f_1 = 4.70$Hz）

(f) 第 6 模态（$f_1 = 5.06$Hz）

图 13.3-19　结构整体模型前 6 阶振型模态

　　根据模态分析结果，结合建筑使用功能将本工程分为 6A、6B、6C、5A、5B、5C、5D 等 11 个区域，如图 13.3-20 所示。

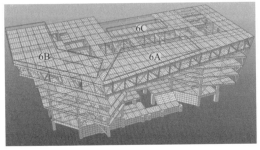

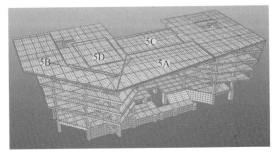

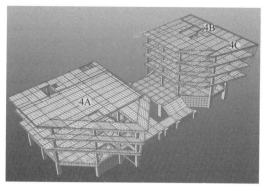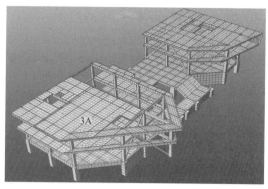

图 13.3-20　各层楼盖舒适度分析区域划分示意图

在上述区域分别输入随机人群行走、小部分原地踏步、小部分人群齐步前进、小部分人群原地跳跃工况，部分楼层时程荷载输入见图 13.3-21、图 13.3-22。

(a) 6A 区　　　　　　　　　　　　　　　　　(b) 6B 区

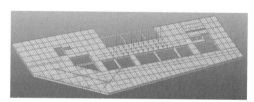

(c) 6C 区

图 13.3-21　6 层时程荷载输入示意图

(a) 4A 区　　　　　　　　　　　　　　　　　(b) 4B 区

图 13.3-22　4 层时程荷载输入示意图

通过各层各区域逐一分析，得到各区域最不利工况竖向加速度峰值结果见表 13.3-3。

各区域最不利工况竖向加速度峰值　　　　　　　　　　表 13.3-3

区域	工况名称和参数			区域	工况名称和参数		
	工况	频率（Hz）	峰值加速度（m/s²）		工况	频率（Hz）	峰值加速度（m/s²）
6A	小部分人原地跳跃	3.1	0.13	5A	小部分人原地跳跃	3.1	0.111
6B	小部分人原地踏步	2.4	0.145	5B	小部分人原地跳跃	3.1	0.140
6C	小部分人齐步前进	3.1	0.112	5C	小部分人原地踏步	3.1	0.067

区域	工况名称和参数			区域	工况名称和参数		
	工况	频率（Hz）	峰值加速度（m/s²）		工况	频率（Hz）	峰值加速度（m/s²）
5D	小部分人原地踏步	3.1	0.108	4C	小部分人原地跳跃	3.1	0.147
4A	小部分人原地跳跃	3.1	0.099	3A	人群随机步行	—	0.135
4B	小部分人原地踏步	2.6	0.149	—	—	—	—

由表 13.3-3 可见，竖向峰值加速度较大的区域及时程工况为：4B 区域，小部分人原地踏步，峰值加速度 0.149m/s²；4C 区域，小部分人原地跳跃，峰值加速度 0.147m/s²；6B 区域，小部分人原地踏步，峰值加速度 0.145m/s²。同时可以看出，对楼盖舒适度产生较大影响的时程工况为原地跳跃及原地踏步。4B、4C、6B 区域时程曲线如图 13.3-23～图 13.3-25 所示。

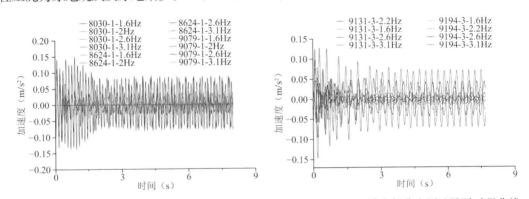

图 13.3-23　4B 区域小部分人原地踏步时程曲线　图 13.3-24　4C 区域小部分人原地跳跃时程曲线

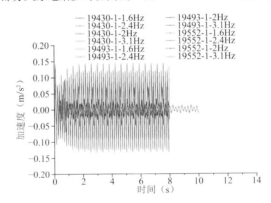

图 13.3-25　6B 区域小部分人原地踏步时程曲线

从时程曲线可以看出，各种工况下加速度曲线峰值均未超过 0.15m/s²，计算结果满足楼盖舒适度要求。

13.4　基础设计及 BIM 运用

本工程场地位于贵阳向斜西部次级构造单元——牛角坡背斜北段东翼近核部，北侧发育上麦正断层，距场地北侧约 1.3km；南侧发育北东—南西走向性质不明断层，距场地南侧约 150m。场地地层主要为第四系残积红黏土及二叠系上统长兴组灰岩。场区地势总体南西高、北东低，最高点位于场区南西侧丘顶，海拔高程 1312m；最低点位于场地北东洼地内，海拔高程 1286m，最大高差 26m。场地拟建范围内海拔高程在 1286～1302m，相对高差 16m。

场区区域上属于构造、溶蚀作用形成的低中山地貌类型，场地位于溶蚀缓丘低洼地段。场地及周边碳酸盐岩广布，场地主要不良地质作用为岩溶，岩溶发育形态以隐伏型溶洞、溶沟（槽）为主。岩土工程详细勘察阶段，建筑物范围内钻孔 213 个，其中 11 个钻孔遇溶洞，遇溶率 5.2%，相邻钻孔间基岩面相对高差为 0.05～2.28m，场地岩溶中等发育。

场地岩土层自上而下主要为：耕植土、回填土、硬塑红黏土、可塑红黏土、软塑红黏土、强风化灰岩及中风化灰岩。工程±0.00m 相当于绝对高程 1294.20m，地下室底板高程 1284.25m，岩土工程勘察报告提供地下室抗浮设计水位为 1288.00m，地下室抗浮水头约 4m，须考虑抗浮设计。

勘察报告显示，场地中风化灰岩埋深标高处于 1283～1287m（图 13.4-1），基础形式采用柱下独立基础、条形基础以及少部分桩基。独立基础及条形基础根据抗浮设计要求，基底采用了抗拔锚杆。

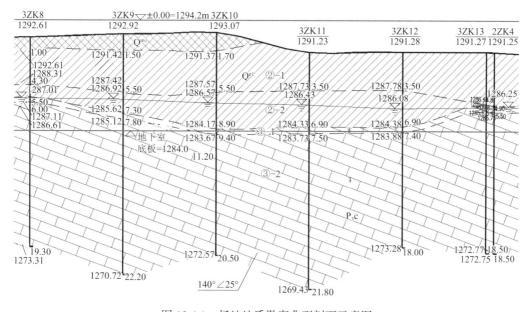

图 13.4-1　场地地质勘察典型剖面示意图

本工程采用设计单位自行开发的地震波转换处理程序，考虑结构连体大跨度特点，增加输入地震波周期控制点后选取地震波进行罕遇地震弹塑性验算，并补充增加了极罕遇地震变形验算；对关键部位节点采用"多尺度分析法"进行了有限元性能化分析，采用拆除杆件法对结构进行了抗连续倒塌分析；针对大跨度及大悬挑区域进行了楼盖舒适度分析。

此外，结构设计在多专业协同设计阶段依靠 BIM 技术（图 13.4-2），根据建筑内部使用功能、净高、设备管道布置、疏散要求并考虑顶部连体层、大悬挑桁架及偏心率过大的特点，合理选择斜支撑布置位置及方向；经过结构专业反复试算，运用 BIM 技术与建筑、设备专业协同进行了大量的碰撞检查和方案优化调整，在满足所有专业要求的同时，使大量支撑腹杆不仅未对建筑空间和使用功能造成负面影响，反而因其在室内空间的暴露营造出独特的韵律感，突显了特殊的结构之美（图 13.4-3）。

得益于施工阶段设计与施工的密切配合，严格把控工程质量，并在建成投入使用以来，以其承载着的独特地质文化，不仅成为地标性建筑，更获得了社会的良好评价。

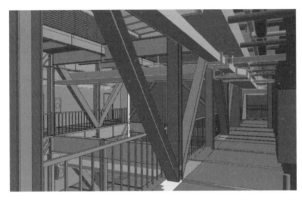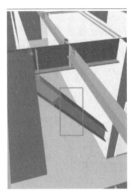

图 13.4-2　全专业 BIM 协同设计模型室内效果及碰撞检查

图 13.4-3　建成后室内支撑体系空间效果

参考文献

[1]　住房和城乡建设部. 建筑抗震设计规范: GB 50011—2010[S]. 北京: 中国建筑工业出版社, 2010.

[2]　国家质量监督检验检疫总局. 中国地震动参数区划图: GB 18306—2015[S]. 北京: 中国建筑工业出版社, 2015.

[3]　住房和城乡建设部. 钢结构设计标准: GB 50017—2017[S]. 北京: 中国建筑工业出版社, 2017.

[4]　住房和城乡建设部. 高层建筑混凝土结构技术规程: JGJ 3—2010[S]. 北京: 中国建筑工业出版社, 2015.

[5]　住房和城乡建设部. 建筑楼盖结构振动舒适度技术标准: JGJ/T 441—2019[S]. 北京: 中国建筑工业出版社, 2019.

[6]　American Institute of Steel Construction. Steel Design Guide series 11—Floor Vibrations Due to Human Activity[S]. AISC, 2003.

[7]　Research Fund for Coal and Steel. HiVoSS (Human induced Vibrations of Steel Structures): Design of Footbridges-Guideline[S]. RFCS, 2008.

◢◣ 获奖信息 ◢◣

2019 年　贵州省"黄果树杯"优质工程

2020 年　贵州省优秀工程勘察设计（结构专项）
　　　　 一等奖

2021 年　全国优秀工勘察设计行业奖二等奖

2021 年　中国建筑学会"建筑设计奖结构专业"
　　　　 三等奖

2021 年　中国建设工程鲁班奖

第 14 章

贵州省图书馆暨贵阳市少儿图书馆

14.1 工程概况

项目位于贵州省贵阳市观山湖区,由贵州省图书馆新馆及贵阳市少年儿童图书馆组成,主要功能包含绿廊展厅、阅读区域、智能立体书库以及综合业务用房(图 14.1-1、图 14.1-2)。项目为大型图书馆,总建筑面积为 79618m²,地上 7 层,地下 3 层,地上分为贵阳市少年儿童图书馆和贵州省图书馆,建筑高度 33.3m。建筑立意为错落叠放的书本,结构因此存在众多悬挑,最大悬挑长度为 11m。结构因建筑内部设置大空间存在部分大跨度及局部转换,最大跨度为 33.60m。

工程设计使用年限为 50 年,地面以下(3 层地下室)为钢筋混凝土框架结构,地面以上为型钢混凝土框架结构及钢结构。抗震设防类别为重点设防类,建筑安全等级为一级,抗震设防烈度为 6 度,设计基本地震加速度为 0.05g,地震设计分组为第一组,场地类别为Ⅱ类,地面粗糙度类别按 C 类,基本风压 0.30kN/m²,基本雪压 0.2kN/m²。

图 14.1-1　建筑实景

图 14.1-2　建筑鸟瞰图

14.2 结构体系及抗震性能目标

14.2.1 结构体系

本工程场地绝对标高最高为 1312.80m,最低为 1282.60m,最大高差 30.2m,建筑结合场地标高关系设置地下室,其中地下 3 层层高 7.9m,建筑功能为全智能自控书库,地下 2

层、地下 1 层层高分别为 5.1m、5.5m，建筑功能为停车库。3 层地下室东侧均为开敞无覆土，造成结构不等高嵌固，形成掉层（图 14.2-1），属于典型的山地建筑结构。

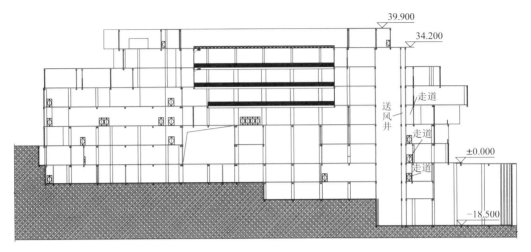

图 14.2-1　建筑剖面图

地面以上 1 层主要功能为公共服务大厅、展厅；2 层、3 层标高分别为 5.70m、11.40m，主要功能为阅览及多媒体体验区；4 层、5 层、6 层标高分别为 17.10m、22.80m、28.50m，均于中厅部分开大洞，形成通顶大空间，其中设置"书岛"房中房结构，如图 14.2-2 所示。屋顶对应中厅空间设置 42m×33.6m 大跨度玻璃采光顶。

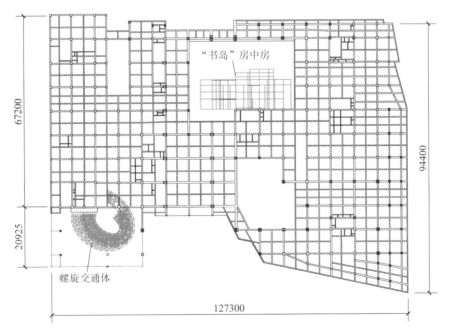

图 14.2-2　第 4 层 17.10m 标高结构平面图

本工程根据建筑造型，在大悬挑及大跨度部位采用型钢混凝土组合结构，常规部分采用钢筋混凝土框架结构体系，局部区域如单柱支撑螺旋交通体及"书岛"房中房采用钢结构。最大楼层的平面尺寸为 141.6m×134.4m，不设缝，考虑通过合理的后浇带设置、添加外加剂、计算温度应力增强配置温度筋等解决主体结构的温度伸缩问题。结构整体计算模型如图 14.2-3 所示。

结构在 4～6 层北侧逐层向外加大悬挑，此处框架柱南北向无拉结，为单柱纯悬挑，顶部悬挑最远端达 11m，柱截面采用 1000mm×2000mm 型钢混凝土柱，并在每层梁端设置竖向杆件支撑拉结，形成整体空腹桁架受力体系（图 14.2-4）。因建筑内部设置大空间，于第 5 层布置了本工程最大跨度 900mm×1800mm 型

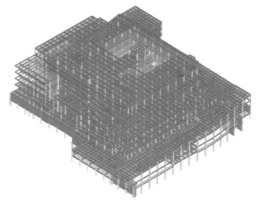

图 14.2-3　结构整体计算模型

钢混凝土转换梁，跨度为 33.6m，转换上部 3 层结构，结构典型纵向剖面如图 14.2-5 所示。

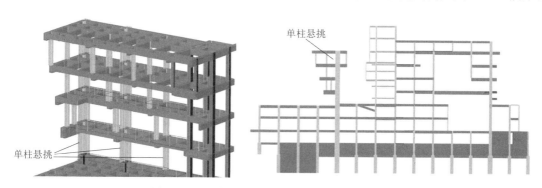

图 14.2-4　局部单柱悬挑部位及结构横向剖面图

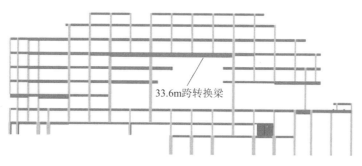

图 14.2-5　结构典型纵向剖面图

螺旋交通体联通 1～4 层位于结构西南角，如图 14.2-6 所示，每个螺旋梯段两端与主体结构相连，中部与 20m 高 ϕ1100mm×28mm 独立钢柱连接；顶部最大螺旋梯段直线跨度 17m，弧长 26m。由于螺旋梯段跨度大，约束支承少，结构对竖向荷载尤为敏感，经多轮结构方案比较，最终采用单柱支撑的空间网格结构，每个梯段均为螺旋扭转的双层四角锥网架，腹杆与弦杆连接均采用刚接。与实腹式钢结构截面相比，采用空间网格结构在使承载力及竖向变形得到保证的同时，大幅减轻了结构自重。

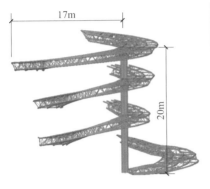

(a) 螺旋交通体结构模型　　　　　(b) 与主体结构连接部位　　　　　(c) 建成实景

图 14.2-6　螺旋交通体

图书馆中庭将传统书院错落有致、灵活自由的院落空间引入馆内，营造独特的阅读空间体验，于多个标高错层悬挑形成各自独立的箱形空间，彰显贵州新地域建筑的特点；设置的"书岛"采用钢结构房中房，自建筑 3 层起至出屋面顶高 33.5m，如图 14.2-7 所示。

(a) "书岛"结构模型　　　　　　　　(b) 建成实景

图 14.2-7　中庭"书岛"

结构为满足建筑造型及内部功能需求，根据《超限高层建筑工程抗震设防专项审查技术要点》（建质〔2015〕67 号）的规定，存在 5 项不规则，为特别不规则结构。根据《山地建筑结构设计标准》JGJ/T 472—2020[1]的规定，结构满足 1 层与上一层对应部分的侧向刚度比大于 1，受剪承载力之比大于 1.1 的要求。

具体超限判别如下：

1）扭转不规则，考虑偶然偏心规定水平力下扭转位移比最大为 1.6，大于 1.2；

2）楼板不连续，多个楼层结构开大洞，有效连接板宽度小于 50%；

3）尺寸突变，结构存在众多大悬挑部位；

4）构件间断，存在局部转换；

5）承载力突变，1、2 层受剪承载力之比为 0.62，超过相邻层受剪承载力之比 0.80 的限值。

14.2.2 结构抗震性能设计目标

针对结构特点及不规则情况，综合考虑本工程建筑规模及功能，按照《建筑抗震设计规范》GB 50011—2010[2]、《高层建筑混凝土结构技术规程》JGJ 3—2010[3]相关规定，结构整体抗震性能目标定为 C 级，但考虑特别关键部位构件在罕遇地震下的安全，将本工程特别关键部位构件（大截面单柱悬挑部位、钢结构螺旋交通体钢柱）性能目标提高至 B 级。

考虑本工程建筑重要性，偏严格地控制中震及大震作用下的层间位移角以保证结构安全，并根据《中国地震动参数区划图》GB 18306—2015[4]第 6.2 条规定，极罕遇地震动峰值加速度宜按基本地震动峰值加速度的 2.7～3.2 倍确定。对本工程关键构件及特别关键构件补充按极罕遇地震复核验算，峰值加速度取 $50 \times 3.2 = 160cm/s^2$，考虑极罕遇地震下层间位移角限值为 5 倍弹性变形值，即 $h/110$。结构抗震性能指标见表 14.2-1，并将结构大悬挑（≥7m）、大跨度部位（≥18m）及转换构件提高至一级，单柱悬挑部位型钢混凝土框架柱提高至特一级、结构构件抗震等级见表 14.2-2。

结构抗震性能指标   表 14.2-1

地震作用		小震	中震	大震	超大震
宏观性能描述		无损坏	轻微损坏	可修	不倒塌
层间位移角限值		$h/550$	$h/367$	$h/183$	$h/110$
普通构件	框架柱	弹性	受剪弹性	允许进入塑性，钢筋不超过极限强度	—
	框架梁	弹性	受剪弹性	允许进入塑性，钢筋不超过极限强度	—
	楼板	弹性	受剪弹性	允许进入塑性，钢筋不超过极限强度	—
关键构件	框架柱	弹性	弹性	受剪弹性	允许进入塑性，钢筋不超过屈服强度
	框架梁	弹性	弹性	允许进入塑性，钢筋不超过屈服强度	允许进入塑性，钢筋不超过极限强度
特别关键构件	框架柱	弹性	弹性	受剪弹性	受剪弹性
	螺旋体钢柱	弹性	弹性	受剪弹性	受剪弹性
	框架梁	弹性	弹性	允许进入塑性，钢筋不超过极限强度	允许进入塑性，钢筋不超过极限强度

结构构件抗震等级   表 14.2-2

结构部位		抗震等级
钢筋混凝土结构构件、型钢混凝土结构构件	钢筋混凝土框架	二级
	型钢混凝土框架柱	二级
	型钢混凝土梁	二级
大悬挑、大跨度部位、转换构件	型钢混凝土框架柱	一级
	型钢混凝土框架梁	一级
单柱悬挑部位	型钢混凝土框架柱	特一级

螺旋交通体钢结构在小震、中震、大震下的应力控制分别不超过 $0.85f$、$1.0f$、$0.95f_y$，根据《钢结构设计标准》GB 50017—2017[5]第 17 章规定，对钢结构螺旋楼梯钢柱承载性能等级采用性能 1，确保其在小震及中震下完好，罕遇地震下基本完好；对空间网格构件承载性能等级采用性能 2，确保其在小震下完好，中震下基本完好，大震下基本完好—轻微变形，并通过控制钢结构构件截面宽厚比等级，确保结构承载力及较好的延性。

14.3　超限设计计算分析

14.3.1　小震弹性计算

本工程弹性分析采用 SATWE 和 PMSAP 计算程序，考虑竖向地震作用。两个计算程序前 3 周期振型对比如图 14.3-1、图 14.3-2 所示，结构振型模态基本一致，结构满足以扭转为主第一周期与以平动为主第一周期之比不大于 0.85。各项指标计算结果误差均在 10% 以内。

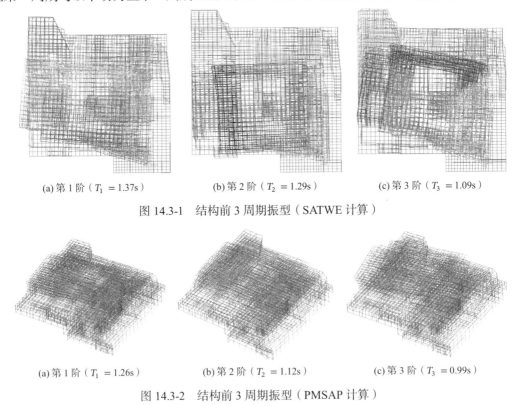

(a) 第 1 阶（$T_1 = 1.37s$）　　(b) 第 2 阶（$T_2 = 1.29s$）　　(c) 第 3 阶（$T_3 = 1.09s$）

图 14.3-1　结构前 3 周期振型（SATWE 计算）

(a) 第 1 阶（$T_1 = 1.26s$）　　(b) 第 2 阶（$T_2 = 1.12s$）　　(c) 第 3 阶（$T_3 = 0.99s$）

图 14.3-2　结构前 3 周期振型（PMSAP 计算）

14.3.2　小震补充弹性时程分析

采用 SATWE 软件进行时程分析法多遇地震下的补充计算。根据《建筑抗震设计规范》GB 50011—2010[2]的要求，按地震波选取三要素（频谱特征、有效峰值和持续时间）选取 3 组天然波及 1 组人工波进行弹性时程分析。在时程分析中考虑双向地震，主方向地震波加速度峰值取 18cm/s²，主方向、次方向、竖向峰值加速度的比值为 1：0.85：0.65，相关计算结果见表 14.3-1。

小震弹性时程与 CQC 基底剪力对比表　　　　表 14.3-1

计算结果	X向		Y向	
	基底剪力（kN）	基底剪力/CQC	基底剪力（kN）	基底剪力/CQC
CQC	21404	—	21049	—
天然波 1	22731	1.062	21553	1.024
天然波 2	22241	1.039	23080	1.096
天然波 3	23358	1.091	23004	1.093
人工波	24559	1.147	24173	1.148
时程均值	23222	1.085	22957	1.090
时程最大值	24559	1.147	24173	1.148

14.3.3　中震、大震等效弹性分析

按照设定的性能目标要求，根据等效弹性计算原则，采用振型分解反应谱法对结构进行中震不屈服、中震弹性及大震不屈服计算。中震计算时，绝大部分结构构件构造配筋即可满足要求，地下室混凝土墙未出现拉力；少部分梁进入屈服阶段，普通框架柱均满足受剪弹性要求；关键构件及特别关键构件均维持在较小配筋率或应力比，满足中震弹性要求。大震计算时，地下室混凝土墙仍未出现拉力，少部分框架柱、大部分框架梁配筋明显增大，少部分框架梁屈服；绝大部分关键部位、所有特别关键部位的框架柱、框架梁配筋仍维持较低水平，满足大震不屈服要求。同时，对特别关键部位进行大震弹性验算，框架柱及与其相连的关键悬挑梁仍可满足大震弹性要求。

通过对开大洞楼板进行大震应力分析可知，楼板拉应力峰值均小于 $f_{tk} = 2.20\text{MPa}$（图 14.3-3），楼板满足大震不屈服的要求。

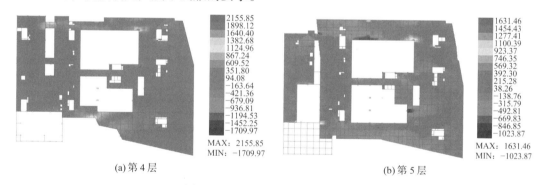

(a) 第 4 层　　　　　　　　　　　　　　(b) 第 5 层

图 14.3-3　楼板应力云图（kPa）

14.3.4　结构屈曲稳定验算

结构北侧位置有两榀单柱悬挑框架，框架柱平面内无拉结高度达 $4 \times 5.7 = 22.8\text{m}$，截面为 1000mm × 2000mm 型钢混凝土柱，取该部分结构进行稳定性验算。采用 MIDAS Gen 软件找到大悬挑部位发生屈曲的模态（图 14.3-4）并得到对应框架柱的屈曲临界荷载为 349041kN，根据欧拉公式 $P_{cr} = \dfrac{\pi^2 EI}{(\mu l)^2}$，求得计算长度系数 $\mu = \dfrac{\sqrt{(\pi^2 EI)/P_{cr}}}{l} = 1.657$，对应计算长度为 $22.8 \times 1.657 = 37.78\text{m}$；在整体模型计算中，单柱的计算长度取为 $5.7 \times 7 = 39.9\text{m}$，计算长度系数取值合理。

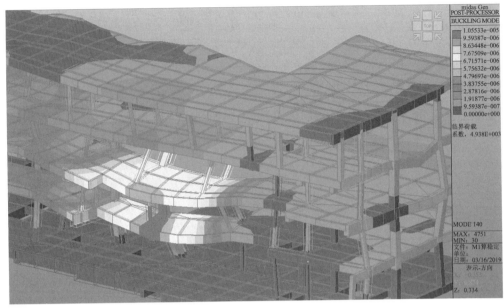

图 14.3-4　大悬挑部位屈曲模态

考虑到钢结构螺旋交通体主要竖向支撑仅为一根钢管柱，对其进行了稳定性验算。采用 MIDAS Gen 软件进行屈曲稳定性分析（图 14.3-5），找到钢柱出现明显屈曲的第一模态并得到对应框架柱的屈曲临界荷载为 4801kN，根据欧拉公式 $P_{cr} = \dfrac{\pi^2 EI}{(\mu l)^2}$，求得计算长度系数 $\mu = \dfrac{\sqrt{\pi^2 EI / P_{cr}}}{l} = 2.94$，对应计算长度为 $22 \times 2.94 = 64.7\text{m}$；在模型计算中，单柱的计算长度取为 $22 \times 3.2 = 70.4\text{m}$，计算长度系数取值合理。

单柱在中震弹性计算下的最大轴力为 1614kN，大震不屈服计算下的最大轴力为 2234kN，而柱的屈曲临界应力分别是其 3 倍及 2.1 倍，可见钢结构螺旋交通体钢柱不会发生屈曲失稳。

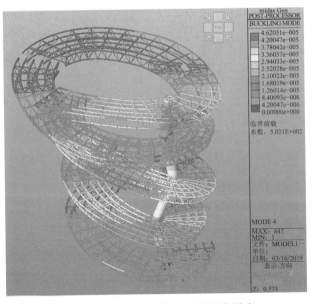

图 14.3-5　钢结构螺旋交通体屈曲模态

14.3.5 弹塑性计算

1. 地震波选取

弹塑性分析软件采用 SAUSAGE。根据弹性时程分析得到的层剪力曲线应与反应谱层剪力曲线尽量吻合的角度，同时结合本工程大跨度、悬挑复杂的结构特点，地震波采用三向输入，加速度峰值比为 1.00：0.85：0.65。选取 3 条天然波和 1 条人工波进行弹塑性动力时程分析，计算结果取包络值。各组地震波地震影响系数曲线与规范反应谱在主要周期对比如图 14.3-6 所示。地震波基底剪力最大值与 CQC 反应谱基底剪力比值，X、Y 为主方向时分别为 119% 及 129%；地震波基底剪力平均值与 CQC 反应谱基底剪力比值，X、Y 为主方向时分别为 109% 及 112%，满足时程曲线选择要求。

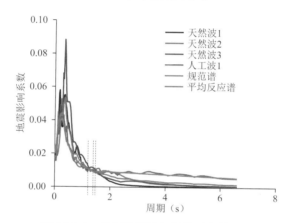

图 14.3-6 各组地震波与规范反应谱对比

2. 大震弹塑性计算

各组地震波均按地震主方向为 X 向及 Y 向分别计算，结构在各组波作用下的弹塑性计算主要结果如表 14.3-2 所示。

弹塑性计算主要结果　　　　　　　　　　　　　　　　　　　　表 14.3-2

主向	工况	大震弹塑性基底剪力（MN）	基底剪力比（大震/CQC）	大震层间位移角最大值
X 向	天然波 1	117.2	5.5	1/186
	天然波 2	102.5	4.8	1/212
	天然波 3	85.2	4.0	1/255
	人工波 1	91.7	4.3	1/237
	小震 CQC	21.4	—	—
Y 向	天然波 1	117.4	5.6	1/219
	天然波 2	102.2	4.9	1/228
	天然波 3	89.1	4.2	1/285
	人工波 1	83.1	4.1	1/298
	小震 CQC	21.0	—	—

对各组地震波计算结果取包络值，结构在各组地震波作用下的最大弹塑性层间位移角 X 向为 1/186，Y 向为 1/219（见文献[1]第 3.10.4 条条文说明），小于文献[1]第 3.10.3 条条文

说明中关于中等破坏位移角（3～4）[Δu_e]，即 1/183～1/137.5 的要求，两个方向层间位移角均小于结构整体抗震性能指标的罕遇地震层间位移角限值 1/183，构件未超过中度损坏，修复后仍然可以继续使用。

罕遇地震下结构框架损伤情况总结如下。

1）特别关键部位的单跨悬挑型钢混凝土柱仅轻微损坏，型钢混凝土柱内型钢及钢筋均未屈服，其余斜框架梁、柱均处于弹性状态，结构在大震作用下仍有较大冗余度。

2）结构大多数框架柱、梁和斜撑均处于弹性状态，结构关键构件如悬挑部位及转换梁、柱均未屈服进入塑性，大部分为轻微损伤，部分悬挑梁端部的梁上柱中度损坏，但钢筋均未屈服。

3）在结构的悬挑部位，框架梁、柱在楼板的角部、收进部位、开洞部位的楼板有较轻微—轻度的损伤，损伤区域的钢筋并未屈服进入塑性，楼板能够传递地震作用下的水平力。

3. 极罕遇地震补充计算

考虑到本工程结构复杂性及重要性，对本工程关键构件、特别关键构件以及钢结构螺旋交通体补充极罕遇地震作用下复核验算，结构层间位移角各层均未大于 1/110；关键部位未出现中度以上损坏，一般部位框架出现较多构件发生的中度损坏，但均无重度损坏，结构自身的冗余度充足。

验算特别关键构件的单跨悬挑型钢混凝土柱仅出现轻度损坏（图 14.3-7）；钢结构螺旋交通体个别构件进入塑性，而钢柱底部最大应力比为 0.82（图 14.3-8），可满足极罕遇地震下不屈服的性能要求。

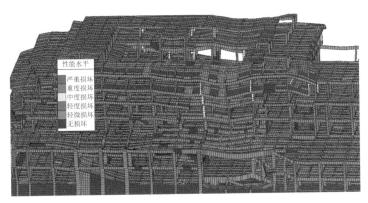

图 14.3-7　关键部位框架性能情况

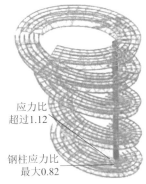

图 14.3-8　螺旋交通体验算

14.3.6　楼盖舒适度分析

本工程上部各层存在大跨度、大悬挑部位，设计应重点考虑楼盖舒适度。根据《高层建筑混凝土结构技术规程》JGJ 3—2010[3]、《建筑楼盖结构振动舒适度技术标准》JGJ/T 441—2019[6]并参考美国 AISC 标准[7]，办公室区域峰值加速度限值取 0.05m/s²，图书馆阅览区和室内走廊峰值加速度限值取 0.15m/s²。

采用 MIDAS Gen 分析结构竖向振动模态，其中第 1～3 阶模态自振频率分别为 2.89Hz、3.39Hz、3.56Hz，如图 14.3-9 所示。根据模态选择分析楼盖区域为第 7 层开大洞形成连廊位置及第 4 层大跨度区域（图 14.3-10），建筑功能主要为阅览区及室内走廊。结合建筑功能和人流分布情况，施加人群原地踏步、齐步行走、原地跳跃三种行走激励，其中原地踏步、原地跳跃出现概率较低，只是小部分人群发生的行为。参照法国《人行天桥设计指南》[8] 考虑行人人群密度，最终将小部分人群人数定义为"10 人及 10 人以下"[9]。在选定的各区域输入时程荷载如图 14.3-11 所示。

(a) 第 1 阶（$f = 2.89\text{Hz}$）

(b) 第 2 阶（$f = 3.39\text{Hz}$）

(c) 第 3 阶（$f = 3.56\text{Hz}$）

图 14.3-9　结构整体模型 1～3 阶竖向自振模态

(a) 7 层分析区域

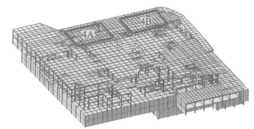

(b) 4 层分析区域

图 14.3-10　楼盖舒适度分析区域

(a) 7A 区

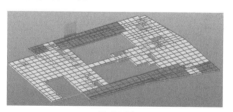

(b) 7B 区

(c) 4A 区

(d) 4B 区

图 14.3-11　各区域时程荷载输入示意图

经各区域三种行走激励计算，得到各区域最不利工况分析结果如表 14.3-3 所示，可见小部分人群原地踏步及跳跃工况对于楼盖舒适度较为不利。最大峰值加速度位于 7A 区，在小部分人群原地跳跃时达 0.128m/s²，加速度曲线见图 14.3-12；其次为 7B 区，小部分人群原地踏步时加速度曲线见图 14.3-13。

由计算结果可知，楼盖在最不利工况下阅览区、室内走廊和大跨度区域的竖向加速度时程最大值均不超过 0.15m/s²，满足楼盖舒适度要求。

楼盖舒适度最不利工况分析结果　　　　　　　　　　　表 14.3-3

区域	工况	频率（Hz）	峰值加速度（m/s²）
7A	小部分人群原地跳跃	2.9	0.128
7B	小部分人群原地踏步	2.4	0.069
4A	小部分人群原地跳跃	3.1	0.051
4B	小部分人群原地踏步	3.1	0.059

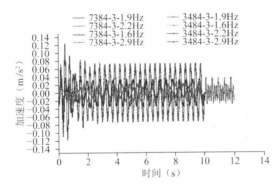 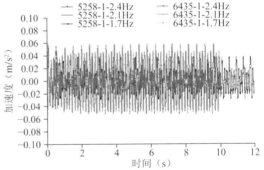

图 14.3-12　7A 区小部分人群原地跳跃时程曲线　　图 14.3-13　7B 区小部分人群原地踏步时程曲线

14.3.7　抗连续倒塌分析

1. 主体框架结构

综合考虑结构布置及竖向构件失效后引起连续倒塌的可能性，选取本工程 4～6 层北侧单柱大悬挑位置框架作为主体结构抗连续倒塌分析部位。

运用 MIDAS Gen 软件，分别对结构各个分析部位采用拆除杆件法进行计算。由于分析部位有型钢混凝土构件，选择将组合截面折算为钢材，则荷载组合的效应设计值 S_d 可与钢材强度 f 进行比较。为简化判断过程，考虑当与失效构件相连接构件应力不超过 $f/2$，剩余构件应力不超过 f 时，结构即满足抗连续倒塌设计要求。

以一榀框架为例，分别拆除图 14.3-14 中杆件 1～6 进行计算。以杆件 2 为例，拆除杆件前后框架应力状态如图 14.3-15 所示。拆除杆件 2 后，传力路径改变，其中顶层挑梁根部拉应力由原平衡状态 54.2MPa 上升至 85.5MPa；压应力最大部位为顶层下弦杆根部，最大应力由平衡状态 36MPa 上升至 95.6MPa，但均小于限值。

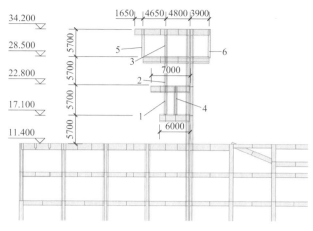

图 14.3-14 单柱悬挑部位杆件编号

经逐次拆杆计算，结果证明剩余结构具备足够的承载力。对 900mm × 1800mm 型钢混凝土单柱沿柱高施加偶然荷载（图 14.3-16），考虑结构的重要性，将偶然荷载由 80kN/m² 加大至 90kN/m²，结果显示，在柱全高输入偶然荷载的极端条件下结构仍有足够的安全储备，证明主体结构具备抗连续倒塌能力。

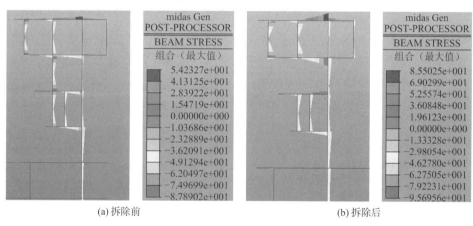

(a) 拆除前　　　　　　　　　　　　(b) 拆除后

图 14.3-15 单柱悬挑框架拆除杆件 2 前后应力图（MPa）

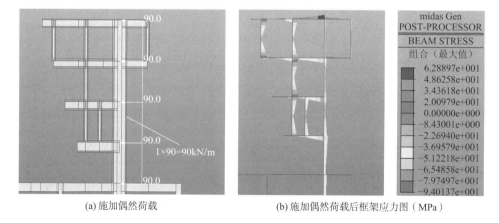

(a) 施加偶然荷载　　　　　　　(b) 施加偶然荷载后框架应力图（MPa）

图 14.3-16 型钢混凝土单柱施加偶然荷载验算

2. 钢结构螺旋交通体

采用拆除杆件法，对钢结构螺旋交通体各层悬挑桁架与钢柱相连的腹杆及弦杆进行拆除（图 14.3-17），分析逐一拆除后剩余结构杆件内力。结果表明，与拆除杆件相连构件应力均小于 $f/2$，其余构件应力小于 $f = 305\text{MPa}$，证明钢结构螺旋交通体结构具有较好的二次传力路径及冗余度，不会因个别桁架杆件破坏发生连续倒塌。

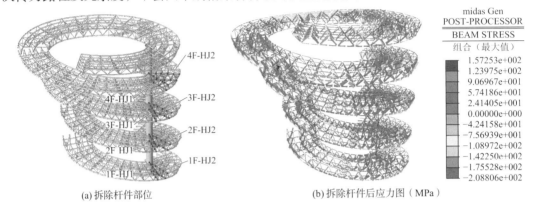

(a) 拆除杆件部位　　　　　　　　　(b) 拆除杆件后应力图（MPa）

图 14.3-17　钢结构螺旋交通体拆除杆件部位及拆除杆件后应力图

由于钢结构螺旋交通体自身依靠 1~4 层单根钢柱作为竖向支承，钢柱成为关系结构体系是否成立的关键构件，若采用拆除杆件法拆除钢柱则结构体系不再成立，因此对钢柱施加 80kN/m^2 的侧向偶然作用，考虑结构重要性，计算时作用值放大 1.1 倍（图 14.3-18）。

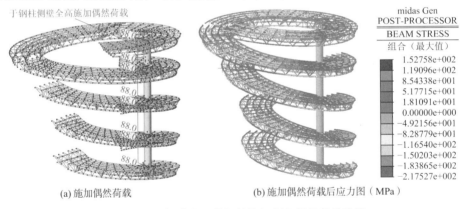

(a) 施加偶然荷载　　　　　　　　　(b) 施加偶然荷载后应力图（MPa）

图 14.3-18　螺旋交通体钢柱施加侧向偶然荷载验算

对钢柱分别沿 $+X$、$-X$、$+Y$、$-Y$ 方向施加侧向偶然荷载后，位于与钢柱相连部位的桁架杆件对应作用组合的效应设计值，绝对值最大值为 250MPa，而钢柱自身仍处于较低的应力状态，结构所有杆件均未超出承载力设计值 $R_d = f = 305\text{MPa}$，证明结构满足抗连续倒塌要求。

14.3.8　关键节点有限元分析

本工程中，钢结构螺旋交通体与主体结构连接支座及悬挑桁架与 $\phi1100\text{mm} \times 28\text{mm}$ 独立钢柱连接节点受力情况复杂，"书岛"房中房钢结构箱形钢柱与下部型钢混凝土柱内 H 型钢采用 80mm 厚转换钢板连接，节点受力情况须结合设定的性能目标进行关键节点有限元分析。

选取以上部位节点采用 MIDAS FEA 软件进行有限元分析，分析模型采用实体单元，分别读取钢结构与主体结构组合后由可变荷载控制的基本组合以及大震组合内力进行加载计算。钢结构螺旋交通体与主体结构连接支座、悬挑桁架与独立钢柱连接节点计算结果如图 14.3-19、图 14.3-20 所示。

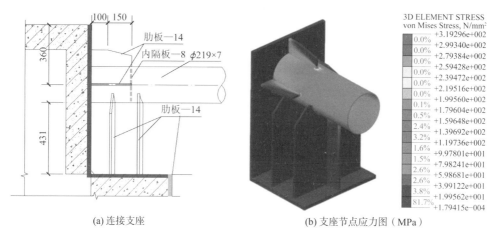

(a) 连接支座 　　　　　　　　　(b) 支座节点应力图（MPa）

图 14.3-19　钢结构螺旋交通体与主体结构连接支座及节点应力图

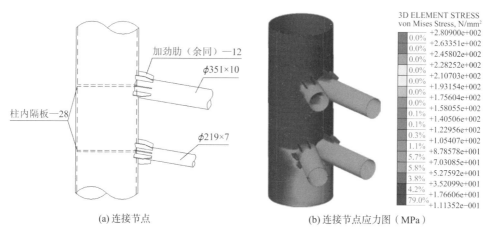

(a) 连接节点 　　　　　　　　　(b) 连接节点应力图（MPa）

图 14.3-20　悬挑桁架与钢柱连接节点及其应力图

钢结构螺旋交通体与主体结构连接支座在最不利荷载组合 1.1（1.3D + 1.5L + 0.9T）作用下 von Mises 应力最大值为 319.3MPa（其中，D 为恒载、L 为活载、T 为温度荷载），最大应力出现于上部支座肋板与桁架主管交接局部，通过桁架主管内增设加劲板以消除局部应力集中，控制最大应力降至 305MPa 以下。悬挑桁架与钢柱连接节点在最不利荷载组合 1.1（1.3D + 1.5L + 0.9T）作用下 von Mises 应力最大值为 280.1MPa，小于 $f = 305$MPa，满足要求。

如图 14.3-21 所示，"书岛"房中房柱底支座节点在最不利荷载组合 1.1（1.2D + 0.6L + 1.3Eh）作用下 von Mises 应力最大值为 207.7MPa（其中 Eh 为大震水平地震作用），节点设计满足设定的性能目标要求。

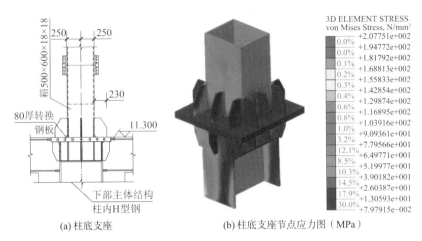

(a) 柱底支座   (b) 柱底支座节点应力图（MPa）

图 14.3-21 "书岛"房中房柱底支座及节点应力图

14.4 基础设计及结语

本工程场地处于扬子准地台、遵义断拱、贵阳复杂构造变形区，地质构造较复杂。勘察场区地形地貌为溶蚀—侵蚀低中山地貌，场地由北至南逐渐降低，场地地面高程为1279.00～1313.00m，高差 34m。

场地岩土体构成自上而下依次为：素填土、红黏土、强风化泥质白云岩、中风化泥质白云岩。场地基岩为三叠系中统花溪组（T2h）泥质白云岩，为可溶岩，整个场区施工完成的 1056 个钻孔中，共有 393 个钻孔钻遇溶洞，钻孔遇岩溶率为 37.2%，相邻柱基基岩面相对高差大于 5m，按《贵州省建筑岩土工程技术规范》DBJ 52/T046—2018[10] 第 7.1.3 条规定，将岩溶发育程度划分为岩溶强发育场地。地质勘察局部典型剖面如图 14.4-1 所示。

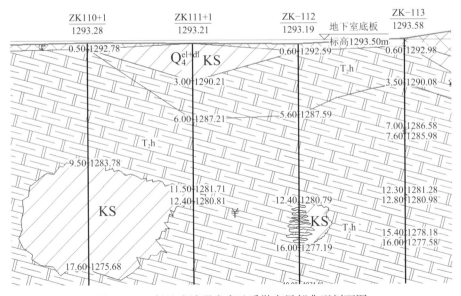

图 14.4-1 场地岩溶强发育地质勘察局部典型剖面图

根据地勘报告，本工程基础持力层采用中风化泥质白云岩，地基承载力特征值f_a＝3000kPa，基础形式为大直径摩擦端承桩、柱下独立基础及条形基础。桩基采用机械成孔，遇溶洞桩基按揭穿处理，桩基最大直径2.2m，最大桩长20m。

本工程根据建筑体型及内部功能，采用了经济合理的结构形式及结构布置，并针对结构整体及局部合理选取了相应抗震措施。针对工程结构特点及不规则情况，综合考虑建筑规模及功能，结构整体抗震性能目标定为 C 级，将特别关键部位尤其是少年儿童图书馆钢结构螺旋交通体竖向构件性能目标提高至 B 级，并经结构罕遇及极罕遇地震下弹塑性计算，验证了结构震后性能状况可达到所设定的抗震性能要求。通过大跨度、大悬挑部位楼盖舒适度分析表明满足楼盖舒适度要求；针对关键部位的抗连续倒塌分析结果验证了结构具备足够冗余度；选取关键部位连接节点进行了有限元节点分析，结果证明了关键节点的安全性。

本工程自建成并投入使用以来，已成为贵州文化展示和全省图书文献资源、发展支撑和事业统筹中心，并入选 2023 年在冂麦哥本哈根举行的"第二十八届世界建筑师大会展览"中国馆参展项目。

参 考 文 献

[1]　住房和城乡建设部. 山地建筑结构设计标准: JGJ/T 472—2020[S]. 北京: 中国建筑工业出版社, 2020.

[2]　住房和城乡建设部. 建筑抗震设计规范: GB 50011—2010[S]. 北京: 中国建筑工业出版社, 2010.

[3]　住房和城乡建设部. 高层建筑混凝土结构技术规程: JGJ 3—2010[S]. 北京: 中国建筑工业出版社, 2011.

[4]　国家质量监督检验检疫总局. 中国地震动参数区划图: GB 18306—2015[S]. 北京: 中国建筑工业出版社, 2015.

[5]　住房和城乡建设部. 钢结构设计标准: GB 50017—2017[S].北京: 中国建筑工业出版社, 2017.

[6]　住房和城乡建设部. 建筑楼盖结构振动舒适度技术标准: JGJ/T 441—2019[S]. 北京: 中国建筑工业出版社, 2019.

[7]　American Institute of Steel Construction. Steel Design Guide series 11—Floor Vibrations Due to Human Activity [S]. AISC, 2003.

[8]　Research Fund for Coal and Steel. HiVoSS (Human induced Vibrations of Steel Structures): Design of Footbridges-Guideline[S]. RFCS, 2008.

[9]　潘宁, 人行荷载下楼板振动响应舒适度研究[D]. 北京: 中国建筑科学研究院, 2012.

[10] 贵州省住房和城乡建设厅. 贵州省建筑岩土工程技术规范: DBJ 52/T046—2018[S]. 北京: 中国建筑工业出版社, 2018.

获奖信息

2020 年　贵州省优秀工程咨询成果奖一等奖

2021 年　贵州省"黄果树杯"优质工程

2022 年　首届贵州省优秀建筑创作设计一等奖

2023 年　入选第 28 届世界建筑师大会参展项目

第 15 章

凉都体育中心及贵州医科大学体育中心

15.1 凉都体育中心工程概况

本工程位于贵州省六盘水市中心城区,主要包括25000座的体育场,建筑面积29443m²;7000座的体育馆,建筑面积21312m²。体育场与体育馆通过大平台连为整体(图15.1-1～图15.1-4),造型上加入了"风"的意向,整个平面充满动感和活力。

本工程设计使用年限50年,结构安全等级为二级,基础设计等级为乙级,设防类别为重点设防类,抗震设防烈度为6度,设计地震分组为第二组,场地类别为Ⅱ类,基本风压0.35kN/m²,基本雪压0.35kN/m²,年平均气温12.3℃,最热月七月平均气温20℃,最冷月一月平均气温3℃。

图 15.1-1 凉都体育中心建筑鸟瞰图

图 15.1-2 凉都体育中心建筑立面图

图 15.1-3　凉都体育场实景　　　　　图 15.1-4　凉都体育馆实景

15.2　凉都体育中心体育场

15.2.1　体育场下部结构体系

体育场平面呈椭圆形，下部主体为现浇钢筋混凝土斜框架结构，体育场看台混凝土结构模型如图 15.2-1 所示。框架柱混凝土强度等级为 C40，梁板为 C30，长向约 248m，短向约 227m；体育场沿长轴东西看台上每隔约 12m 设置钢结构罩棚的支座，长向看台外环向长度约 214m，框架环向柱距最内圈 7.8m，最外圈约 13m。设计方案阶段考虑了两种方案进行比较[1-5]：方案 1：按工程习惯做法，在露天长向看台下部结构设置 3 条伸缩缝分为 4 个独立混凝土结构；方案 2：作为一个独立的结构单元不设缝。

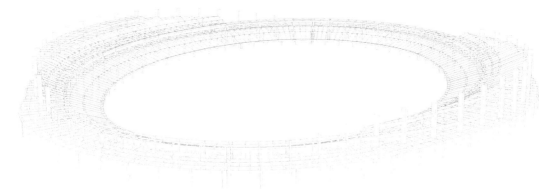

图 15.2-1　体育场看台混凝土结构模型

经试算，方案 1 下部 4 个独立混凝土框架周期与上部钢结构接近并稍大，整体刚度和扭转刚度较弱，单元之间相对振动的振型和各自的环向温差收缩变形对上部钢结构不利影响较大，特别是罩棚造型特殊，支撑最长悬挑罩棚部位的看台单元处于长向末端，横向跨数少、刚度太弱，对上部钢结构影响极为不利。

方案 2 下部结构周期为平动周期且比方案 1 缩短约 30%，整体刚度较强，结合建筑功能可在长向末端加设一片横向剪力墙，形成少墙框架结构体系加强抗震性能，但结构的温度应力较大，考虑季节温差、日照温差和混凝土收缩当量温差及设置后浇带、混凝土徐变、刚度折减等的综合影响，采用 PMSAP 分析表明，2 层板面中部温度拉应力达 4.2N/mm²，框架梁轴拉力达 1180kN，内圈框架受力过大，角部短柱超筋，需采取预应力技术控制混凝土有害裂缝的开展；3 层和 4 层板面温度拉应力在 1.2N/mm² 以下，框架梁轴拉力不到 300kN。

因六盘水市地震烈度[6]不高，为方便施工和降低造价，设计时考虑到长向看台结构主要是 2 层温度应力较大，3 层和 4 层所受约束小，宽度不大的环向超长看台抵抗温度作用较强，采用了底部楼层分缝而上部楼层连接的处理方法[2]（图 15.2-2），仅在 2 层设置 3 道伸缩缝将长向看台分为 4 块，3 层和 4 层不设伸缩缝使长向看台连为整体。分析表明，2 层板面温度应力减小到 1.9N/mm² 以下，框架梁轴拉力在 850kN 以下，3 层和 4 层温度拉应力均与方案 1 持平，结构前三个周期仅比方案 2 延长约 3%。为保证整体侧向刚度，2 层分缝处框架柱仍延伸到 4 层，在 3 层和 4 层平面各设置 3 道诱导结构缝控制开裂位置，钢筋混凝土采用补偿收缩混凝土（要求预压应力不小于 0.4N/mm²）分段浇筑，并根据温度应力计算配置温度及补偿收缩钢筋和后浇带，合理进行混凝土配合比设计，控制混凝土浇筑温度（5~25℃）和后浇带合龙温度（10~15℃），加强混凝土养护并添加适量的聚丙烯纤维抗裂。南北短向露天看台环向约 95m，因上面无罩棚，按规范规定每边设置 2 道伸缩缝将看台分为 3 块。

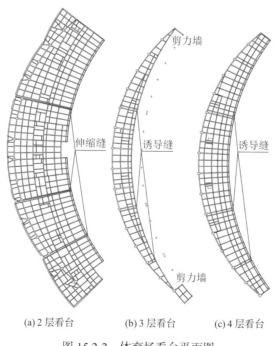

(a) 2 层看台　　　　(b) 3 层看台　　　　(c) 4 层看台

图 15.2-2　体育场看台平面图

15.2.2　体育场上部结构体系

体育场上部每片罩棚结构覆盖的投影面积约 8200m²，考虑建筑效果的要求，采用长悬臂矩形立体管桁架结构(图 15.2-3),每片钢罩棚径向桁架共 20 榀,悬挑长度 3.62～33.18m,外观曲面流畅,结构构件布置简洁,受力明确,最长的管桁架上支座处截面约 2.7m×4.7m,悬挑末端截面约 1.6m×1.5m,采用 Q345B 圆管,最大弦杆尺寸为 ϕ402mm×16mm。桁架间通过 4 道环向桁架相连,管桁节点采用相贯焊接节点,并和屋面支撑共同形成一个空间系统,环向长度约 247m,采用 Q235B 矩形管,檩条截面尺寸为 400mm×200mm。每榀悬臂管桁架由铸钢节点支座支撑于看台后端的型钢混凝土框架塔柱上,将其中 13 榀桁架向后延伸 10 余米并向下弯曲至地面铰支座,平衡了大部分倾覆弯矩;复杂和重要的节点如支座采用了铸钢节点(图 15.2-4),铸钢件材质为 G20Mn5。

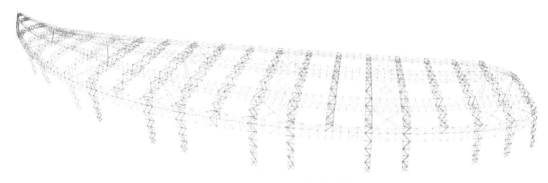

图 15.2-3　体育场钢罩棚模型

(a)管桁架上部看台混凝土支座　　　　　　　　　　(b)管桁架弦杆底部支座

图 15.2-4　体育场钢罩棚铸钢支座节点

15.2.3　体育中心屋盖风洞试验

本工程体育场和体育馆屋盖钢结构跨度大,外形特殊,在强风作用下的风荷载分布较为复杂,其体型系数无现成资料可供借鉴,体育场屋盖最高点高度约 32.4m,体育馆屋盖最高点约 34.5m,中心距离约 280m(净距约 115m),故宜考虑风力相互干扰。在湖南大学风工程试验研究中心对凉都体育中心体育场和体育馆进行了刚性模型风洞试验(图 15.2-5),得到建筑表面的平均风压和脉动风压,用于整体结构设计和围护结构设计;在天津大学建筑工程学院钢结构研究所采用流体力学程序建立模型进行了数值模拟风洞分析和研究，以用于分析比较。

图 15.2-5　体育场、体育馆风洞试验现场

刚性模型风洞试验的大气边界层流场模拟为 B 类地貌风场，屋盖模型比例为 1/200，体育场布置测点 820 个，体育馆布置测点 333 个，采集 24 个风向角数据，得到了不同风向角下的屋盖体型系数。分析表明，体育场东西看台和体育馆体型系数大致成反对称，风力相互干扰性不强。采用 ANSYS 软件对屋盖的动力响应和等效静力风荷载进行分析，12 个风向角下体育场西看台和东看台最大竖向位移的最大风振系数分别为 1.49～2.53 和 1.47～2.35；4 个风向角下体育馆屋盖中心竖向位移响应的风振系数为 1.20～1.64，体育馆屋盖边缘 2 圈支座最大风振系数为 1.39～1.66。

图 15.2-6（a）～（d）所示为体育场西看台主要风向角的体型系数，括弧内数值为相应风振系数，图 15.2-6（e）所示为东看台正东风向的体型系数，图 15.2-6（f）所示为西看台风振系数；图 15.2-7 所示为体育馆风向为东偏南 60°的体型系数。对于围护结构设计，各测点 50 年重现期西看台的最大和最小极值风压分别为 0.97kPa 和 −1.64kPa，东看台最大和最小极值风压分别为 0.91kPa 和 −1.63kPa；体育馆最大和最小极值风压分别为 0.89kPa 和 −1.38kPa（图 15.2-8）。

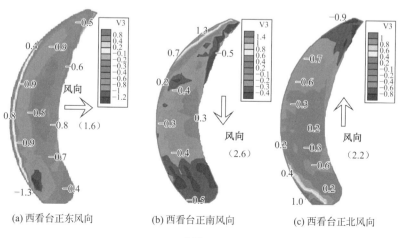

(a) 西看台正东风向　　　　　(b) 西看台正南风向　　　　　(c) 西看台正北风向

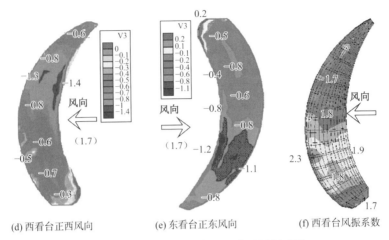

(d) 西看台正西风向　　　　　(e) 东看台正东风向　　　　　(f) 西看台风振系数

图 15.2-6　体育场看台体型系数及风振系数

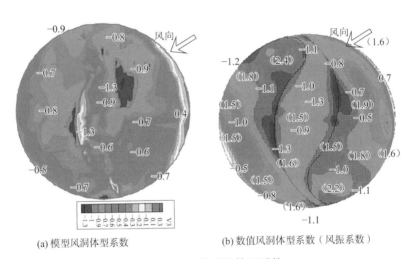

(a) 模型风洞体型系数　　　　　(b) 数值风洞体型系数（风振系数）

图 15.2-7　体育馆体型系数

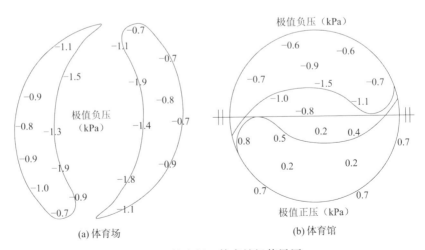

(a) 体育场　　　　　　　　　(b) 体育馆

图 15.2-8　体育场、体育馆极值风压

数值模拟风洞试验采用 fluent 流体力学程序建立其物理模型,计算流域取 1500m×1000m×80m,选用标准k-ε湍流模型进行 24 个风向角的数值风洞分析,获得不同风向角下的屋盖体型系数;根据分析得到风压系数分布,对屋盖钢结构进行有限元时程响应分析,得到了不同风向角下屋盖结构的风振系数,体育场屋盖的综合位移风振系数为 1.81~3.17,平均值为 1.99;体育馆屋盖不同风向角下综合位移风振系数为 1.51~1.65,平均值为 1.57。分析表明,数值模拟风振系数与模型风洞试验吻合较好〔见图 15.2-6(f)、图 15.2-7(b)〕;双面净风压体型系数西看台和体育馆与模型风洞试验大致相同,但上、下表面各自的体型系数有一定的差异,主要是上表面的吸力大于模型风洞试验的结果,东看台在少数方向体型系数差异较大,主要表现在与西看台反对称性不强,局部区域风压发生突变(图 15.2-9),合理性不如模型风洞试验,说明对于复杂开敞结构的边缘风压模拟有待改进。

对于复杂体型的钢屋盖,风压分布的不均匀性对结构特别是局部区域影响较大,本工程设计时风荷载取值主要按模型风洞试验的结果参考数值模拟结果调整,分别考虑多个风向角对应的体型系数和风振系数值输入计算,考虑到场馆可能分期建设,反对称的区域取大者,以保证结构的安全性。

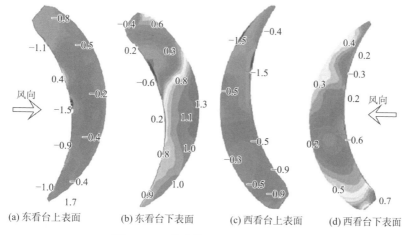

(a) 东看台上表面　　(b) 东看台下表面　　(c) 西看台上表面　　(d) 西看台下表面

图 15.2-9　数值模拟风洞体型系数

15.2.4　体育场屋盖结构计算分析

钢结构屋盖体型复杂,采用 3D3S 软件进行计算,MIDAS 软件复核,设计时体育场屋面覆盖恒荷载和活荷载均取 0.5kN/m²,马道恒荷载取 1.0kN/m²,设备按各专业提供的实际值;温度作用取±30℃,屋面风荷载体型系数和风振系数按照风洞试验的结果作适当简化后计算。分析时分别建立了钢罩棚结构模型(图 15.2-3)和钢罩棚与下部看台结构共同工作的整体模型(图 15.2-10)。分析表明整体模型计算结果周期延长(图 15.2-11、表 15.2-1),悬臂管桁架末端竖向位移增大 7.5%(表 15.2-2),采取内力包络设计确定杆件截面。体育场屋面部分析架分格较大,屋面面内刚度较弱,建筑造型不允许全部悬臂管桁架向后弯曲落地且桁架柱落地段不能设柱间支撑，根据数值模拟有限元时程响应分析结果和建议，在有落地桁架柱的屋面区格内设置十字形平面桁架支撑，长悬臂一侧罩棚末端连续 3 榀落地桁架间均设置屋面支撑，分析表明结构整体侧向刚度和屋面面内刚度较弱问题得到改善。

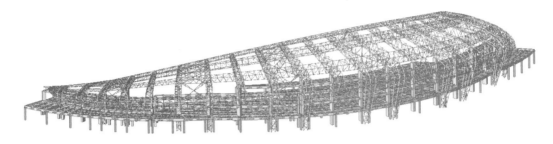

图 15.2-10　体育场钢罩棚与下部结构整体计算模型

(a) 第 1 阶

(b) 第 2 阶

(c) 第 3 阶

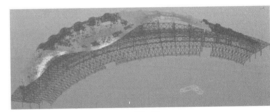

(d) 第 4 阶

图 15.2-11　体育场第 1～4 阶振型

体育场各种计算模型的振动周期（MIDAS Gen 计算）　　表 15.2-1

下部混凝土结构周期 （前 3 个周期）	钢罩棚（整体模型无支撑） （前 3 个周期）	钢罩棚（整体模型有支撑） （前 3 个周期）	钢罩棚（单独模型有支撑） （前 3 个周期）
0.465s（横向平动）	0.677s（纵向平动＋横向平动）	0.608s（横向平动）	0.507s（纵向平动＋扭转）
0.427s（纵向平动）	0.600s（横向平动＋纵向平动）	0.585s（纵向平动）	0.483s（横向平动）
0.386s（扭转）	0.512s（扭转＋纵向平动）	0.496s（纵向平动＋扭转）	0.420s（横向平动）

体育场位移计算结果　　表 15.2-2

33.2m悬挑端 最大竖向位移	向下 173mm，向上 24mm （单独模型）	向下 186mm，向上 27mm （整体模型）
钢罩棚下支座 最大内力	竖向：3046kN（向下），2749kN（向上） 横向：2818kN，纵向：1194kN	
钢罩棚上支座 最大内力	竖向：2931kN（向下），545kN（向上） 横向：782kN，纵向：465kN	

采用 MIDAS Gen 软件进行了 2 种组合工况[7]（工况 1：恒荷载 + 活荷载；工况 2：恒荷载 + 上吸风荷载）的线性屈曲分析和非线性稳定分析，分析结果表明，工况 1 无支撑时第 1～6 阶分别为长悬臂一侧罩棚末端、中间一段连系桁架和一榀主桁架屈曲，设置支撑后前 200 阶为局部屈曲，其中前 44 阶为各支撑局部屈曲，荷载系数 7～38（图 15.2-12），第 45 阶中间一段连系桁架屈曲（图 15.2-13），第 87、91 阶一榀无支撑连接的主桁架及连系桁架屈曲（图 15.2-14、图 15.2-15）；工况 2 与工况 1 情况相似。非线性稳定分析结果表明，工况 1 和工况 2 破坏模态均为中部支撑屈曲，荷载因子分别为 3.6 和 5.2。设计时分别按屈曲模态下极限荷载，根据欧拉公式反算检验屈曲的典型支撑、桁架杆件的计算长度取值，保证杆件稳定性满足要求，同时，屋面次结构主檩条取 400mm × 200mm 的矩形管也起到增强屋面刚度的作用，确保工程满足整体稳定性要求。

图 15.2-12　体育场第 1 阶屈曲模态

图 15.2-13　体育场第 45 阶屈曲模态

图 15.2-14　体育场第 87 阶屈曲模态

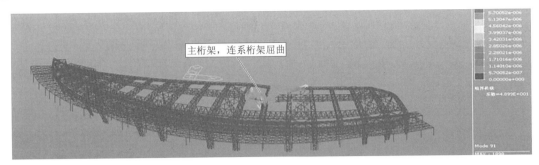

图 15.2-15　体育场第 91 阶屈曲模态

15.2.5　体育场屋盖关键节点有限元计算分析

通过 MIDAS FEA 结合 MIDAS Gen 软件对本工程复杂节点，如铸钢支座、管桁架复杂连接节点进行"多尺度法"有限元分析计算。"多尺度法"通过不同尺度模型之间的耦合，实现宏观尺度与微观尺度模型的协同计算，即将单独的节点划分网格后与整体模型组合进行分析，得到更加真实的加载内力和边界条件，从而获得更准确的分析结果。

支座节点按中震弹性、大震不屈服控制设计，罩棚短悬臂末端混凝土柱顶采用弹性万向球铰释放部分纵向温度应力。有限元分析结果均满足设计要求。图 15.2-16～图 15.2-19 所示为各典型节点分析情况。

(a) 实体网格模型与整体模型组合　　　　　(b) 节点应力图（MPa）

图 15.2-16　体育场罩棚弦杆底部铸钢支座"多尺度法"有限元分析

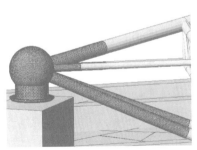

(a) 实体网格模型与整体模型组合　　　　　(b) 节点应力图（MPa）

图 15.2-17　体育场罩棚末端铸钢支座"多尺度法"有限元分析

 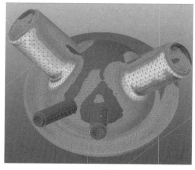 

(a) 实体网格模型与整体模型组合　　　　　　　(b) 节点应力图（MPa）

图 15.2-18　体育场罩棚上部铸钢支座"多尺度法"有限元分析

 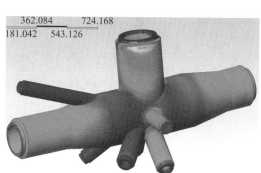

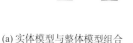

(a) 实体模型与整体模型组合　　　　　　　(b) 节点应力图（MPa）

图 15.2-19　体育场罩棚管桁架复杂铸钢节点"多尺度法"有限元分析

15.3　凉都体育中心体育馆

15.3.1　体育馆结构体系

体育馆平面呈圆形，下部主体为现浇钢筋混凝土框架结构，混凝土强度等级为 C35，地下 1~2 层看台一侧局部约 28m×45m 的大开间热身场采用型钢筋混凝土结构（图 15.3-1）。为保证下部结构的整体性，主体结构不设伸缩缝并均匀设置少量的剪力墙，形成少墙框架结构增强侧向和抗扭刚度。超长混凝土结构同体育场一样采取无缝设计和施工综合技术，钢筋混凝土采用补偿收缩混凝土分段浇筑，根据温度应力（板面中部温度应力达 2.8N/mm²）计算配置温度筋和设置后浇带等措施。下部结构主要采用 SATWE 软件分析计算。

体育馆屋盖造型独特，形状与体育场屋盖相呼应，平面圆形直径为 111.5m，采用四角锥球面网壳结构，因建筑造型需要，屋盖为中央异形凹进的球面网壳（图 15.3-2），中央凹进处采用双层网壳（厚 2.45m），其余位置采用三层网壳（厚 4.9m），矢跨比 1/6.5（图 15.3-3）。因网壳跨度较大，结合建筑平面布置，网壳周边采用双排柱（间距 9m）支撑，内圈跨度 93.5m；热身场位置约 45m 取消内排柱支撑，局部跨度 102.5m，支座处的水平反力较大，下部混凝土柱不能满足支座反力要求，设计时设置限位不大于 65mm 的弹性减震万向球铰支座释放部分水平推力。

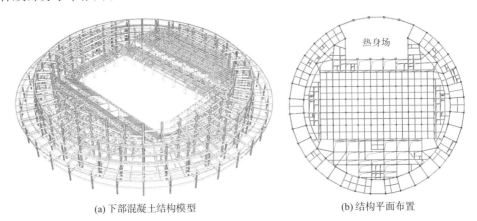

(a) 下部混凝土结构模型   (b) 结构平面布置

图 15.3-1   体育馆下部混凝土结构模型及结构平面布置

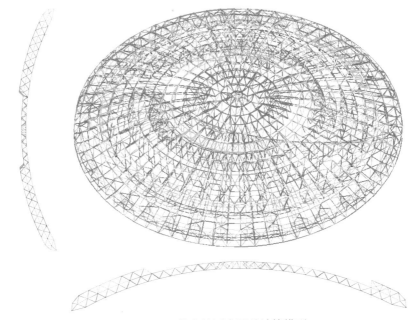

图 15.3-2   体育馆网壳屋盖计算模型

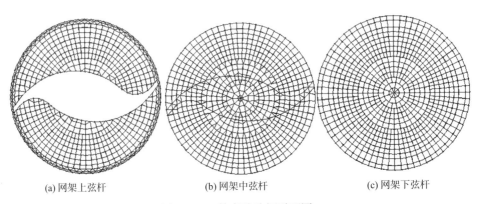

(a) 网架上弦杆   (b) 网架中弦杆   (c) 网架下弦杆

图 15.3-3   体育馆弦杆平面图

15.3.2 体育馆上部结构计算分析

钢结构屋盖采用 3D3S 软件计算，MIDAS 软件复核，设计时恒荷载取 0.5kN/m²，马道恒荷载（考虑设备荷载）取 2.5kN/m²，电动开启通风窗处取 1.5kN/m²，天沟取 1.0～1.5kN/m²，活荷载取 0.5kN/m²，天沟集水取 1.7kN/m²；温度作用取 ±30℃，屋面风荷载体型系数和风振系数按照风洞试验的结果作适当简化后计算。网壳分析计算时，考虑了下部混凝土框架柱的水平侧移刚度（K）变化对网壳计算的影响，分别对弹性支座刚度作 $0.5K$～$1.5K$ 变化范围内的计算进行内力包络设计。计算采用多方向、多工况的风荷载组合，考虑了 12 个方向的半跨活荷载组合以确保结构安全，计算结果见表 15.3-1。分析表明因局部采用三层网壳，结构刚度增强，有效降低了杆件内力峰值，节点为螺栓球加少量的焊接球节点，用钢量为 48kg/m²。采用 MIDAS Gen 软件进行了两种组合工况[7]（工况 1：恒荷载 + 活荷载，工况 2：恒荷载 + 上吸风荷载）的线性屈曲分析和非线性稳定分析，第 1 阶屈曲荷载系数大于 100（图 15.3-4），非线性稳定分析荷载因子为 5.8，满足整体稳定性要求。

体育馆上部结构计算结果 表 15.3-1

网壳屋盖跨中最大竖向位移	189mm（向下）
支座最大位移	58mm < 65mm
支座最大内力	竖向：1810kN（向下）， 径向：260kN，环向：230kN

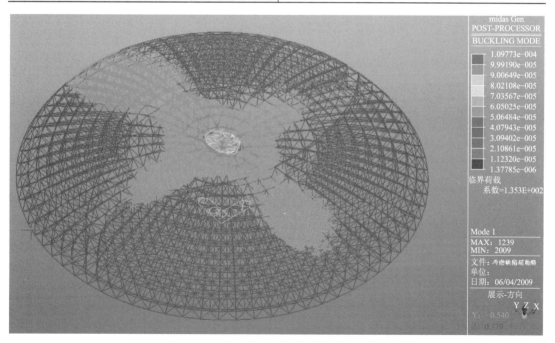

图 15.3-4 第 1 阶屈曲模态

15.4 基础设计

本工程场地地形平缓，岩体层理发育，在地下水的影响下岩溶强发育，属于典型的贵州山区复杂岩溶地基类型。岩溶主要表现为溶沟、溶槽、溶洞、溶隙等形态，下卧基岩面起伏较大，相对高差达 15m 左右，对地基影响稳定性较大；钻探遇洞率达 28%，溶洞发育高度最大达 12m，溶隙内有充填或不充填黏土，岩溶多发育层间竖直溶蚀裂隙，垂直向上发育高度相对较大。基础选用稳定的中风化白云质石灰岩为持力层，承载力特征值为 4500kPa。采用大直径机械成孔桩与人工挖孔桩相结合的灌注桩基，桩长不仅考虑柱位下完整岩体的厚度满足要求，还考虑垂直型溶槽、裂隙所形成的岩体临空面对邻近地基持力层的影响度，约 8～25m；桩顶均设连系梁。水平力较大和地质剖面起伏较大地段的桩基，嵌岩深度不小于 1.0m，其余的桩基嵌岩深度不小于 0.5m，以保证地基的稳定性，桩径为 800～3200mm。

15.5 贵州医科大学体育中心

15.5.1 项目概况

本工程位于贵州省贵安新区，为贵州医科大学贵安新区新校区体育教学及训练中心，包含体育场、游泳馆及球类综合训练馆，体育中心建筑面积约 17200m² （图 15.5-1）。建筑通过设置一围绕游泳馆、球类综合训练馆的飘带形雨棚钢结构并与体育场看台罩棚衔接，以体现各场馆造型之间互相呼应的韵律感（图 15.5-2）。

图 15.5-1 贵州医科大学体育中心鸟瞰图

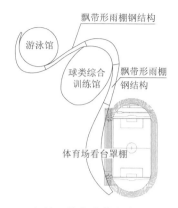

图 15.5-2 贵州医科大学体育中心平面布置图

15.5.2 结构体系概要

体育场看台钢结构罩棚采用空间桁架结构体系，游泳馆和球类综合训练馆屋盖采用双层网壳结构体系，下部主体均为混凝土框架结构。游泳馆和球类训练馆下设一层全埋人防地下室，结构嵌固端为地下室顶板；体育场看台钢结构罩棚顶长 200.5m，宽 10.4～25.3m，最大悬挑为 13.6m，结构模型如图 15.5-3 所示。

游泳馆屋盖网壳直径 68.5m，跨度 62.4m；球类训练馆屋盖网壳长 113m，宽 81.7m，短向跨度 57.4m，屋盖模型如图 15.5-4 所示。飘带形雨棚钢结构采用单排钢柱支撑悬挑平面钢桁架，最大柱距 37.5m，最大单侧悬挑 10.4m，结构模型如图 15.5-5 所示。

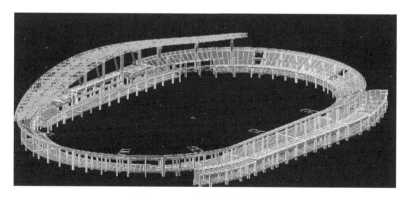

图 15.5-3 体育场结构模型

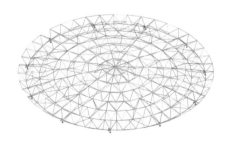

(a) 游泳馆屋盖

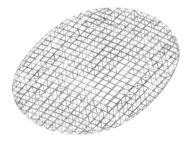

(b) 球类综合训练馆屋盖

图 15.5-4 游泳馆和球类综合训练馆屋盖模型

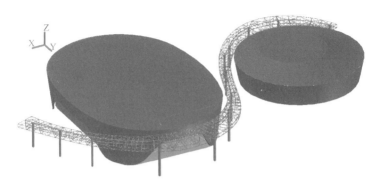

图 15.5-5　飘带形雨棚钢结构模型

15.5.3　结构分析及工程情况概要

　　本项目屋盖钢结构考虑了与下部混凝土主体结构协同计算，并进行了线性稳定分析，在"1.0 恒荷载 + λ屋面活荷载"组合作用下稳定系数λ不低于 30。考虑到工期紧张以及工程限额设计的要求，本项目体育场看台罩棚支座未采用铸钢节点，而改为空心半球节点，桁架与半球节点相贯处内设加劲板（图 15.5-6），并采用 MIDAS FEA 软件对节点进行有限元分析，结果表明，结构在恒荷载及其分别与屋面最不利活荷载、风荷载以及中震作用组合工况下均满足安全要求（图 15.5-7）。

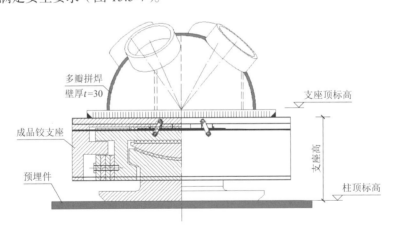

图 15.5-6　体育场看台支座节点

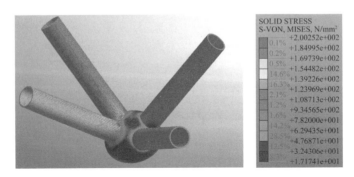

图 15.5-7　体育场看台支座节点有限元分析

本项目体育中心在设计阶段还运用了 Infraworks 软件集成场地倾斜摄影、三维地形、地质模型三种方式构建了准确直观的三维实体场景;采用 Revit 软件对各单体建筑进行 BIM 正向设计,达到 LOD300 级的模型交付深度;采用 Navisworks 软件在施工图设计阶段进行碰撞检测,及时发现各专业间的碰撞冲突问题,并通过三维协同方式解决空间冲突,优化空间及净高设计。建成后实景见图 15.5-8。

图 15.5-8　体育中心建成后鸟瞰图

15.6　结语

凉都体育中心体育场和体育馆造型特殊,屋盖分别采用立体管桁架结构和网壳结构,进行了刚性模型和数值模型的风洞试验,采用合理的结构体系并采取措施加强了结构的整体刚度。体育场下部超长混凝土采用底部楼层分缝、上部楼层连接的方法控制温度应力。基础设计克服了岩溶强发育地区建造大跨度结构的困难,取得了良好的效果。凉都体育中心的技术经验在后续贵州医科大学体育中心项目中也得到成功运用,并取得了良好的成效。

参考文献

[1] 刘宜丰，冯远，赵广坡，等. 常州体育会展中心体育场结构设计[J]. 建筑结构，2010, 40(9): 49-52.

[2] 谢靖中，朱金国，谢查俊. 超长结构温度缝的底部分缝方法[J]. 建筑结构，2002, 32(3): 24-25.

[3] 傅学怡，杨想兵，高颖，等. 济南奥体中心体育场结构设计[J]. 空间结构，2009, 15(1): 11-19.

[4] 葛家琪，王树，梁海彤，等. 河南艺术中心大剧院钢屋盖基于延性的性能化设计研究[J]. 建筑结构，2008, 38(12): 1-6.

[5] 赖庆文，周卫，陈获屹，等. 凉都体育中心结构设计[J]. 建筑结构，2011, 41(S1): 762-767.

[6] 住房和城乡建设部. 建筑抗震设计规范：GB 50011—2010[S]. 北京：中国建筑工业出版社，2010.

[7] 住房和城乡建设部. 空间网格结构技术规程：JGJ 7—2010[S]. 北京：中国建筑工业出版社，2010.

获奖信息

2017 年　贵州省土木建筑工程科技创新奖二等奖
（凉都体育中心）

2023 年　第十三届"创新杯"建筑信息模型应用
大赛一等奖（贵州医科大学体育中心）

第 16 章

黄果树游客集散中心钢结构超限设计

16.1 工程概况

本项目位于安顺市镇宁县白马湖街道，距离黄果树景区 8km，计划打造成为贵州西部旅游集散首发站。项目整体设计结合安顺当地人文元素、自然元素，通过建筑造型及场地布局，呈现出"山水石"生态公园的特点。从天空俯瞰场地，宛如凝固的瀑布，建筑置身于一片通过显山、叠水、垒石等手法塑造出来的景观之中，整个场地如同公园里的城市客厅，最美集散地静静地等待远道而来的客人（图 16.1-1）。

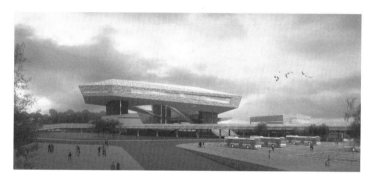

图 16.1-1　建筑效果图

项目钢结构单体建筑面积为 19289.4m²，无地下室，地上 4 层，最大平面尺寸 100m×110m，最大跨度 45m，最大悬挑长度约 16m，建筑高度为 29.1m，主要功能为展览及商业（图 16.1-2）。复杂的建筑造型给结构设计带来了挑战；单体平面和竖向不规则，属于特别不规则的建筑。

图 16.1-2　钢结构实景

16.2 设计条件及结构体系

本单体为全钢结构，项目设计使用年限为 50 年，结构安全等级为二级，抗震设防类别为乙类，抗震设防烈度为 6 度（0.05g），设计地震分组为第一组；场地类别为 II 类，特征周期为 0.35s；主体钢结构材质为 Q355B，楼板采用钢筋桁架楼承板，混凝土强度等级为 C35。综合考虑本工程钢结构均匀温度作用最大升温、降温工况为 ±30℃；因工程在夏季施工，还考虑了施工阶段的升温荷载 55 − 10 = 45℃（此施工升温荷载仅与恒荷载组合，不考虑荷载分项系数）[1]。

本项目选用三筒体连接的大跨度空间桁架结构体系，中庭屋面采用上弦四点支承的平板网架结构。同时，充分利用建筑造型的优势，连体部分选用三层桁架结构，上人层桁架通顶设计，给建筑以最大的视觉空间；桁架外表面杆件可作为屋面金属板及外幕墙体系主龙骨，从而减少了次要结构构件的数量；主桁架面内取消了部分竖杆，最大限度地提供游人活动空间；最下层为建筑造型吊挂及较多设备的摆放提供结构支撑；主桁架之间跨度最大 15.2m，下层主桁架间采用次桁架连为一体，既增加了结构冗余度，又加强了竖向刚度。如图 16.2-1、图 16.2-2 所示。

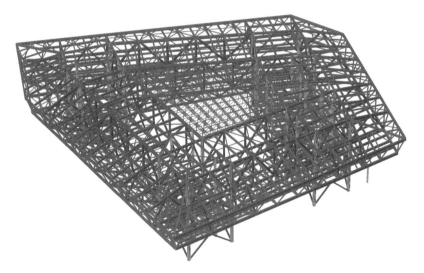

图 16.2-1　钢结构三维模型

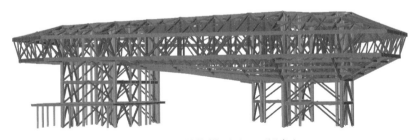

图 16.2-2　钢结构模型（立面视角）

项目钢结构部分无地下室，采用中风化石灰岩作为基础持力层，承载力特征值为3200kPa；地基基础设计等级为乙级，采用桩基础，选取基础顶为结构嵌固端，采用埋入式刚性固定柱脚。项目南侧两个筒体与带地下室的裙房间水平距离仅为 1.5m，嵌固端与裙房地下室底板有 7.0m 高差。为保证嵌固条件的有效性，在裙房地下室内设置一定数量垂直于挡土墙的钢筋混凝土墙，以增大该方向的抗侧刚度，并采取有效的施工措施，保证回填质量及成桩质量。经计算，对于邻近主体结构的裙房地下室挡土墙，在土压力及柱脚罕遇地震水平剪力的共同作用下，节点最大水平位移仅为 2.0mm，小于 6mm，裙房地下室层间位移角小于框架结构弹性位移角限值 1/550[2]的十分之一，保证了钢结构部分基础顶满足嵌固端要求。

16.3 地震弹性分析及结构超限情况

本工程采用 YJK 和 MIDAS Gen 两种计算软件进行了多遇地震下的整体抗震对比分析，分析采用振型分解反应谱法，各指标计算结果接近；并结合结构特点，对第一层进行了分塔补充计算，设计时取分塔与整体结果包络值。桁架构件设计时，采用考虑楼板刚度和不考虑楼板刚度的模型进行包络设计。

由 YJK 软件动力特性分析结果可得，第 1、第 2 周期分别为 0.591s、0.556s，振型为网架与主体结构共同平动；第 3 周期为 0.540s，振型为网架与主体结构共同扭转，周期比为 0.914；第 4 振型为网架竖向振动；第 6 振型为主体结构大跨度桁架部分的竖向振动，两者整体协调性较好（表 16.3-1）。

位移角和主桁架竖向挠度计算结果　　　　　　　　　表 16.3-1

最大层间位移角				主桁架竖向挠度	
X向		Y向		永久和可变荷载标准值下	重力荷载代表值和多遇竖向地震作用标准值下
地震	风	地震	风	1/1338（45m 跨）	1/1550（45m 跨）
1/4791（第 2 层）	1/9999（第 2 层）	1/3924（第 2 层）	1/9999（第 2 层）	1/666（悬挑）	1/731（悬挑）

根据《建筑抗震设计规范》GB 50011—2010（2016 年版）[2]和《超限高层建筑工程抗震设防专项审查技术要点》（建质〔2015〕67 号）有关规定，本工程属于特别不规则结构，超限情况如下。

（1）扭转不规则：Y向 4 层考虑偶然偏心的扭转位移比 1.25＞1.2。

（2）楼板不连续：开洞面积接近 30%有效宽度小于 50%。

（3）抗扭刚度弱：周期比大于 0.9。

（4）刚度突变：二层与三层的X向侧向刚度比 0.68＜0.7。

（5）尺寸突变：3 层连体层悬挑达 12～16m，外挑大于 10%。

（6）构件间断：3 层为连体结构。

针对本工程超限项目，采取了结构抗震性能化设计，结构性能目标定为 C 级。由于隔墙和外围护墙体与结构主体刚性连接，参考文献[2]第 3.10.3 条条文说明，结合《建筑结构专业技术措施》[3]第 6.1.1.7 条，层间位移角限值取 1/400；考虑游客集散中心重要性，适当偏严格地控制中震及大震作用下层间位移角，以保证结构不至严重损坏。结构构件抗震性能目标见表 16.3-2。

结构构件抗震性能目标 表 16.3-2

构件类型		多遇地震	设防地震	罕遇地震
关键构件	主桁架相关柱、塔楼角柱	弹性	弹性	不屈服
	主桁架	弹性	弹性	不屈服
普通竖向构件	框架柱	弹性	不屈服	钢材部分屈服，不超过极限强度
耗能构件	普通框架梁、钢支撑	弹性	不屈服	钢材部分屈服，不超过极限强度
网架		弹性	不屈服	钢材部分屈服，不超过极限强度
楼板		弹性	小部分屈服	部分屈服

采用 YJK 软件，按地震波三要素选取 5 组强震记录地震波以及 2 组人工波进行弹性时程分析，各组地震波时程分析结果中的楼层位移曲线形状较相似，且与 CQC 曲线相近；最大位移为 4.5mm，楼层位移曲线无明显突变，最大层间位移角 X 向为 1/3866，Y 向为 1/3670，反映结构侧向刚度较为均匀。7 组地震波弹性时程分析的平均值略大于规范反应谱计算的楼层剪力，最大比值为 1.065，根据文献[2]，对全楼乘以放大系数。

16.4 结构超限设计分析

16.4.1 屈曲稳定分析

本工程采用 MIDAS Gen 软件对整体模型进行特征值屈曲分析，以预测一个理想线性结构的理论屈曲强度[4]，结构的特征值屈曲求解方程为：

$$([K_e] + \lambda_i [K_g^0])\{\phi_i\} = 0 \tag{16.4-1}$$

式中 $[K_e]$——结构的刚度矩阵；

$[K_g^0]$——结构的质量矩阵；

λ_i——第 i 阶屈曲特征值；

$\{\phi_i\}$——第 i 阶特征向量，即该阶屈曲荷载作用时结构的变形形状，也即结构的屈曲模态。

屈曲荷载 = 自重 + (恒荷载 + 活荷载) × 可变系数，所有荷载均取标准值。分析获得结构前 20 阶模态均为结构楼梯间局部杆件、网架杆件以及悬挑桁架下弦平面内的次梁等的屈曲变形，第 1 阶屈曲荷载因子为 10.17。主桁架结构杆件出现失稳时的屈曲荷载因子大于 30；结构具有较好的整体稳定性，且符合从局部到整体、从次要杆件到主要杆件的合理屈曲顺序。

16.4.2　抗连续倒塌分析

按照《高层建筑混凝土结构技术规程》JGJ 3—2010[5]第 3.12 节规定，采用拆除构件法分别对大跨度桁架及悬挑桁架（图 16.4-1）进行连续倒塌分析。直接根据计算的应力图来判断构件的破坏情况，对于 Q355B 钢材，$f_y = 335\text{MPa}$，当与失效构件相连接的构件应力不超过 $f_y/2$，即 167.5MPa，且其余构件应力不超过 f_y 时，可认为结构满足抗连续倒塌设计要求。

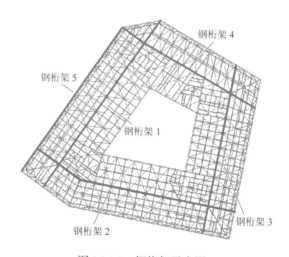

图 16.4-1　钢桁架示意图

在进行结构构件连续倒塌承载力验算时，各分析方法对应的荷载组合系数按表 16.4-1 选择，结果取荷载组合的包络值。

各分析方法对应的荷载组合系数　　　　　　　　　　　表 16.4-1

抗连续倒塌分析方法	荷载组合号	荷载组合工况	恒荷载	活荷载	风荷载	侧向偶然荷载
拆除构件法	1	恒荷载＋活荷载＋风荷载	1	0.5	0.2	—
	2		1	0.5	−0.2	—
附加荷载法	1	恒荷载＋活荷载＋偶然荷载	1	0.6	—	1
	2		1	0.6	—	−1

以钢桁架 1 的分析过程为例（图 16.4-2～图 16.4-5），拆除杆件 1 后，相邻杆件应力最大值的绝对值，由原来的 98MPa 增加至 141MPa；拆除杆件 2 后，相邻杆件应力最大值的绝对值，由原来的 98MPa 增加至 119MPa，均小于限值要求；拆除杆件 3 后，相邻杆件应力最大值的绝对值，由原来的 89MPa 增加至 192MPa，略大于限值要求，对此斜交杆件壁

厚进行加大处理，使其满足要求。综上所述，结构具有较好的鲁棒性，不会发生连续倒塌。

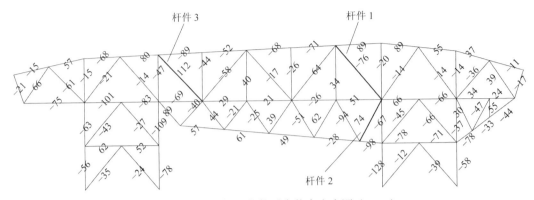

图 16.4-2　钢桁架 1 构件平衡状态应力图（MPa）

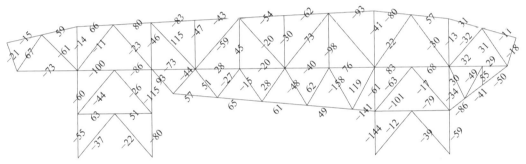

图 16.4-3　拆除杆件 1 后结构单元应力图（MPa）

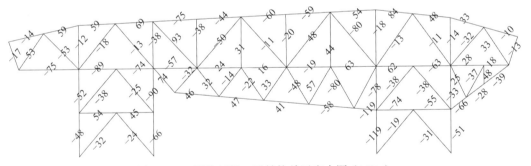

图 16.4-4　拆除杆件 2 后结构单元应力图（MPa）

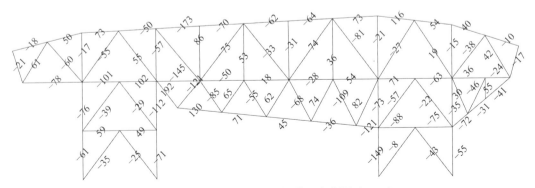

图 16.4-5　拆除杆件 3 后结构单元应力图（MPa）

由于本结构自身依靠 1～4 层钢柱作为竖向支承，钢柱为关系结构体系是否成立的关键构件，所以根据文献[5]第 3.12.6 条，对钢柱分别按±X向及±Y向 4 个方向施加 80kN/m² 侧向偶然作用，计算结果均满足规范要求。

16.4.3　楼盖舒适度分析

该工程建筑设计复杂，共享空间划分灵活，使结构整体出现多处大跨度和大悬挑等局部复杂结构，这些位置楼盖体系自振频率较低，楼盖体系在人类正常活动时容易产生令人不舒适的振动。设计中需对楼盖系统在人行激励下的竖向力分量的振动特性和加速度进行验算，以满足舒适度要求。本工程的舒适度分析中，楼盖自振频率和竖向振动加速度按文献[5]第 3.7.7 条控制，同时参考了美国 AISC 标准[6]及《建筑楼盖结构振动舒适度技术标准》JGJ/T 441—2019 的相关规定[7]。

计算采用的整体模型，去除了首层及屋面网架层非影响区域，将质量转换到Z向，通过 MIDAS Gen 软件对结构竖向振动模态进行分析，前 3 阶模态对应的自振频率分别为 3.26Hz、3.65Hz、3.75Hz，如图 16.4-6～图 16.4-8 所示。

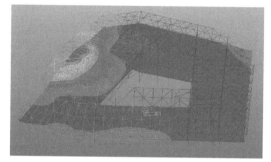

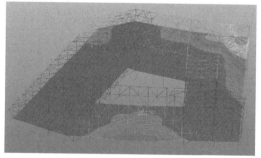

图 16.4-6　第 1 阶模态
（ $T = 0.3068\text{s}$，$f = 3.26\text{Hz}$ ）

图 16.4-7　第 2 阶模态
（ $T = 0.2740\text{s}$，$f = 3.65\text{Hz}$ ）

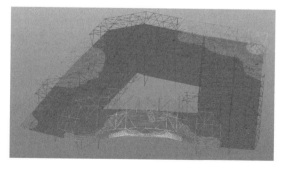

图 16.4-8　第 3 阶模态
（ $T = 0.2670\text{s}$，$f = 3.75\text{Hz}$ ）

根据模态分析结果，确定楼板振动的最不利区域，如图 16.4-9 所示，将第 3 层（人员活动层）分为 1A、1B、1C、1D、1E、1F、1G、1H 八个区域进行楼盖竖向振动加速度验算。结合建筑功能和人流分布情况施加等效人群原地踏步及小部分人群原地跳跃两种人行激励。本工程结构阻尼比取 0.02，偏保守地不放大弹性模量，将楼板视作弹性体，不考虑其几何及材料非线性；荷载转换质量取为 1.0 恒荷载 + 0.25 活荷载。

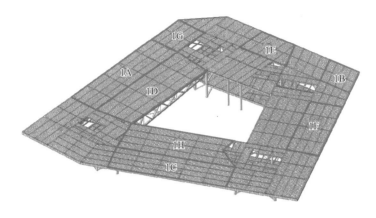

图 16.4-9　楼盖舒适度分析区域

（1）等效人群原地踏步。人群激励相关参数为：每人重量按照 0.70kN，人群密度为 0.5 人/m²（稍密状态[7]）。正常使用情况下的大跨度结构，通常会受到很多同步人群产生的荷载激励作用，但是研究人群在结构上同时产生的步行力是困难的，为简化计算，将在结构楼板上行走的 N 个行人的峰值加速度计算问题转化为 N_e 个行人同频率、同相位行走的峰值加速度计算问题。当人群密度 d < 1.0 人/m² 时，等效人数计算公式[8]为：

$$N_e = 10.8\sqrt{n \cdot \zeta} \tag{16.4-2}$$

式中　ζ——结构振型阻尼比；

　　　n——计算区域的总人数。计算时考虑计算区域最小频率被整数整除后落在 1.6～3.1Hz 范围附近的频率，时程激励函数[9]选用软件自带函数。

（2）小部分人群原地跳跃。人跳跃完全同步的概率较低，本工程将小部分人群数定义为"10 人及 10 人以下"，连续跳跃荷载按正弦变化，跳跃的荷载频率在 1.8～3.4Hz 之间，计算时考虑计算区域最小频率被整数整除后落在 1.8～3.4Hz 范围附近的频率，时程函数[10]表达式：

$$\begin{cases} F(t) = (\pi Q/2\alpha)\sin(\pi t/t_p) & (0 \leqslant t \leqslant t_p) \\ F(t) = 0 & (t_p \leqslant t \leqslant T_p) \end{cases} \tag{16.4-3}$$

式中　Q——荷载的密度（每单位面积的等效重量）；

　　　t_p——接触的持续时间；

　　　T_p——人跳跃一次的持续时间；

　　　α——接触比，$\alpha = t_p/T_p$（取 0.5）。

通过表 16.4-2 分析结果可知，除 1A 区域外，楼盖在等效人群原地踏步、小部分人群原地跳跃工况下大跨度及大悬挑区域的竖向加速度时程最大值均不超过 0.15m/s²，其中 1A

区域为 0.162m/s²，小于 0.18m/s²[6]，可见，充分利用建筑造型，合理布置三层桁架，刚好能满足规范对舒适度的要求。

各区域竖向振动峰值加速度最不利分析结果　　　　表 16.4-2

区域	最不利工况	控制频率/Hz	峰值加速度/（m/s²）
1A	等效人群原地踏步	3.1	0.162
1B	小部分人原地跳跃	3.4	0.136
1C	小部分人原地跳跃	3.4	0.076
1D	等效人群原地踏步	2.0	0.061
1E	等效人群原地踏步	2.6	0.071
1F	等效人群原地踏步	3.1	0.031
1G	小部分人原地跳跃	3.4	0.123
1H	等效人群原地踏步	3.1	0.046

16.4.4　关键节点有限元分析

本项目存在较多受力复杂的空间节点，是保证各杆件之间有效传力且共同工作的关键所在，结合主体结构布置形式及受力特点，选取的关键节点（图 16.4-10）为：

节点 1——柱与主梁及中心支撑相交节点；

节点 2——悬挑桁架弦杆及腹杆与柱相交节点；

节点 3——大跨度桁架弦杆及腹杆与柱相交节点；

节点 4——大跨度桁架及悬挑桁架杆件与柱相交节点 1；

节点 5——大跨度桁架及悬挑桁架杆件与柱相交节点 2；

节点 6——悬挑桁架与外围环桁架相交节点。

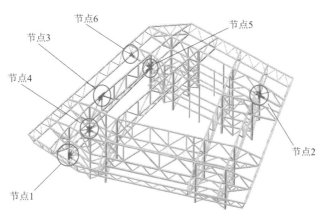

图 16.4-10　关键节点在整体模型中的位置

采用 MIDAS FEA 和 MIDAS Gen 软件进行节点有限元协同分析，在 MIDAS FEA 中建立节点实体模型并划分网格，再组装回 MIDAS Gen 整体结构模型中，对整体模型在指定的荷载组合下运行分析，最后读取节点实体单元分析结果。此种方法省略了传统分析方法的边界条件假设和荷载输入，结果更为可靠。分析时不对焊缝进行单独建模，并忽略焊接残余应力的影响，认为所有的焊接均为等强连接。

（1）在多遇地震作用与其他作用效应组合下，找到节点对应杆件在整体模型计算时应力比最大的荷载组合作为节点分析组合（表 16.4-3）。经过计算，在大跨度桁架及大悬挑桁架部位，温度作用对杆件内力影响最明显，所以选择由温度作用参与的荷载组合进行节点分析。

（2）采用对应第三性能水准的荷载组合，检验节点是否满足大震不屈服的抗震性能目标。

节点有限元分析荷载组合　　　　　　　　　　表 16.4-3

荷载组合号	荷载组合
1	1.3 恒荷载 + 1.5 活荷载 + 1.5×0.6 温度作用
	1.3 恒荷载 + 1.5×0.7 活荷载 + 1.5 温度作用
2	1.0 恒荷载 + 0.5 活荷载 + 0.4 水平地震作用 + 1.0 竖向地震作用
	1.0 恒荷载 + 0.5 活荷载 + 1.0 水平地震作用 + 0.4 竖向地震作用

限于篇幅，本节只列出节点 5、6 的有限元分析结果，如图 16.4-11～图 16.4-14 所示。由图可知，节点在荷载组合 1 作用下，最大应力均未超过 Q355B 钢材强度设计值 290MPa，在荷载组合 2 作用下，最大应力均未超过 Q355B 钢材屈服强度值 335MPa，可见节点仍在弹性范围内，且满足关键节点大震不屈服的性能要求。

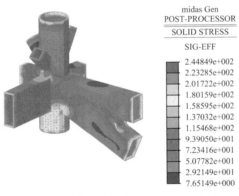

图 16.4-11　节点 5 在组合 1 作用下的应力图
（MPa）

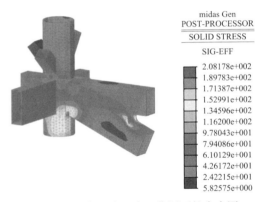

图 16.4-12　节点 5 在组合 2 作用下的应力图
（MPa）

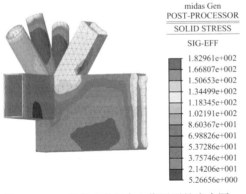

图 16.4-13　节点 6 在组合 1 作用下的应力图
（MPa）

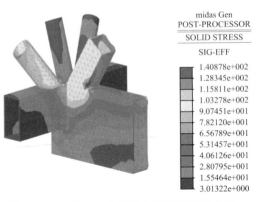

图 16.4-14　节点 6 在组合 2 作用下的应力图
（MPa）

综上，节点均能保证结构安全；另外，由于实体模型边界节点与整体结构模型单元节点采用刚性连接模拟，约束了所有自由度，致使部分节点在温度作用组合（荷载组合 1）下，最大应力未出现在节点根部，可能发生在此连接处，但均未超过钢材强度设计值。

16.4.5 罕遇地震弹塑性动力时程分析

计算软件采用 SAUSAGE，根据弹性时程分析得到的层剪力曲线应与反应谱层剪力曲线尽量吻合的角度，结合本工程大跨度悬挑复杂结构对竖向地震反应敏感的特点，地震波采用三向输入，加速度峰值比为 1.00：0.85：0.65。为让竖向地震波具有更高保证率，根据文献[2]要求计算罕遇地震时，结合建筑所在场地特性及结构的自振特性，按 $T = 0.40s$ 选取 5 条天然波和 2 条人工波进行弹塑性动力时程分析。

通过对比计算可得，大震弹塑性基底剪力约是小震弹性基底剪力的 5.78～6.93 倍，结构进入塑性偏少；顶点水平位移较小，X 向位移最大值为 0.0208m，Y 向位移最大值为 0.0246m。相比位移值而言，位移的变化规律更有研究意义，为此选取柱顶节点 28359 作进一步分析。

通过对比可知（表 16.4-4，Y 向略），节点 28359 在初始时刻（即竖向加载下）就产生了一定的水平变形，扣除此初始位移，得到地震作用引起的 X 向位移比值为 6.19～8.63，Y 向位移比值为 6.67～7.08，比值合理；结构在各组地震波作用下的最大弹塑性层间位移角 X 向为 1/630，Y 向为 1/542，小于结构整体抗震性能指标的罕遇地震层间位移角限值 1/135；同时也说明整体结构进入塑性程度很低，在罕遇地震下结构整体保持基本弹性，满足"大震不倒"的设防要求。

考虑初始位移大震弹塑性及小震弹性相同柱顶 28359 点 X 向位移对比　表 16.4-4

地震波	X 为主输入方向（初始位移 0.000877m）				
	X 向大震弹塑性（m）	X 向小震弹性（m）	X 向大震弹塑性－初始位移（m）	X 向小震弹性－初始位移（m）	大震弹塑性差值/小震弹性差值
天然波 TH040TG040_X	0.01276	0.00264	0.0119	0.0018	6.77
天然波 TH048TG040_X	0.01408	0.00280	0.0132	0.0019	6.87
天然波 TH064TG040_X	0.01484	0.00314	0.0140	0.0023	6.19
天然波 TH077TG040_X	0.01367	0.00273	0.0128	0.0019	6.91
天然波 TH092TG040_X	0.01177	0.00247	0.0109	0.0016	6.84
人工波 RH1TG040_X	0.01590	0.00262	0.0150	0.0017	8.63
人工波 RH4TG040_X	0.01577	0.00293	0.0149	0.0021	7.26
平均值	0.01410	0.00280	0.0132	0.0019	7.07
最大值	0.01590	0.00310	0.0150	0.0023	8.63

大跨度结构的竖向位移变化不容忽视。对各组地震波作用下选取大跨度部位竖向位移最大节点进行竖向位移分析，得到 Z 向位移最大值为 0.0544m，竖向位移虽然相对较小但明

显大于水平向位移，这也符合大跨度结构的特点。节点在初始荷载下产生的Z向位移占总时程最大位移的比重也较大，竖向地震作用引起的Z向位移比值在 6.12～7.94 之间，同样说明整体结构进入塑性程度很低，在罕遇地震下结构整体保持基本弹性。针对本工程特点，补充次方向大震弹塑性分析，结构顶点最大位移X向为 0.02828m，Y向为 0.02853m，发生在天然波 TH048TG040 以Y为主方向作用下和人工波 RH4TG040 以Y为主方向作用下。

各构件在大震作用下采用 7 条地震波的包络值，性能水平如下：关键部位（桁架相关柱、塔楼角柱、主桁架）构件应力均小于材料标准值，基本处于弹性状态；耗能构件大多数处于弹性状态，极少数框架梁出现轻度损坏，少数梁出现轻微损坏，通过钢材的应力、应变比值可以看出耗能构件有先屈服的趋势；角部、开洞部位的楼板有轻度损伤，其余楼板未见明显的受压损伤，楼板能够传递地震作用下的水平力，对出现中度损坏的楼板区域，在施工图阶段加强处理。综上所述，本结构抗震性能良好，结构在罕遇地震作用下满足所设定的抗震性能要求。

16.4.6　施工方案模拟分析

本工程采用施工阶段模拟分析来验算安装过程中各子结构体系是否满足规范要求，从强度、刚度及稳定性等各个维度，对钢结构的施工过程进行安全性评估。计算过程中，由软件自行考虑各杆件自重，综合考虑结构实际重量，模型中自重系数取 1.1。设计模型原边界条件不改变，胎架支撑采用一般支承中的铰接连接模拟。通过计算分析，提炼数据，为现场实施提供有益参考和依据。施工模拟共分为 10 个阶段：

（1）1～4 层三个支撑筒钢结构安装；

（2）支撑筒结构间大跨度桁架安装；

（3）支撑筒大跨度桁架间连系梁安装；

（4）中庭顶部大跨度网架结构安装；

（5）2～3 层三角悬挑桁架安装（含两根转角钢梁）；

（6）2～3 层三角悬挑桁架间钢梁、连系梁安装；

（7）3～4 层悬挑桁架安装（含一根转角处钢梁）；

（8）外圈边桁架安装，格构式胎架作为临时支撑；

（9）3～4 层钢柱与桁架间及各桁架间钢梁、连系梁安装；

（10）临时支撑胎架卸载。

提取每一阶段截面组合应力值如图 16.4-15 所示。

其中，通过阶段（2）模拟分析可得，最大竖向位移为 6.8mm，小于限值 $L/400 = 10000/400 = 25$mm，刚度验算满足要求；杆件截面最大组合应力为 28.5N/mm^2，小于材料强度设计值 295N/mm^2，强度验算满足要求（图 16.4-16）。

通过阶段（5）模拟分析可得，最大竖向位移为 7.4mm，小于限值 $L/400 = 25$mm，刚度验算满足要求；杆件截面最大组合应力为 31.3N/mm^2，小于材料强度设计值 295N/mm^2，强度验算满足要求（图 16.4-17）。

钢结构验算结果组合

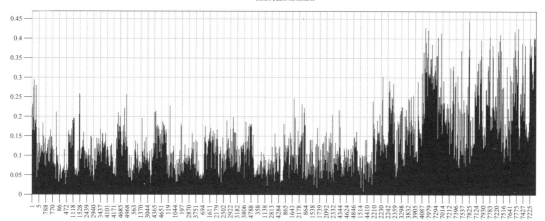

图 16.4-15　PostCS 阶段截面组合应力比图（最大值 0.45）

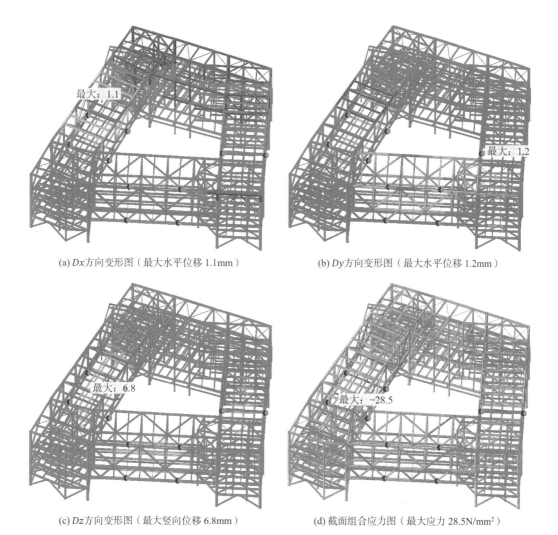

(a) Dx方向变形图（最大水平位移 1.1mm）　　　　　　(b) Dy方向变形图（最大水平位移 1.2mm）

(c) Dz方向变形图（最大竖向位移 6.8mm）　　　　　　(d) 截面组合应力图（最大应力 28.5N/mm²）

图 16.4-16　阶段（2）支撑筒结构间大跨度桁架安装

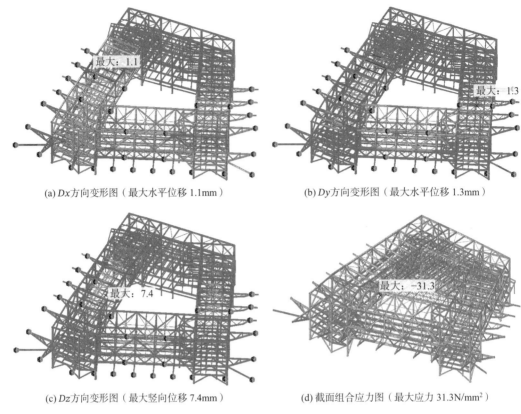

(a) Dx方向变形图（最大水平位移1.1mm）　　　(b) Dy方向变形图（最大水平位移1.3mm）

(c) Dz方向变形图（最大竖向位移7.4mm）　　　(d) 截面组合应力图（最大应力31.3N/mm²）

图16.4-17　阶段（5）2～3层三角悬挑桁架安装

由上述计算结果可知，在钢结构施工各阶段，各杆件的位移、应力变化较均匀；在外围桁架安装时水平位移较大，实际安装过程中应考虑增加临时支撑杆约束水平位移。在临时支撑卸载时，外围桁架部分构件竖向位移变化较大，但总体受力体系是向设计状态逐步平稳过渡，构件的挠度、强度等各项力学指标均符合规范要求。混凝土楼板浇筑在钢结构施工完成后进行，通过浇筑顺序控制及后浇带设置以保证其合理的受力性能。

16.5　结语

根据相关规范的要求，对该超限结构在多遇地震作用下，采用规范反应谱和弹性时程分析法进行分析与设计，保证小震弹性的性能目标；在设防地震作用下，通过控制构件截面来实现结构的中震性能目标；在罕遇地震作用下，对结构进行了动力弹塑性时程分析，并通过对结构进行抗连续倒塌、关键节点有限元应力分析，表明该工程结构设计能够实现拟定的抗震性能目标。另外，通过对大跨度及大悬挑区域楼盖楼板舒适度分析、结构整体模型屈曲稳定分析、施工模拟分析，证明工程结构设计合理，可为大跨度空间结构选型及钢结构设计提供有益借鉴。

参 考 文 献

[1] 北京市建筑设计研究院有限公司. 结构施工图常见问题图示解析——钢结构 [M]. 北京: 中国建筑工业出版社, 2020.

[2] 住房和城乡建设部. 建筑抗震设计规范: GB 50011—2010(2016 年版)[S]. 北京: 中国建筑工业出版社, 2016.

[3] 北京市建筑设计研究院有限公司. 建筑结构专业技术措施[M]. 北京: 中国建筑工业出版社, 2019.

[4] 住房和城乡建设部. 空间网格结构技术规程: JGJ 7—2010[S]. 北京: 中国建筑工业出版社, 2010.

[5] 住房和城乡建设部. 高层建筑混凝土结构技术规程: JGJ 3—2010[S]. 北京: 中国建筑工业出版社, 2011.

[6] American Institute of Steel Construction. Steel Design Guide series 11—Floor Vibrations Due to Human Activity [S]. AISC, 2003.

[7] 住房和城乡建设部. 建筑楼盖结构振动舒适度技术标准: JGJ/T 441—2019[S]. 北京: 中国建筑工业出版社, 2019.

[8] 李庆武, 胡凯, 倪建公, 等. 某大跨度悬挑楼盖结构人行舒适度分析与振动控制 [J]. 建筑结构, 2018, 48(17): 34-37.

[9] 住房和城乡建设部. 建筑振动荷载标准: GB/T 51228—2017[S]. 北京: 中国建筑工业出版社, 2017.

[10] Research Fund for Coal and Steel. HiVoSS (Human induced Vibrations of Steel Structures): Design of Footbridges-Guideline[S]. RFCS, 2008.

第 17 章

江门市邮电通信枢纽楼

17.1 工程概况

广东省江门市邮电通信枢纽楼基地面积 4720m²，建筑面积 6.22 万 m²。地下 2 层为防空地下室兼设备用房，地下 1 层为车库；塔楼共 38 层，檐口高度 157.9m，裙楼部分 2~8 层不等，其中 1~2 层为营业大厅，3~8 层为电信设备用房、通信机房，8 层以上为办公业务用房，18 层和 38 层为避难层和设备用房、机房；屋顶另设 37.1m 高微波通信塔，塔顶平台高 182.1m，塔尖高 191.2m。如图 17.1-1~图 17.1-4 所示。工程于 1994 年 1 月开始设计，1997 年 6 月封顶[1]，2000 年投入使用。

图 17.1-1　建筑实景

图 17.1-2　大堂入口实景

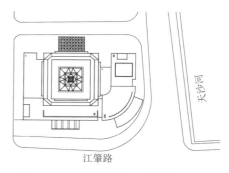

图 17.1-3　项目总平面示意图

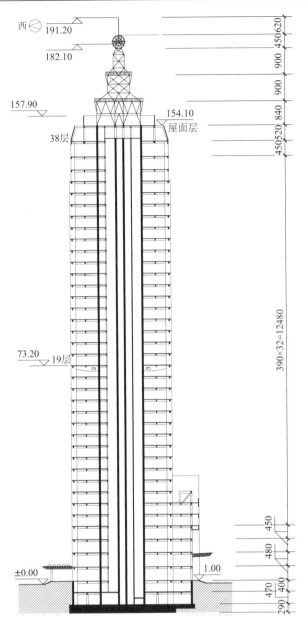

图 17.1-4　主楼结构剖面图（高度单位：cm）

17.2　基础设计

17.2.1　场地工程地质条件和基础方案的选择

工程场地处于珠江三角洲西部边缘地带，原始地貌东高西低，场地土层具体情况如图 17.2-1 所示。上部为松软的人工填土、第四纪冲积及淤积淤泥质土层、细砂，中部为中砂层、可塑—硬塑状的石英片岩风化残积粉土层，下部为强风化逐渐过渡至中风化、微风化石英片岩；地下最高水位−0.8～−1.8m。强风化岩层埋深 8.4～23.2m，厚 37.4～59.4m，场地西部岩面与土壤覆盖层间界面倾斜达 15°，岩石大多已风化为黏土矿物，呈半土半岩状，节理裂隙发育，遇水易软化，标贯击数统计修正值为 33 击，承载力标准值 $f_k = 760\text{kPa}$；埋深大于 35m 的强风化岩取样试验困难，埋深 35~60m 的强风化岩天然湿度下单轴抗压强度为 1.8~7.0MPa。经研究，基础方案采用桩筏基础，可使基础有较强的抗倾覆和滑移的能力。在选用桩型上，若采用先张法预应力离心混凝土管桩，试打只能贯入强风化岩面下 1~2m，致使桩长只有 4~11m，开挖后对桩的承载力削弱较大；若采用 Q345H 型钢桩，试打能贯入强风化岩面下 10m 左右；若采用加焊 H 型钢桩尖的 ϕ500mm 预应力管桩，试打能贯入强风化岩面下 5m 左右。经论证，塔楼挤土效应弱，采用穿透性和碎岩能力较强的 H 型钢桩，桩截面尺寸为 315mm×324mm×25mm；裙楼采用加焊 H 型钢桩尖的 ϕ500mm 预应力管桩基础，钢桩尖长度根据强风化岩埋深取 2~6m。

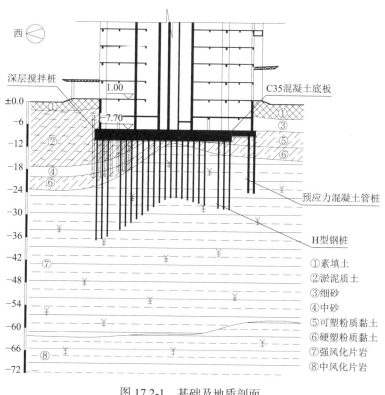

图 17.2-1　基础及地质剖面

17.2.2　单桩承载力的确定和桩基沉降计算

H 型钢桩竖向承载力取决于桩身结构强度时计算承载力为 2900kN，考虑了桩身纵向弯曲、焊接接头削弱 5% 和预留 2mm 的腐蚀量；单桩静载试验，加载到 5000kN 时沉降量在30mm 以内，卸荷至 0 残余沉降 8~15mm，实际单桩竖向承载力设计值取 2450kN。核心筒处布桩 256 根，桩距 1.5m；周围边柱和角墙处布桩 262 根，桩距 1.5m，共 518 根。对裙楼加焊钢桩尖的预应力管桩进行单桩静载试验，加载到 4500kN 时沉降量在 35mm 以内，残余沉降 8~13mm，单桩竖向承载力设计值取 2200kN，裙房部分共布桩 171 根。桩平面布置如图 17.2-2 所示。钢桩水平承载力按当时的规范《建筑桩基技术规范》JGJ 94—94[2]计算，得到桩两个方向水平承载力设计值为 34kN 和 22kN，518 根桩共 14500kN。

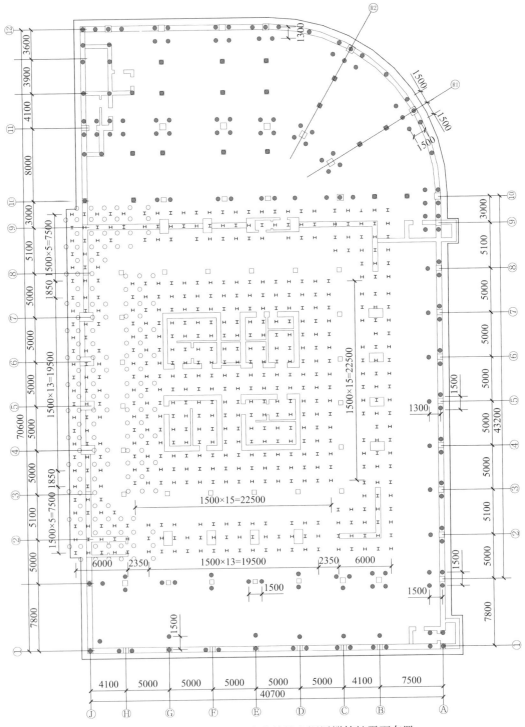

图 17.2-2 H 型钢桩、预应力管桩和深层搅拌桩平面布置

注：H 表示 H 型钢柱；●表示预应力管桩；○表示深层搅拌桩。

基础沉降按文献[2]中等效作用分层总和法计算，考虑影响群桩沉降的各因素（桩长径比、距径比及桩数等），计算得到中风化岩层塔楼基础中心沉降为 40~60mm。采用《桩基工程手册》[3]基于常规弹性理论解的方法分别计算建筑物竣工时的沉降 $S_{GC} = \psi_{SC} R_S S'$ 和最终沉降 $S_G = \psi_S R_S S'$，其中 ψ_{SC} 和 ψ_S 是与桩长有关的桩基沉降经验系数，R_S 是与桩总数、长径比、距径比有关的群桩沉降比系数，S' 是在群桩各桩平均荷载作用下孤立单桩的沉降。本工程 S' 根据试桩报告取 7mm，从而得到 S_{GC} 和 S_G 分别为 42mm 和 60mm，与分层总和法所得的结果基本一致。

17.2.3　H 型钢桩和预应力管桩的构造

H 型钢桩采用焊接连接方式，桩四周再加焊四块连接钢板；桩顶与承台用钢板钢帽连接。本工程施打后钢桩进入强风化岩面下 9~12m，预应力管桩通过一块 $\phi500mm \times 14mm$ 的钢端板加焊一段 2~6m 长的 H 型钢桩作为桩尖施打，进入强风化岩面下 4~6m。试桩结果显示，H 型钢桩在正常使用荷载 2500kN 作用下沉降量仅 5~9mm，平均 7mm；管桩在 2200kN 作用下沉降量为 6~8.5mm，平均 7.2mm。H 型钢桩和预应力管桩构造如图 17.2-3 所示。

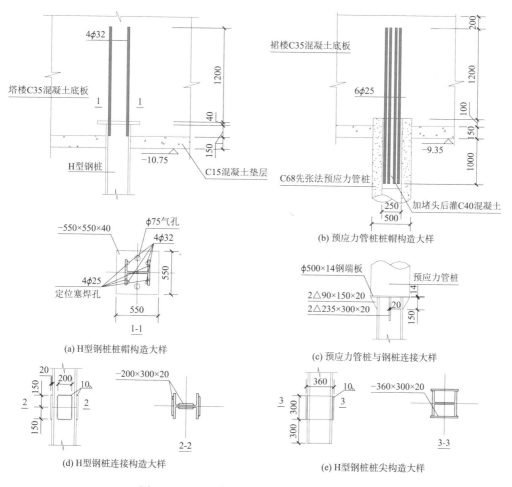

图 17.2-3　H 型钢桩和预应力管桩构造大样

17.2.4　地基加固措施

塔楼底板垫层底标高-10.75m，跨越了淤泥质土（约占基底面积的 1/3）和可塑粉土层，淤泥质土对抗震及发挥底板的整体抗倾覆能力不利，因此对底板下西部区域的淤泥质土用深层搅拌法加固，以提高地基强度和变形能力，并便于底板垫层的施工。从-6m 标高共布置了 150 根平均长度为 12m 的 $\phi500mm$ 深层搅拌桩，桩距 1.5～2m，单桩竖向承载力 $R_k = 280～330kN$，搅拌桩面积置换率为 7.5%，按《建筑地基处理技术规范》JGJ 79—91[4] 计算这一区域的复合地基承载力 $f_{SP,K} = 120～140kPa$，与东部区域的可塑粉土层相当，从而使筏板底土反力趋于均匀，桩筏基础东西两边的结构可靠性基本统一。

17.2.5　桩筏基础底板设计与施工

工程桩筏基础设计采用带裙房的高层建筑与地基基础共同作用的设计理论，塔楼底板混凝土强度等级为 C35，厚度由核心筒对承台筏板的整体冲切计算确定为 2.9m，裙楼减薄为 1.5m。电算采用 TBFECAD 程序，用刚性板和弹性板两种模型计算，结果显示，核心筒边缘处按弹性板计算所得的弯矩比按刚性板大 1 倍。考虑到塔楼桩筏基础的相对刚度 $K_{RP} = 3.2 > 1$（刚性点），处于刚性板状态，上部结构刚度也很大，由 K_{RP} 和基础的平均沉降 W_r 计算筏板纵向相对弯曲 $\theta_r = 0.05‰～0.07‰$[5]，设计时核心筒边缘处底板的实配钢筋取刚性板局部弯矩叠加整体弯矩计算结果（$M_X = 6515～6863kN \cdot m/m$）配筋，比按弹性板模型计算节约 30%。塔楼底板的最小配筋率按 0.3%控制，中间加设两排构造筋，用钢量 370kg/m²，受力钢筋（$\phi40mm$）用锥螺纹套筒接头。

采用 JCCAD 程序作计算对比。1994 年设计时，塔楼核心筒边缘处底板的弯矩取值接近于按考虑上部结构刚度的弹性板计算结果，其中 X 向比完全按刚性板计算大 21%，比按不考虑上部结构刚度的弹性板小 49%（图 17.2-4、图 17.2-5）。主体结构施工后在塔楼核心筒处布置沉降观测点 4 个，四周框架柱布置 16 个，角墙处布置 4 个，施工到 15 层以后出现沉降差异，27 层以后沉降曲线趋缓，到 1997 年 7 月封顶后核心筒处各点沉降 20.5±0.5mm，四边沉降 16±0.5mm，小于计算值（图 17.2-5、图 17.2-6），可见本工程的桩筏基础设计方法是先进的。

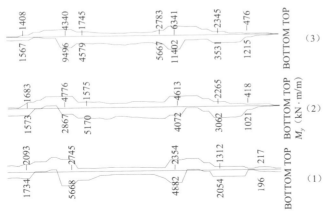

(3)　说明：
(1) —刚性板倒楼盖模型
(2) —考虑上部结构刚度弹性地基板模型
(3) —不考虑上部结构刚度弹性地基板模型

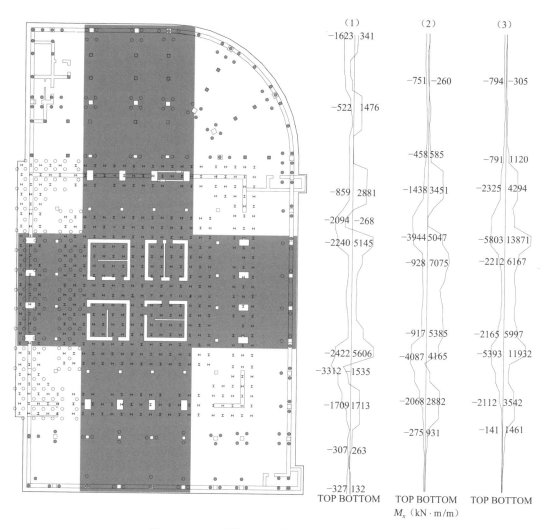

图 17.2-4 三种模型底板中心板带平均弯矩比较

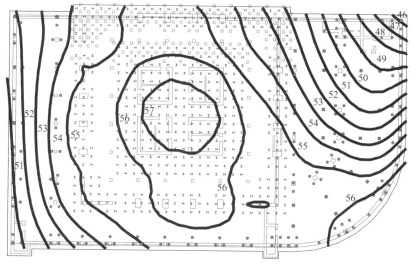

(a) 钢桩不考虑上部结构刚度弹性地基板计算沉降曲线（mm）

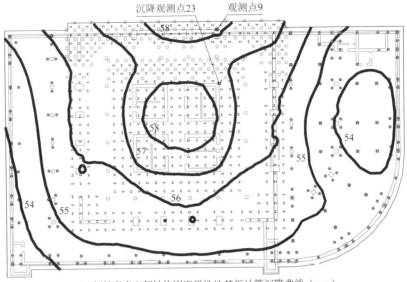

(b) 钢桩考虑上部结构刚度弹性地基板计算沉降曲线（mm）

图 17.2-5　桩筏基础沉降计算结果比较

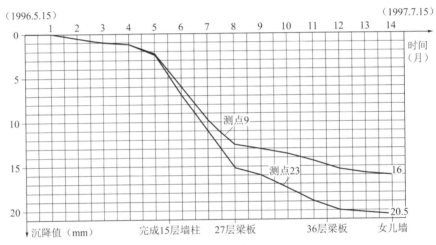

图 17.2-6　主楼沉降观测记录

17.3　上部结构设计

17.3.1　结构体系

塔楼平面尺寸为 33.8m×35.8m，高宽比为 4.67；核心筒尺寸为 15.6m×15.6m，高宽比为 10.1（图 17.1-3）。由于建筑要求边柱距 5m，采用框架-核心筒结构。裙楼部分采用框架结构，塔楼和裙楼间设一道后浇带，在 8 层以下形成大底盘结构。

17.3.2　结构布置和构造措施

为加强结构整体刚度，四角设 L 形剪力墙，两肢长度为 5.5m 和 4.5m；标准层外环梁净跨高比为 5.71，外围形成一个框架-剪力墙大筒，在 38 层设一道 1.5m 高的封顶圈梁，19 层布置加强层，将边柱和核心筒间的 16 根主梁高度增大至 1.8m，以发挥外框架的抗倾覆能力[6]。塔楼标准层结构平面如图 17.3-1 所示。

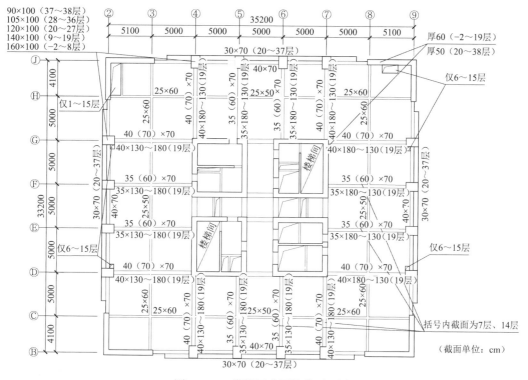

图 17.3-1　塔楼标准层结构平面图

设计为避免该层墙柱内力剧增，与柱连接端梁高减为 1.3m，大梁中间开穿风管洞 1200mm × 600mm，虽然顶点位移仅增大 2%，大梁在核心筒端的正负弯矩分别下降 18% 和 5%，在边柱端的正负弯矩分别下降 32% 和 34%，相应边柱的弯矩和剪力下降了 27% 和 23%，柱剪跨比 $\lambda = M/(Vh_0) = 2.12 > 2$，改善了边柱的受力状况。核心筒是主要抗侧力结构，为提高其整体延性，设计成四个 5.8m × 6.1m 的小筒，彼此间通过 1.5~1.8m 高的连梁连成大筒，以达到三水准的抗震设防目标。本工程塔楼主要竖向构件尺寸由轴压比确定，底层边柱为 0.8，剪力墙墙肢为 0.6，加强层柱为 0.5。

17.3.3　结构计算及结果分析

1. 结构计算

地上部分自重（包括裙房）为 1.09×10^6kN，地下部分为 0.22×10^6kN；活荷载 1~2 层为 3.5kN/m²，3~23 层为 6.0kN/m²（其中 7 层、14 层为 15kN/m²），24~38 层为 3.5kN/m²；基本风压 0.72kN/m²。根据本工程场地地震安全性报告，地面加速度在 50 年超越概率为 63%、10% 和 2% 时分别为 25cm/s²、78cm/s² 和 145cm/s²，水平地震影响系数 $\alpha_{max} = 0.06$，地面脉冲卓越周期为 0.32s，场地类别为 Ⅱ 类，土的类型为中软土。建筑抗震设防类别属于乙类建筑，实际按 7 度设防烈度计算，取水平地震影响系数 $\alpha_{max} = 0.08$，采用 TBSA 程序计算，结果如表 17.3-1 及图 17.3-2 所示。

塔楼框架-核心筒结构因设置了 L 形角墙，Y 向核心筒分担的底部剪力和倾覆弯矩分别由约 88% 和 81% 下降到 74% 和 77%，结构的总刚度和剪力分配接近于筒中筒结构，水平位移曲线呈弯曲型，顶点相对位移小于 1/2000。

计算结果　　　　　　　　　　　表 17.3-1

荷载工况	38 层顶点位移 Δu（mm）	顶点相对位移 $\Delta u/H$	基底剪力（$\times 10^4$kN）	基底弯矩（$\times 10^4$kN·m）	最大层间相对位移 楼层	最大层间相对位移 u_{MAX}/h	结构前 6 个周期 T（s）
X 向地震作用	67	1/2358	1.595	1.083	28	1/1859	3.361，3.303，1.626（扭转），0.931，0.922，0.630（扭转）
Y 向地震作用	69	1/2290	1.597	1.084	28	1/1792	
X 向风荷载	66	1/2392	1.222	1.098	25	1/1874	
Y 向风荷载	73	1/2164	1.388	1.173	25	1/1792	

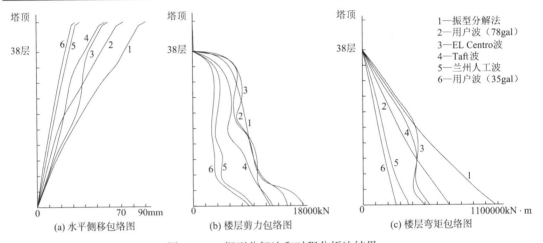

1—振型分解法
2—用户波（78gal）
3—EL Centro波
4—Taft 波
5—兰州人工波
6—用户波（35gal）

(a) 水平侧移包络图　　　(b) 楼层剪力包络图　　　(c) 楼层弯矩包络图

图 17.3-2　振型分解法和时程分析法结果

2. 地震波弹性时程分析

用 TBDYNA 输入现场地面加速度时程波和 Taft、ELC、兰州人工波（加速度峰值取 35cm/s^2）等并分别对结构进行时程分析，现场时程波和兰州人工波所得的水平位移和内力仅为振型分解法的一半左右；Taft 和 ELC 波周期较长，结果与振型分解法相当。考虑到该工程为乙类超高层建筑，把现场波加速度峰值按放大到现场中震的 78cm/s^2 输入，计算发现除底部和顶部剪力稍大外，弯矩和水平位移曲线仍在振型分解法曲线的包络图内（图 17.3-2）。因实际设计是按振型分解法的内力结果配筋，框架总剪力也按规范进行了调整，所以可认为本工程在遭遇到与现场时程波类似的地震，加速度峰值达中震时还大致能保持弹性受力状态，设计有足够的安全度。

3. 楼顶微波通信塔分析

1998 年，结构顶层需加建 37.1m 高微波通信塔（图 17.3-3），采用钢管结构，自重 42t。用 SATWE 程序在原结构上加建通信塔三维模型进行分析，因塔脚置于核心筒顶，对原结构影响很小，但钢塔受原结构振动影响很大，与在地面上的单塔相比，地震作用和风荷载作用下的塔底剪力、倾覆弯矩、塔顶位移分别放大 2.12 和 2.27 倍、2.02 和 1.96 倍、4.6 和 4.3 倍，出现了明显的鞭梢效应（图 17.3-4），杆件轴力主要由风荷载控制；钢塔的扭转刚度偏弱，在柱间设拉索以减小其扭转效应。

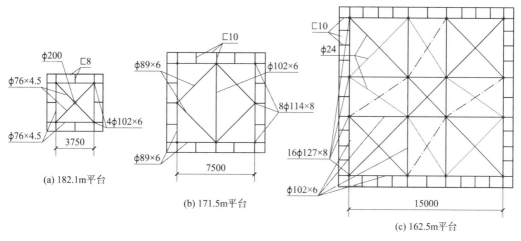

图 17.3-3　主楼顶微波通信塔平面图

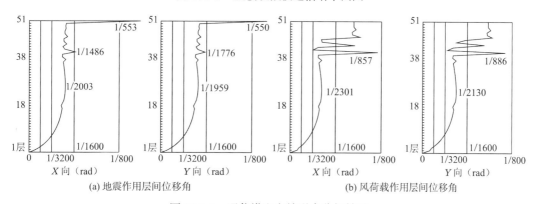

图 17.3-4　通信塔和主楼联合分析结果

17.4　结语

对位于坡地岸边的高层建筑，采取合理的地基处理和基础设计方案有效控制基顶位移，确保实际嵌固端与计算分析假定一致是结构设计的关键环节。

本工程属乙类超高层建筑，因建设地点处于河岸边，地基持力层倾斜，上覆淤泥层较厚，中风化岩埋深过大，底板跨越两种不同土层，所以加强基础的整体抗倾覆和滑移能力，尽可能减小上部结构的水平位移显得尤其重要。经分析论证，塔楼采用了 H 型钢桩-筏板基础，使桩尖进入强风化岩面下约 10m；裙楼采用管桩加钢桩的组合桩，进入强风化岩面下约 5m；采用搅拌桩加固了筏板底的软土。应用了"复合地基和带裙房的高层建筑与地基基础共同作用的设计理论"设计桩筏基础，上部框架-核心筒结构的设计也在平面布置和构造措施上加强了外框架的刚度和核心筒的延性；采用了加强层以减小水平位移，计算表明各层水平位移值仅为规范限值的一半，使结构的可靠度得到了保证。

参考文献

[1]　赖庆文. 江门市邮电枢纽楼结构设计[J]. 建筑结构, 1998, (4): 35-38.

[2]　建设部. 建筑桩基技术规范: JGJ 94—94[S]. 北京: 中国建筑工业出版社, 1994.

[3]　《桩基工程手册》编写委员会. 桩基工程手册[M]. 北京: 中国建筑工业出版社, 1995.

[4]　建设部. 建筑地基处理技术规范: JGJ 79—91[S]. 北京: 中国建筑工业出版社, 1991.

[5]　杨敏, 赵锡宏, 董建国. 桩筏基础整体弯曲的新计算方法[J]. 建筑结构, 1991, (5): 2-4, 22.

[6]　建设部. 高层建筑混凝土结构技术规程: JGJ 3—2002[S]. 北京: 中国建筑工业出版社, 1991.

◣ 获奖信息 ◢

2003 年　第三届全国优秀建筑结构设计三等奖

第 18 章

基于中国规范的地震波选取工具开发

18.1 概述

近年来，我国建筑的高度逐渐增大，平面和立面趋向复杂，导致超限建筑工程项目大量出现。《建筑抗震设计规范》GB 50011—2010（2016 年版）[1]要求对高度超限和规则性超限工程进行弹性或弹塑性时程分析，检验结构的抗震性能是否达到预期的性能目标。

对于地震波的选取，国内外的规范要求各不相同，以《建筑抗震设计规范》GB 50011—2010（2016 年版）[1]和美国 ASCE 标准[2]为例，文献[3]指出：两国规范中建议的选波方法均要求选择能与规范的设计反应谱一致的地震波，不同之处为中国规范是将地震波峰值加速度调幅至规范规定值，而美国规范是将某一周期范围内地震波反应谱调幅至与设计反应谱接近，调幅后的地震波峰值加速度无明显规律。"PEER Ground Motion Database"是美国太平洋地震工程研究中心建立的地震波数据库，可为用户提供满足美国规范要求的地震波，但无法直接应用于按中国规范设计的超限建筑工程项目。

本公司基于中国设计规范[1,4]开发了地震波选取工具（SGMS），地震波数据库来源为在 PEER Ground Motion Database 下载的近 1 万组地震动记录，主要用途是为超限建筑工程项目的弹性和弹塑性时程分析提供满足中国规范要求的地震波，以及有需要选取满足中国规范要求地震波的情况。

山区不等高嵌固的坡地建筑属于竖向不规则结构[5]，常常需要采用时程分析作为补充验算以确保安全，此时可根据工程特点使用 SGMS 选取地震波，按照文献[5]设计。

18.2 地震波数据库和对地震波的要求

18.2.1 地震波数据库和目标谱

SGMS 的数据库包含 8439 组三向地震动记录，即 25317 条地震波，数据库的来源为 PEER Ground Motion Database。数据库中地震波的编号与 PEER 的编号对应，通过 SGMS 查找到需要的地震波后，可以根据编号在 PEER 中查得地震波的详细信息，如地震名称、台站、发生时间、震级等，也可直接在软件包的 Excel 表中查得地震波的简要信息。

根据《建筑抗震设计规范》GB 50011—2010（2016 年版）[1]，水平地震影响系数曲线如图 18.2-1 所示。规范给出的周期范围为 0～6s，而一些超高层建筑的基本周期大于 6s（特别是高度超过 300m 的建筑）。针对上述情况，SGMS 给出了常用的两种处理方式：①6～10s 的谱值均等于 6s 的谱值，即"拉平"。②6～10s 的谱值按 5T_g 到 6s 的倾斜直线顺延得到，即"顺延"。对于大跨度和长悬臂结构，竖向地震影响较大，需考虑竖向地震作用影响，竖向地震影响系数曲线与水平地震影响系数曲线形状一致，大小取为水平地震影响系数的0.65 倍。

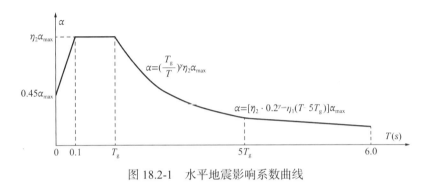

图 18.2-1　水平地震影响系数曲线

18.2.2　现行规范对地震波的要求

根据《建筑抗震设计规范》GB 50011—2010（2016 年版）[1]，输入结构的地震波要满足地震动三要素的要求，即频谱特性、持续时间和有效峰值。具体要求如下：①多组地震波的平均地震影响系数曲线应与规范反应谱在统计意义上相符，即在对应于结构主要振型的周期点上相差不大于 20%。弹性时程分析时，每条地震波计算所得结构底部剪力不应小于振型分解反应谱法计算结果的 65%，多条地震波计算所得结构底部剪力的平均值不应小于振型分解反应谱法计算结果的 80%。②地震波的持续时间不宜小于建筑结构基本自振周期的 5 倍和 15s。③输入地震波加速度的最大值应调整至与规范规定一致。

SGMS 将数据库中地震波加速度的最大值调整至规范规定的数值，然后在数据库中进行搜索，找到在结构主要周期点上与规范反应谱相差不大于 20% 的地震波，并按一定的规则对备选地震波进行排序，同时给出地震波的持续时间。用户可在备选地震波中选择 2 条或者 5 条，将其输入结构进行弹性时程分析，判定所选地震波计算的结构基底剪力是否满足要求。如不满足，可在备选地震波中继续选择。一般情况下，1～2 次选择后即可满足。

根据《建筑抗震设计规范》GB 50011—2010（2016 年版）[1]，地震波的有效持续时间，从首次达到该时程曲线最大峰值的 10% 那一点算起，到最后一点达到最大峰值的 10% 为止。不论是实际的强震记录还是人工模拟波形，有效持续时间一般为结构基本自振周期的 5～10 倍，即结构的顶点位移可按基本周期往复 5～10 次。例如，某结构的基本自振周期为 4.00s，在选择地震波时地震波的持续时间应不小于 20.00s；某一条地震波的时程曲线如图 18.2-2 所示，总时长为 46.00s，首次达到最大峰值的 10% 的时间为 5.00s，最后一点达到最大峰值的 10% 的时间为 42.34s，地震波的持续时间为 37.34s，即地震波的有效持续时间满足上述结构的要求。

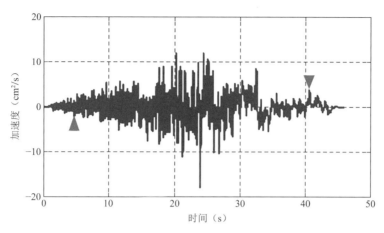

图 18.2-2　地震波持续时间的计算示例

18.3　SGMS 多控制点排序方法及操作

SGMS 按照在控制点上地震波反应谱值与规范反应谱值的均方误差（Mean Squared Error，MSE），由小到大进行排序。MSE的计算公式如下[6]：

$$\mathrm{MSE} = \frac{\sum_i w(T_i)\{\ln[SA^{\mathrm{code}}(T_i)] - \ln[SA(T_i)]\}^2}{\sum_i w(T_i)} \tag{18.3-1}$$

式中　　　　　　T_i——控制点的周期值；

$SA^{\mathrm{code}}(T_i)$、$SA(T_i)$——分别为在T_i处的规范反应谱值、地震波反应谱值；

$w(T_i)$——T_i的权重系数。

按照《建筑抗震设计规范》GB 50011—2010（2016 年版）[1]要求，在结构主要周期点（一般指前 3 周期）上，地震波反应谱值与规范反应谱值相差不大于 20%，即控制点为前 3 周期。以某一超限高层建筑为例，结构的前 3 周期为 6.75s、4.66s 和 4.04s，搜索得到的最小MSE值的地震波反应谱如图 18.3-1 所示，在T_1、T_2和T_3处的地震波反应谱值与规范反应谱值相差均小于 5%，在$T_g \sim 5T_g$之间，两者相差很大，而结构的高阶振型周期一般在此区间，可能过分高估或低估在地震作用下的结构响应，故选取的地震波质量较差。为避免上述情况，SGMS 增加了 3 个控制点，分别是T_g、$3T_g$和$5T_g$。增加控制点后，搜索得到的最小MSE值的地震波反应谱如图 18.3-2 所示，在$T_g \sim 5T_g$之间，地震波反应谱值与规范反应谱值接近，选取的地震波质量较好。在大震弹塑性分析时，结构进入塑性后，基本周期会变大，因此，SGMS 还增加了$T_1 + \mathrm{d}T$的控制点，按照文献[7]的建议，$\mathrm{d}T$可取为 1.0s。

综上所述，SGMS 的控制点共 7 个，分别为T_1、T_2、T_3、T_g、$3T_g$、$5T_g$和$T_1 + \mathrm{d}T$。通过反复搜索和调整，各控制点的权重系数默认值设定为 1.0、1.0、1.0、0.1、0.1、0.1 和 0.1。用户可根据实际情况，对权重系数进行调整。对于多塔结构，各分塔的平动周期较多，在程序中可将T_g、$3T_g$、$5T_g$和$T_1 + \mathrm{d}T$替换成分塔的平动周期数值，并修改权重系数为1.0。对于连体结构，分塔的水平振动和连体的竖向振动均不可忽略，在程序中可先按平动周期挑选出备选地震波组，再按竖向周期在备选地震波组中挑选出最终地震波组，按此方案选取的地震波既能考虑连体结构各分塔的水平振动，也能考虑连体结构连体部分的竖向振动。

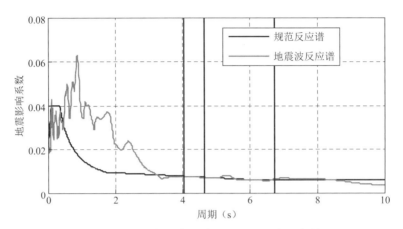

图18.3-1　增加控制点前选取的地震波反应谱

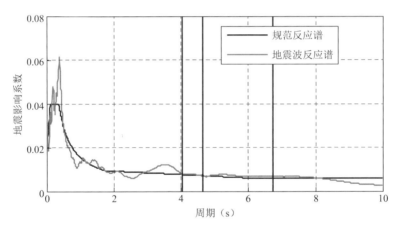

图18.3-2　增加控制点后选取的地震波反应谱

SGMS的操作界面如图18.3-3所示，分为三个区域：控制参数区、绘图区和列表区。具体操作步骤如下。

（1）读取数据库。由于地震波数据库文件大，读取数据库需要花费1～2min。读取完成后，会出现读取完成的对话框。

（2）绘制目标谱。根据结构的设防烈度、场地类别和地震分组，在列表中选择相应信息，软件自动计算$\alpha_{\max}$和T_g。6s后反应谱的处理方法有两种选择："拉平"和"顺延"，选择其中一种。主地震波的方向也有两种选择："水平"和"竖向"，高层建筑结构选择"水平"，空间结构和带连体的结构可选择"竖向"。软件是根据国家标准编制的，各地方标准中水平地震影响系数可能不同，用户也可以自行修改水平地震影响系数，按照地方标准规定的数值填入相应的对话框中即可。

（3）填写控制参数。根据结构的前 3 阶周期填写控制点 T_1、T_2、T_3 和 $T_1 + \mathrm{d}T$，T_g、$3T_g$ 和 $5T_g$ 由软件自动计算。权重系数和上、下限容差由用户自行填写，用户也可直接采用软件设定的默认值。一般情况下，采用默认值即可获得较好的搜索结果。对于特殊的结构，如多塔结构和连体结构，水平高阶振动和竖向振动不可忽略，软件可制订专门的地震波选取方案，挑选出符合结构特点的地震波组。

（4）搜索和比选。点击"搜索"按钮，列表框内将显示 50 条备选地震波。备选地震波按照 MSE 值，由小到大进行排序。同时，软件给出各地震波的持时，并可绘制各地震波的加速度图像和反应谱图像，用户可再次择优选取，挑选出满意的地震波。用户也可将 50 条备选地震波都输入结构分析软件，根据弹性时程分析结果再进行挑选，避免重复选波操作。

（5）输出数据。在软件中，用户可随时复制绘画框中的反应谱图像和加速度图像，粘贴进文本。挑选好地震波后，用户可输出备选地震波的加速度记录文件和反应谱数据文件，供弹性和弹塑性时程分析使用。

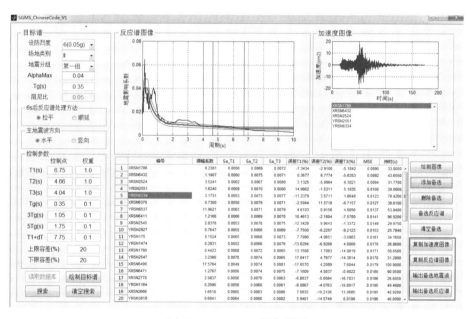

图 18.3-3　SGMS 操作界面

18.4　计算实例

18.4.1　某超高层公寓楼

该公寓楼地上建筑面积约 6.6 万 m^2，地上共 51 层，主要使用功能为公寓和办公，典型层高 3.6m，首层为大堂，层高 6m，避难层设置在 13 层、25 层和 37 层，层高 4.5m。计算至地下室顶板，即结构嵌固端，结构总高度为 204.8m。地上建筑平面呈类矩形，平面尺寸约 45.5m×30.05m，高宽比为 6.8。采用框架-核心筒结构体系，利用楼梯、电梯及设备间设置钢筋混凝土核心筒，外围为钢筋混凝土柱。结构整体模型及主要抗侧力竖向结构如

图 18.4-1 所示。

建筑所在地区抗震设防烈度为 6 度，水平地震影响系数最大值为 0.04。场地类别为 II 类，设计分组为第一组，特征周期 T_g 为 0.35s。结构前 3 阶周期为 6.75s、4.66s 和 4.04s，$T_1 + dT$ 取为 7.75s。6s 后规范反应谱的处理方法为"拉平"，主地震波方向为"水平"。选取的 5 条备选地震波编号为：XRSN1786，XRSN2524，YRSN2551，YRSN6334，XRSN6370。备选地震波的反应谱与规范反应谱的比较如图 18.4-2 所示，在结构的前 3 阶周期点上，两者相差均小于 15%。将 5 条备选地震波输入结构，进行弹性时程分析。结构在各地震波作用下的基底剪力计算结果如表 18.4-1 所示，可知各条地震波下结构的基底剪力均满足规范要求。

图 18.4-1 竖向结构公寓楼整体模型及主要抗侧力

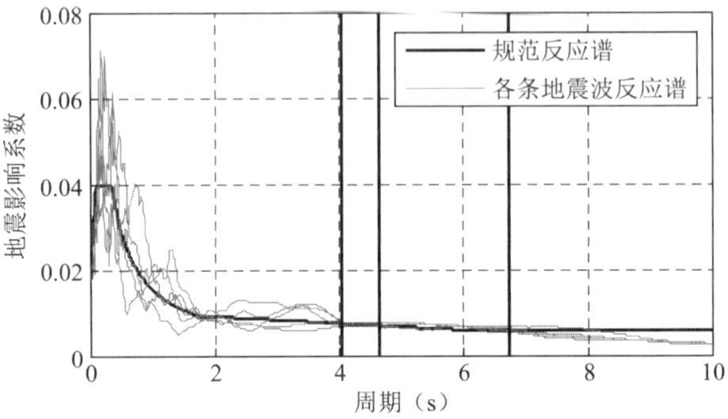

图 18.4-2 公寓楼备选地震波的反应谱与规范反应谱

备选地震波下公寓楼的基底剪力 表 18.4-1

计算方法	X方向	X方向	Y方向	Y方向
	基底剪力（kN）	与 CQC 比例	基底剪力（kN）	与 CQC 比例
CQC	8102	—	7108	—
XRSN1786	7020	86%	6569	92%
XRSN2524	7509	92%	7296	102%
YRSN2551	7067	87%	4740	67%
YRSN6334	7608	94%	8267	116%
XRSN6370	7953	98%	5408	76%

18.4.2 某高校体育馆

该体育馆建筑面积 13000m²，其中地下 5000m²，地上 8000m²。地下 1 层，主要使用功能为车库，层高 4.5m。地上 3 层，主要使用功能为篮球馆和辅助用房。建筑檐口高度为 29.5m，建筑平面呈矩形，平面尺寸为 77.4m × 72.0m，屋盖短向跨度 60m，长向跨度

67.2m。下部采用钢筋混凝土框架，上部为螺栓球节点形式的钢网架。结构整体模型如图 18.4-3 所示。

建筑所在地区抗震设防烈度为 8 度，水平地震影响系数最大值为 0.16。场地类别为Ⅲ类，设计分组为第一组，特征周期 T_g 为 0.45s。结构前 3 阶竖向振型的周期为 0.66s、0.33s 和 0.29s，$T_1 + dT$ 取为 1.66s。6s 后规范反应谱的处理方法为"拉平"，主地震波方向为"竖向"。选取的 5 条备选地震波编号为：ZRSN5459，ZRSN6036，ZRSN2753，ZRSN3669，ZRSN5028。备选地震波的反应谱与规范反应谱的比较如图 18.4-4 所示，在结构前 3 阶竖向振型的周期点上，两者相差均小于 10%。将 5 条备选地震波输入结构，进行弹性时程分析。屋盖钢结构在各地震波作用下的支座反力计算结果如表 18.4-2 所示，可知各条地震波下屋盖的支座反力均满足规范的要求。

图 18.4-3　体育馆整体模型　　　　图 18.4-4　体育馆备选地震波的反应谱与规范反应谱

备选地震波下体育馆屋盖的支座反力　　　　　　　表 18.4-2

计算方法	Z方向	Z方向
	支座反力（kN）	与 CQC 比例
CQC	515	—
ZRSN5459	549	106%
ZRSN6036	461	90%
ZRSN2753	690	133%
ZRSN3669	419	81%
ZRSN5028	670	130%

18.5　观山湖医院设计

18.5.1　工程概况

该项目位于贵州省贵阳市观山湖区，建筑面积 99700m² （图 18.5-1），主要功能为门急诊、医技、住院综合楼等，根据建筑平面布置设置变形缝将其划分为四部分，各子项设计信息如表 18.5-1 及图 18.5-2 所示。

工程设计信息 表 18.5-1

子项名称	长（m）	宽（m）	高（m）	地上/地下	结构形式	抗震等级
门急诊、医技楼 1	107.3	83.7	33.5	4/3	框架结构	5.4m 以下一级，其余二级
门急诊、医技楼 2	88.0	54.0	25.0	4/1	框架结构	三级
住院综合楼	96.7	73.9	60.2	11/3	框架-剪力墙结构	剪力墙：5.4m 以下一级，其余二级；框架：5.4m 以下一级，其余二级
医用氧舱	55.2	44.6	23.8	2/3	框架结构	三级

图 18.5-1 项目全景

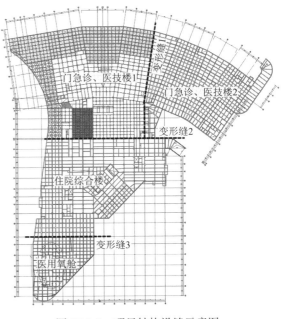

图 18.5-2 项目结构设缝示意图

18.5.2 结构设计计算

1. 山地吊层结构，采用 GAP 单元模拟土体对结构外墙的作用

本项目为三级吊层结构，为典型的山地建筑（图 18.5-3），住院综合楼地下室结构的东面挡土、其他三面临空，按照建筑功能要求，地下室外墙需兼作支挡结构。此类建筑主体结构与周边土体存在相互作用关系，主体结构计算分析时既要考虑土体的侧向压力作用，也要考虑土体对主体结构的约束作用。为研究上述结构与土体的相互作用，采用 SAP2000 软件对结构进行弹性时程分析，模型中采用只受压弹簧模拟土体的作用。采用 SAP2000 的 GAP 单元模拟，取地基土水平抗力系数比例系数 m 为 30MN/m，在柱顶设置 GAP 单元，假

定单元刚度为承受范围内土体刚度的集合（图 18.5-4）。计算模型如图 18.5-5 所示。

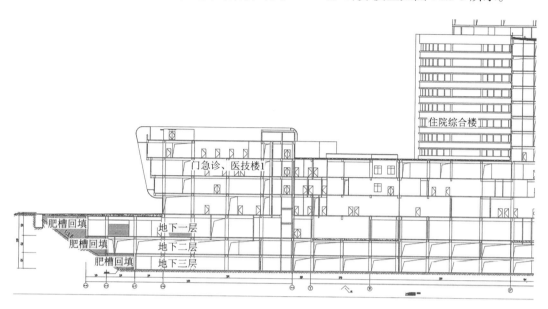

图 18.5-3 典型吊脚剖面

图 18.5-4 非线性连接属性

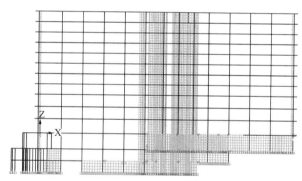

图 18.5-5 计算模型

计算结果如下。

（1）考虑土体刚度后结构周期略有减小，结构刚度稍变大（表 18.5-2）。

SAP2000 计算结果 表 18.5-2

结构前 3 阶周期	T_1	T_2	T_3
考虑土刚度	1.9035	1.6993	1.4352
未考虑土刚度	1.9058	1.7064	1.4352

（2）反应谱分析结果及时程分析结果均显示，考虑土刚度后，地上部分（3 层以上）楼层剪力无变化，地下部分（3 层以下）楼层剪力减小（图 18.5-6）；考虑土刚度后，两个方向首层位移均稍微减小，土体对楼层位移存在限制作用。

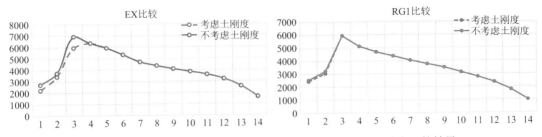

图 18.5-6　考虑土刚度下 EX 和 RG1 地震波时程分析楼层剪力比较结果

（3）在地震波 RG1-X 作用下，16T（GAP 单元）的最大受力为 50kN；在地震波 RG1-Y 作用下，16T（GAP 单元）的最大受力为 38kN。地震作用下结构扭转效应明显（图 18.5-7、图 18.5-8）。

因此对于地下室外墙受力，当结构向土体运动时，土体受到挤压，动土压力介于静止土压力和被动土压力之间，计算外墙时应计入。

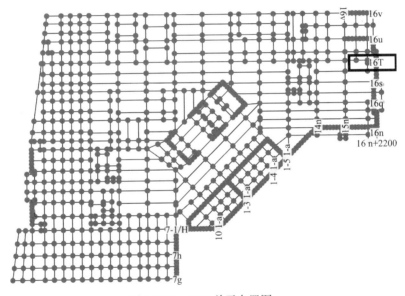

图 18.5-7　GAP 单元布置图

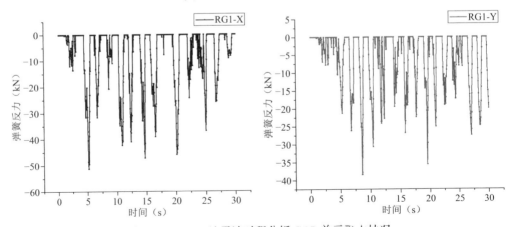

图 18.5-8　RG1 地震波时程分析 GAP 单元受力情况

2. 时程分析

采用基于中国设计规范开发的地震波选取工具（SGMS）[8]选取合适的地震波进行多遇地震作用下时程分析法的补充计算（图 18.5-9）。选取七条地震波如下：

（1）Anza-02_NO_1983,TG(0.36)；

（2）Chuetsu-oki_Japan_NO_5205,TG(0.34)；

（3）14151344_NO_9123,TG(0.37)；

（4）14151344_NO_9045,TG(0.37)；

（5）Chuetsu-oki_Japan_NO_5446,TG(0.33)；

（6）Chuetsu-oki_Japan_NO_5013,TG(0.33)；

（7）ArtWave-RH2TG035,TG(0.35)。

根据 YJK 软件时程分析计算结果，多条地震波与 CQC 的比值 X 向全楼放大系数为 1.086，Y 向为 1.220，并考虑场地放大系数 1.2，综合计算所得的系数作为地震放大系数进行地震作用计算。

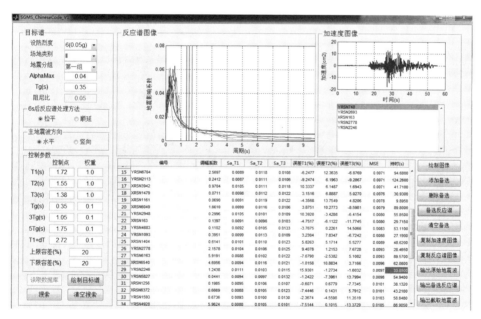

图 18.5-9　SGMS 地震波选取结果

3. 罕遇地震下的抗倾覆验算

门急诊、医技楼 1 为高层建筑（嵌固端为基顶），对其进行罕遇地震下的抗倾覆验算，参数取值：$T_g = 0.35 + 0.05 = 0.4s$，$\alpha_{max} = 0.28$[1]，计算结果见表 18.5-3。抗倾覆安全系数最小值为 $K = 14.61 > 2.0$，满足规范要求。

罕遇地震下的抗倾覆验算　　　　　　　　　　　　　　　　　　　表 18.5-3

工况	抗倾覆力矩 M_r（kN·m）	倾覆力矩 M_{ov}（kN·m）	比值 M_r/M_{ov}	零应力区（%）
EX	30680332	2008390	15.28	0.00
EY	26891408	1840030	14.61	0.00

4.结构超长温度应力设计验算

门急诊、医技楼X方向长度约 107m，Y向长度约 84m，在构造上设置一道X向后浇带，两道Y向后浇带（图 18.5-10），限制一次浇筑的结构不宜过长；此外，由于X向设置全长的地下室外墙，为了控制外墙在温度作用下的裂缝在规范允许值以内，一方面把顶板与外墙的后浇带贯通设置，另一方面在外墙上按间距不大于 25m 设置一道 1.0m 宽的施工缝，要求施工缝封闭时间不早于两侧墙体中较晚施工一侧浇筑后 7d。

计算模型 1：考虑温度作用，楼板采用弹性板 6。

计算模型 2：不考虑温度作用，楼板采用刚性楼板。

采用以上两个计算模型对地下室顶板及屋面层进行包络计算，取大值进行本项目的施工图设计。

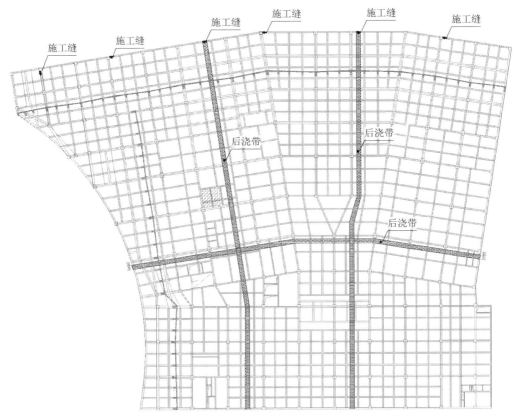

图 18.5-10　后浇带及施工缝布置图

5.设计小结

本工程为典型的山地建筑结构，结构的东面挡土、其他三面临空，按照建筑功能要求，地下室外墙需兼作支挡结构。此类建筑主体结构与周边土体存在相互作用关系，主体结构计算分析时既要考虑土体的侧向压力作用，也要考虑土体对主体结构的约束作用。为研究上述结构与土体的相互作用，采用 SAP2000 软件对结构进行弹性时程分析，模型中采用只受压弹簧模拟土体的作用。

按照《建筑抗震设计规范》GB 50011—2010（2016 年版）的要求，在结构主要周期点上地震波反应谱值与规范反应谱值相差不大于 20%，采用本公司自行开发的地震波选取工具，以结构的前 3 阶周期（T_1、T_2、T_3）、特征周期（T_g、$3T_g$、$5T_g$）和结构进入塑性后的周期（$T_1 + 1.0\text{s}$）为控制点，从地震波数据库中挑选出 10 组备选地震波，结合 YJK 程序计算的基底剪力结果，从 10 组备选地震波中挑选出最终 3 组天然波并生成 1 组人工波进行弹性时程分析，地震波采用双向输入，加速度峰值比为 1.00：0.85。分析可知，采用自行开发的地震波选取工具挑选的地震波，其反应谱与规范反应谱吻合较好，可用于上述结构的弹性时程分析。采用 GAP 单元模拟土体对主体结构的影响，得出以下结论：①考虑土体刚度后，结构周期略有减小，结构刚度稍变大；②考虑土体刚度后，地上部分楼层剪力与上接地嵌固的计算一致，地下部分楼层剪力与下接地嵌固的计算一致。

根据接地层不同，采用不同标高接地层作为计算嵌固端所得的接地层计算内力，能满足该层采用多遇地震时程分析结果的要求，说明可以采用不同接地层分拆模型包络设计的办法代替时程分析结果，提升设计效率。对于高层建筑，还需要对其进行罕遇地震下的倾覆验算；结构超长时，计算和构造需要考虑温度作用的影响。

18.6　结论

（1）SGMS 建立了完整的三向地震波数据库，既可用于超高层建筑结构、大跨度空间结构，还可用于多塔结构、连体结构等特殊复杂结构。

（2）根据三个工程实例的时程分析结果可知，SGMS 采取的多控制点排序方法简单有效，所选取的地震波满足中国规范要求，可用于结构的弹性和弹塑性时程分析。

（3）SGMS 数据库包含的地震波组数较少，为让用户选取到更高质量的地震波，将进一步扩充数据库，增加地震波组数。

（4）对于山地不等高嵌固的结构和局部有高阶振动复杂结构，运用 SGMS 多控制点排序方法可以在结构设计时有效选取合适的地震波用于结构的弹性和弹塑性时程分析，提高结构计算或韧性设计的准确性，及时发现结构的薄弱环节并予以加强，增强结构的鲁棒性和抗震性能[8]。

参 考 文 献

[1]　住房和城乡建设部. 建筑抗震设计规范:GB 50011—2010 (2016 年版) [S]. 北京:
中国建筑工业出版社, 2016.

[2]　American Society of Civil Engineers. Minimum design loads for buildings and other
structures: ASCE 7-10[S]. Reston: ASCE, 2010.

[3] 赵作周, 胡妤, 钱稼茹. 中美规范关于地震波的选择与框架-核心筒结构弹塑性时程分析[J]. 建筑结构学报, 2015, 36(2): 10-18.

[4] 住房和城乡建设部. 高层建筑混凝土结构技术规程: JGJ 3—2010[S]. 北京: 中国建筑工业出版社, 2010.

[5] 住房和城乡建设部. 山地建筑结构设计标准: JGJ/T 472—2020[S]. 北京: 中国建筑工业出版社, 2020.

[6] Pacific Earthquake Engineering Research Center. Technical report for the PEER ground motion database web application[R]. California, 2010.

[7] 杨溥, 李英民, 赖明. 结构时程分析法输入地震波的选择控制指标[J]. 土木工程学报, 2000, 33(12): 33-37.

[8] 付康, 赖庆文. 基于中国规范的地震波选取工具开发[J]. 建筑结构, 2020, 50(S1): 508-512.

附录：本书相关彩色插图

第 2 章　贵阳龙洞堡国际机场 T3 航站楼基础

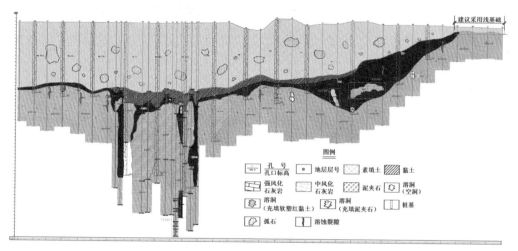

图 2.2-1　T3 航站楼典型地质剖面示意图

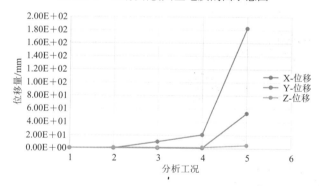

图 2.4-3　不同分析工况位移量

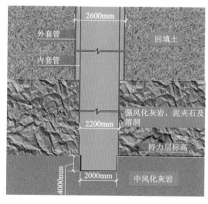

图 2.5-1　全套管设计施工原理示意

(a) 安放路基板

(b) 下压钢套管

(c) 钢套管对接

(d) 钻机就位

(e) 双套管破岩钻头

(f) 沉渣检测装置

(g) 钻进取土

(h) 下放钢筋笼

(i) 钢筋笼连接

(j) 混凝土浇筑

(k) 套筒外拔

(l) 钻机移位

图 2.5-3　全套管全回转施工流程

第 3 章　岩石地基扩展基础设计

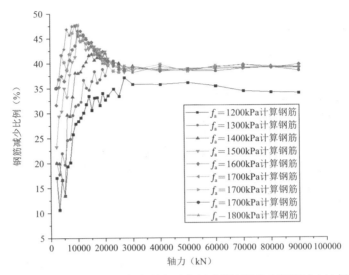

图 3.5-3　按国家标准[1]与贵州省地方标准[7]计算基础钢筋减少比例

第 4 章　岩溶岩石地基超深超长地下结构裂缝控制

图 4.3-4　防水卷材不透水性试验装置

图 4.3-5　地基水平阻力系数试验装置

(a) DH3816N

(b) KSJ-1-10

(c) 钢筋拉环应变片

(d) CFBHL-H

图 4.3-6　地基水平阻力系数试验器材

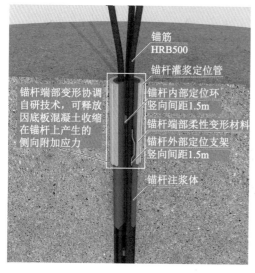

锚筋
HRB500

锚杆灌浆定位管

锚杆端部变形协调
自研技术，可释放
因底板混凝土收缩
在锚杆上产生的
侧向附加应力

锚杆内部定位环
竖向间距1.5m

锚杆端部柔性变形材料

锚杆外部定位支架
竖向间距1.5m

锚杆注浆体

图 4.4-1　可释放水平刚度的抗浮锚杆

图 4.5-1　贵阳六广门全地埋式再生水厂 + 地上体育商业综合体项目效果图

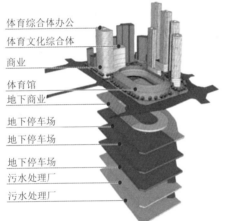

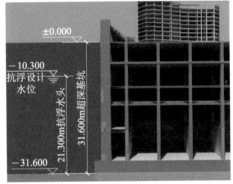

图 4.5-2　贵阳六广门全地埋式再生水厂 + 地上体育商业综合体项目布置示意图

图 4.5-3　锚杆外裹弹性材料及锚杆施工

图 4.5-4　基坑施工

图 4.5-5　锚杆施工

图 4.5-6 底板施工

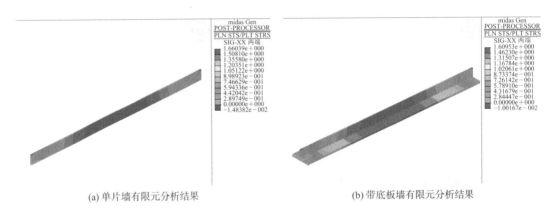

(a) 单片墙有限元分析结果　　　　　　　　　　(b) 带底板墙有限元分析结果

图 4.5-8 侧壁有限元模型分析结果

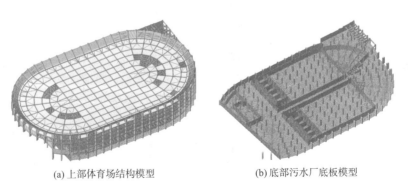

(a) 上部体育场结构模型　　　　　　　　　　(b) 底部污水厂底板模型

图 4.5-9 上部体育场及底部污水厂有限元模型

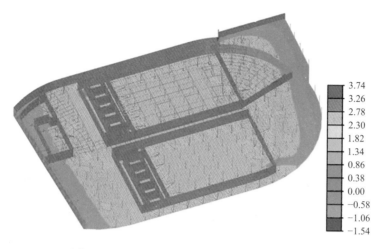

图 4.5-10 污水厂长向温度应力云图（MPa）

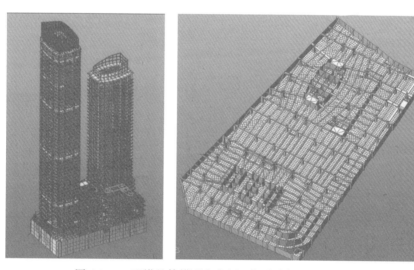

图 4.5-12 双塔整体模型和底板、侧墙有限元网格划分

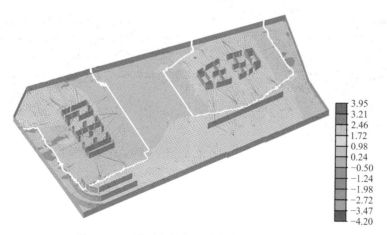

图 4.5-13 地下室长向温度应力云图（MPa）

第 6 章　贵阳南明河壹号工程

图 6.1-1　项目全景

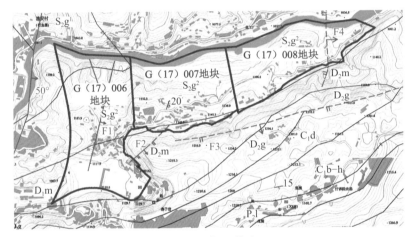

图 6.2-6　场地构造

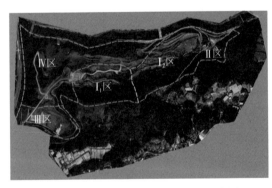

图 6.2-7　场地工程地质分区平面示意图

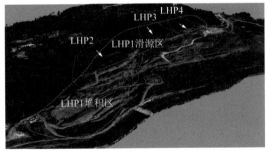

图 6.2-8　场地老滑坡分布平面示意图

图 6.4-1　场地地貌特征

第 7 章　茅台镇酒厂扩建技改工程厂房

图 7.1-1　项目全景

图 7.1-9　16m 非标预制混凝土梁实景

图 7.2-1　项目全景

第 8 章　化学灌浆加固建筑岩溶地基

图 8.3-5　人工混凝土与基岩交汇处

图 8.3-6　场地钻探破碎岩芯

图 8.3-7　地基加固灌浆处理后水泥结石

第 10 章 贵阳龙洞堡国际机场 T2、T3 航站楼扩建工程

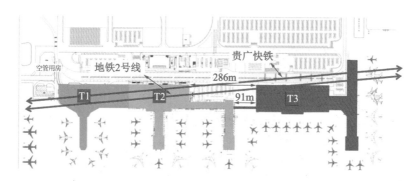

图 10.1-1 龙洞堡国际机场 T1、T2、T3 建筑总图

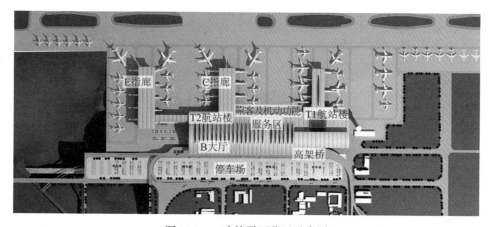

图 10.2-1 建筑平面分区示意图

图 10.2-3　T2 航站楼外观实景

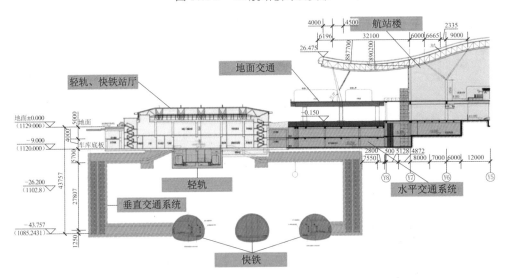

图 10.2-4　空港综合体剖面图

图 10.2-5　T2 航站楼 B 区室内大厅实景

图 10.2-6　T2 航站楼 B 区出港大厅内外实景

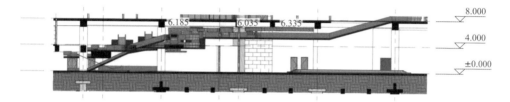

图 10.2-7　T2 航站楼 B 区剖面图

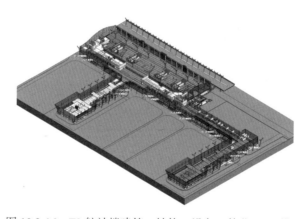

图 10.2-16　T2 航站楼建筑、结构、设备一体化 BIM 模型

图 10.2-17　有粘结预应力梁施工

图 10.2-18　预应力板带施工

图 10.2-19　预应力楼盖跳仓法施工

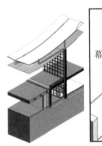
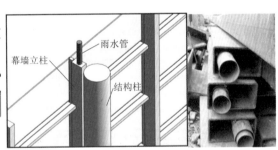

图 10.2-20　雨水管隐入幕墙立柱

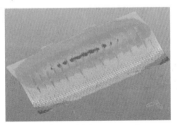
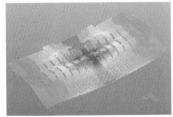

(a) 第 1 阶（$T_1 = 1.146s$）　　　(b) 第 2 阶（$T_2 = 0.938s$）　　　(c) 第 3 阶（$T_3 = 0.839s$）

图 10.2-22　B 区第 1～3 阶振型图（MIDAS Gen 计算）

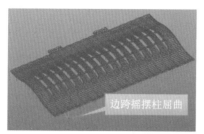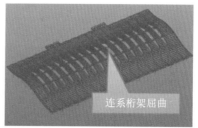

(a) 第 1 阶屈曲模态：$K = 70.28$ (b) 第 2 阶屈曲模态：$K = 85.60$

图 10.2-23   B 区恒荷载 + 满跨活荷载屈曲模态

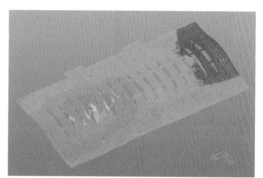

(a) 第 1 阶屈曲模态：$K = 25.89$ (b) 第 2 阶屈曲模态：$K = 26.01$

图 10.2-24   B 区恒荷载 + 上吸风荷载屈曲模态

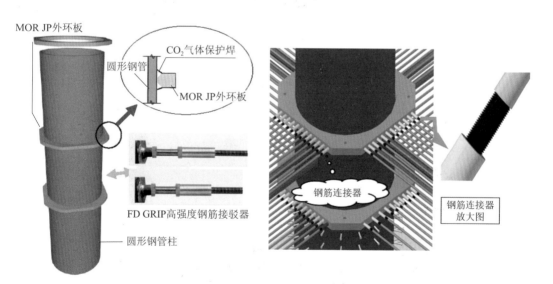

图 10.2-25   钢管柱环板与混凝土梁连接节点

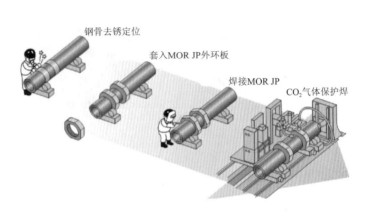

钢骨去锈定位

套入MOR JP外环板

焊接MOR JP

CO_2气体保护焊

图 10.2-26　钢管柱穿筋孔　　　　　　图 10.2-28　外加强环板施工演示

图 10.2-30　钢管柱穿预应力筋及混凝土柱连接节点施工

图 10.2-31　钢管柱吊装与安装施工

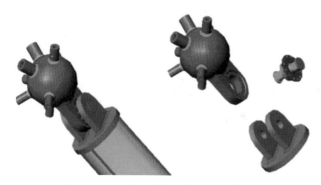

图 10.2-33　向心关节轴承铸钢铰接节点

图 10.2-37　T2 航站楼风洞模型

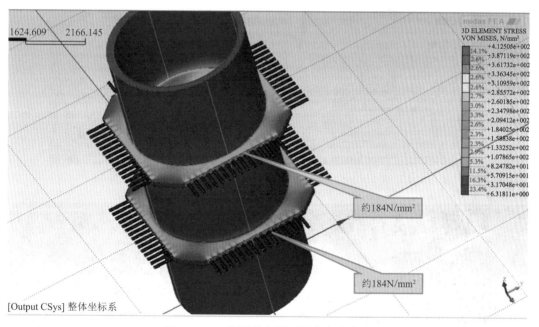

图 10.2-40　钢管柱和外环板节点应力图

图 10.2-42　树枝形柱中部半球铸钢节点 3 倍设计荷载作用下应力云图

图 10.2-44　超深回填及桩基础施工

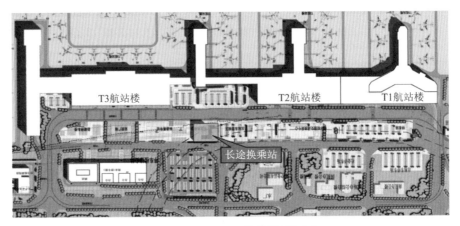

图 10.3-1　T2、T3 航站楼平面图

图 10.3-2　T2、T3 航站楼空侧鸟瞰图

图 10.3-3　T2、T3 航站楼全景图

图 10.3-4 T3 航站楼外观实景

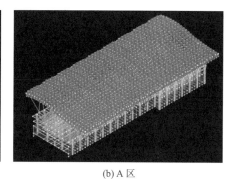

(a) B 区   (b) A 区

图 10.3-6 下部混凝土结构 + 上部钢结构整体模型

图 10.3-11 屋面采光顶   图 10.3-13 T3 航站楼风洞模型

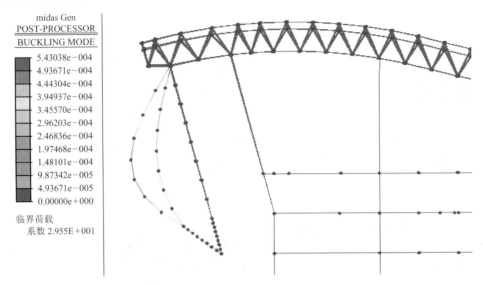

图 10.3-15　A3 区第三阶屈曲模态

图 10.3-16　下部结构分缝两侧柱 X 向位移差时程曲线

图 10.3-17　下部结构分缝两侧柱 Y 向位移差时程曲线

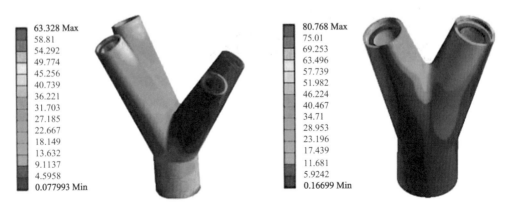

图 10.3-19　铸钢节点应力云图（MPa）

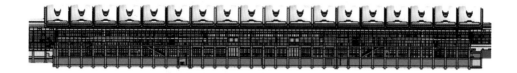

图 10.3-21　B 区整体模型剖面

(a) BIM 三维效果

(b) 现场实际效果

图 10.3-22　管线 BIM 三维效果与现场实际效果对比

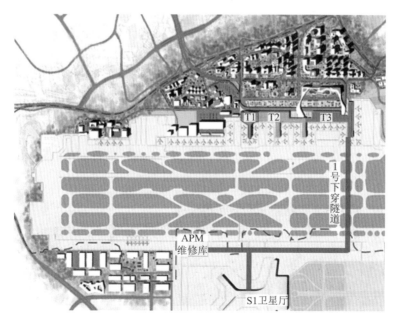

图 10.3-23　APM 捷运系统平面图

图 10.3-24　T3 值机大厅实景

第 11 章　贵阳龙洞堡国际机场 T1 航站楼扩容改造工程

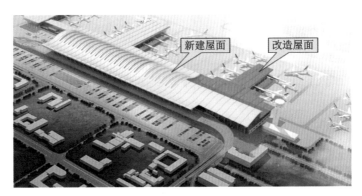

图 11.1-1　T1 航站楼改扩建范围示意

图 11.1-2　改造前的 T1 航站楼（右侧）与已建成的 T2 航站楼（左侧）

图 11.1-3　改造后的 T1 航站楼（右侧）与已建成的 T2 航站楼（左侧）

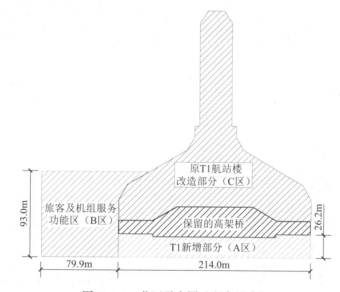

图 11.2-1　分区示意图（室内尺寸）

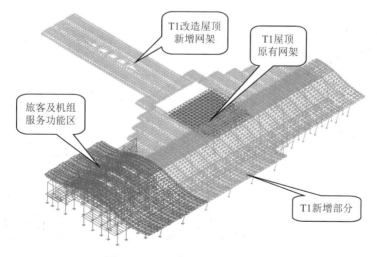

图 11.2-2　T1 航站楼新增钢结构

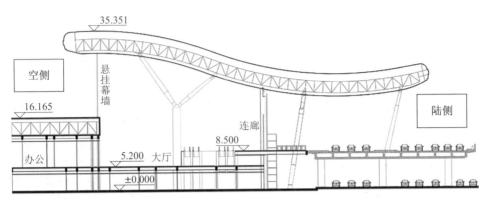

图 11.2-4　1/A 轴悬挂幕墙剖面示意图

图 11.2-5　T1 新增部分室内及悬挂幕墙处室内采光

图 11.3-1　直柱　　　　　图 11.3-2　树枝形柱铸钢节点施工

图 11.3-3　树枝形柱　　　　　　　　　图 11.3-4　Y形柱

图 11.3-6（部分）　　雨水管隐入幕墙立柱

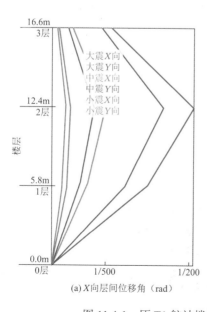
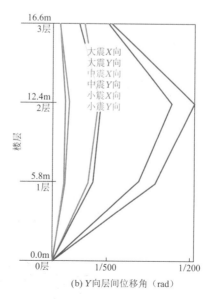

(a) X向层间位移角（rad）　　　　　　　(b) Y向层间位移角（rad）

图 11.4-1　原 T1 航站楼加固后各楼层层间位移角

图 11.4-2　T1 航站楼梁板加固施工

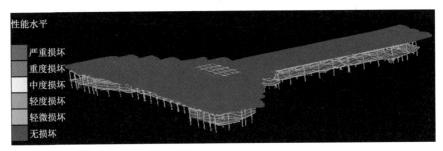

图 11.4-3　原 T1 航站楼加固后大震下各构件性能水平

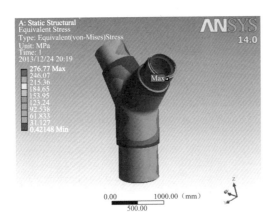

图 11.5-1　Y 形柱铸钢件应力云图

图 11.5-2　树枝形柱铸钢件应力云图

图 11.5-3　旅客及机组服务功能区钢结构施工

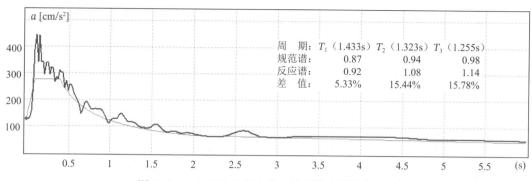

图 11.5-4　A 区地震反应谱、规范谱主周期点对比

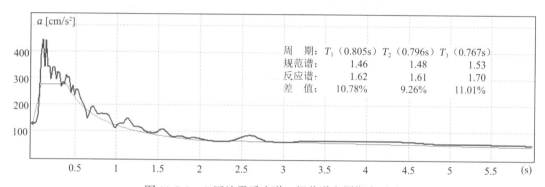

图 11.5-5　C 区地震反应谱、规范谱主周期点对比

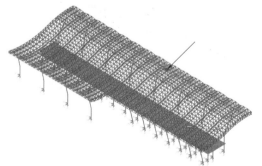

图 11.5-6　A 区 14242 节点

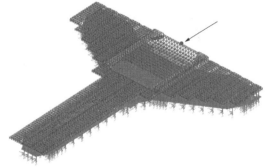

图 11.5-7　C 区 68191 节点

图 11.5-8　悬挂幕墙施工

图 11.6-1 T1 航站楼（图右）与已建成的 T2 航站楼（图左）实景

第 12 章　贵州省人民大会堂配套综合楼结构优化

图 12.1-1　建筑实景 1
（左为综合楼，中为酒店，右为原一期贵州饭店）

图 12.1-2　建筑实景 2

图 12.1-3　建筑实景 3

图 12.1-4　建筑实景 4

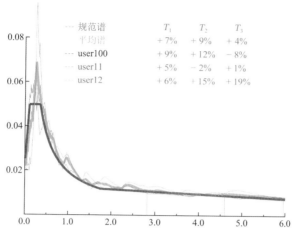

图 12.3-1　各地震波加速度谱与规范反应谱对比

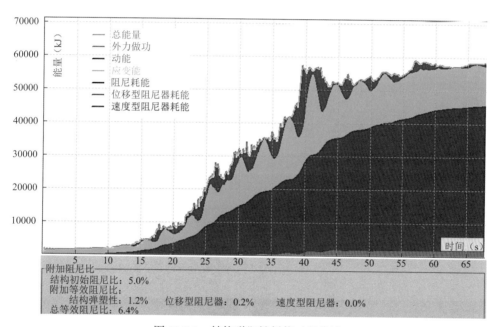

图 12.3-3　结构弹塑性耗能时程曲线

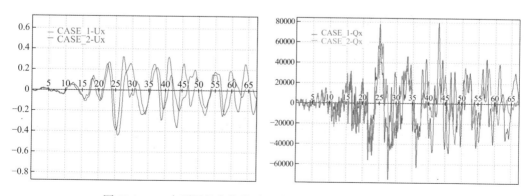

图 12.3-4　X向顶层最大位移时程（左）与基底剪力时程（右）

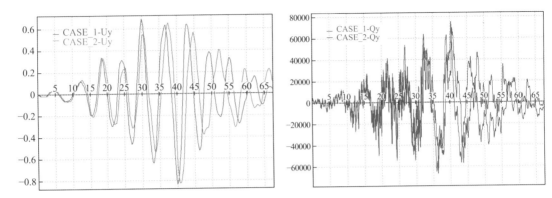

图 12.3-5　Y 向顶层最大位移时程（左）与基底剪力时程（右）

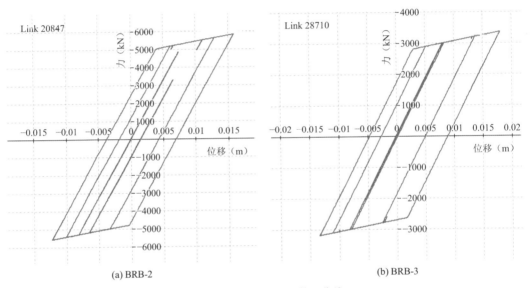

(a) BRB-2　　　　　　　　　　　　　　(b) BRB-3

图 12.3-6　典型 BRB 滞回曲线

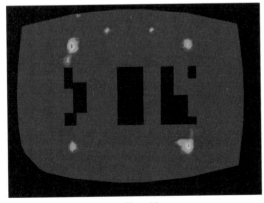

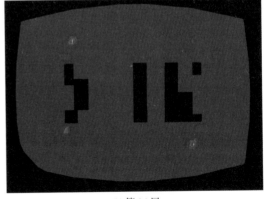

(a) 第 26 层　　　　　　　　　　　　　(b) 第 36 层

图 12.3-7　大震 BRB 支撑楼板损伤

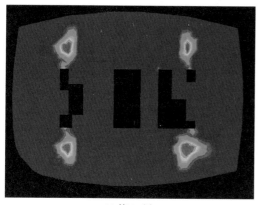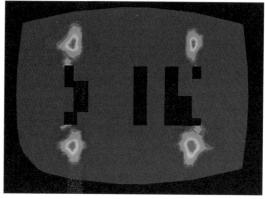

(a) 第 26 层   (b) 第 36 层

图 12.3-8　大震普通支撑楼板损伤

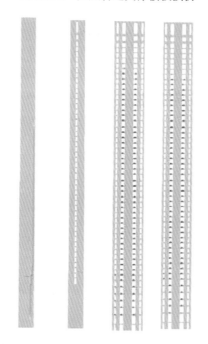

图 12.3-9　大震动力弹塑性分析剪力墙损伤

图 12.3-10　BRB（屈曲约束支撑）实景

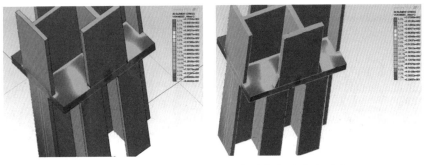

图 12.4-2 型钢变截面处节点不加腋与加腋应力对比

图 12.4-3 型钢柱与混凝土梁牛腿连接　　图 12.4-4 型钢柱与混凝土梁螺纹套筒连接

图 12.4-5 主楼地下室型钢混凝土柱施工　　　图 12.4-6 主体结构施工

第 13 章 贵州省地质博物馆

图 13.1-1 建筑实景

图 13.1-2　建筑鸟瞰

图 13.1-3　结构单体划分示意图

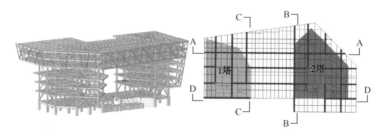

图 13.2-1　单体 1 结构模型及顶层结构平面布置示意图

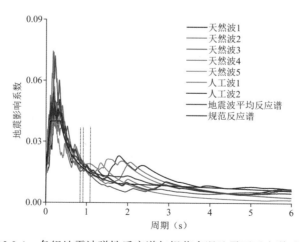

图 13.3-1　各组地震波弹性反应谱与规范多遇地震下反应谱对比图

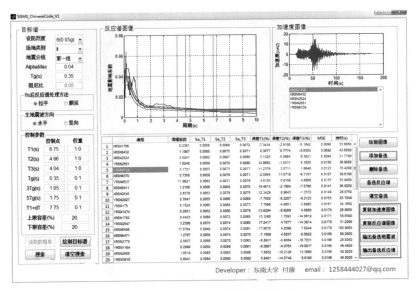

图 13.3-2　PEER 地震波转换程序

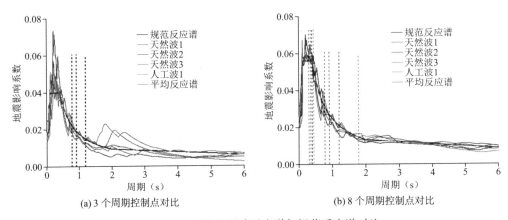

(a) 3 个周期控制点对比　　　　　　　　　(b) 8 个周期控制点对比

图 13.3-3　选取地震波反应谱与规范反应谱对比

图 13.3-4　天然波 1 作用下地下室顶板受压和受拉损伤情况

图 13.3-5　天然波 2 作用下半地下室外墙受压、受拉损伤情况

图 13.3-6　天然波 2 作用下 2 层楼板受压、受拉损伤情况

图 13.3-7　天然波 2 作用下 5 层楼板受压、受拉损伤情况

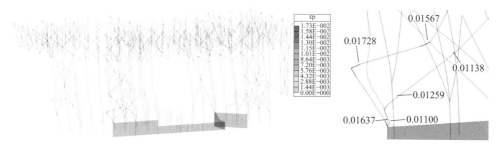

图 13.3-8　钢结构部分塑性应变

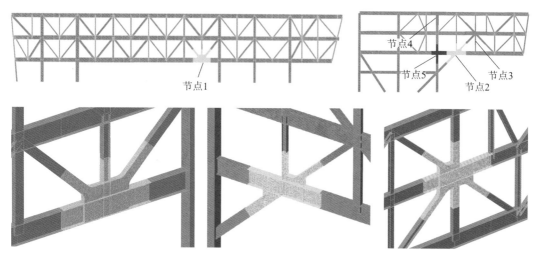

图 13.3-9　关键节点部位及部分多尺度有限元网格模型示意图

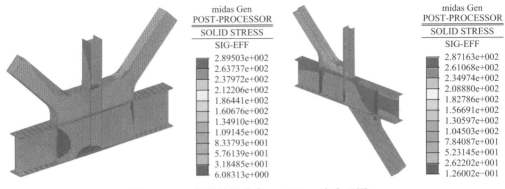

图 13.3-10　部分关键节点 von Mises 应力云图

图 13.3-11　部分关键节点施工现场

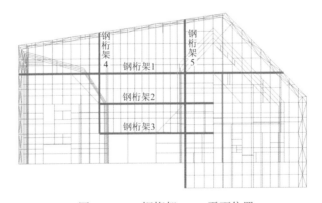

图 13.3-12　钢桁架 1～5 平面位置

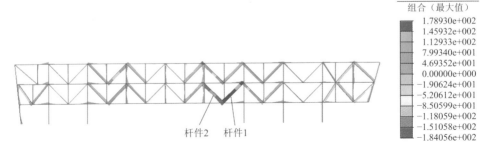

图 13.3-13　钢桁架 1（6～7 层）构件平衡状态应力图

图 13.3-14　钢桁架 1（6～7 层）拆除杆件 1 后单元应力图

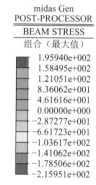

图 13.3-15　钢桁架 1（6～7 层）拆除杆件 2 后单元应力图

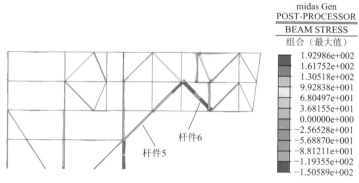

图 13.3-16　钢桁架 4 构件平衡状态应力图

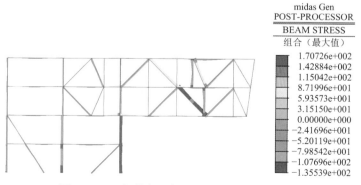

图 13.3-17　钢桁架 4 拆除杆件 5 后单元应力图

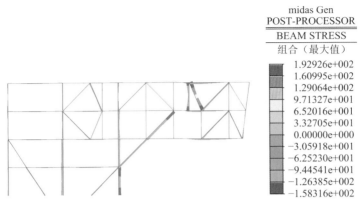

图 13.3-18　钢桁架 4 拆除杆件 6 后单元应力图

(a) 第 1 模态（$f_1 = 2.85$Hz）

(b) 第 2 模态（$f_1 = 3.57$Hz）

(c) 第 3 模态（$f_1 = 3.92$Hz）

(d) 第 4 模态（$f_1 = 4.37$Hz）

(e) 第 5 模态（$f_1 = 4.70$Hz）

(f) 第 6 模态（$f_1 = 5.06$Hz）

图 13.3-19　结构整体模型前 6 阶振型模态

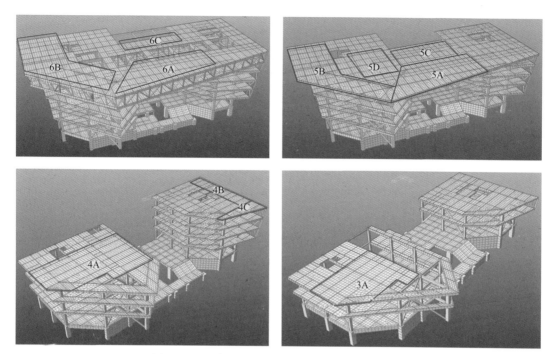

图 13.3-20　各层楼盖舒适度分析区域划分示意图

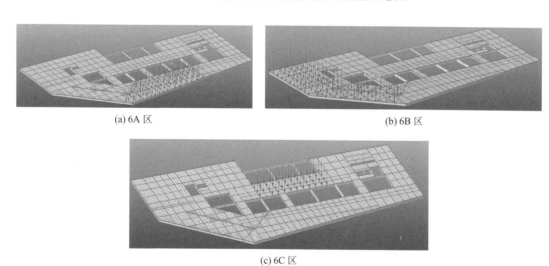

(a) 6A 区　　　　　　　　　　　　　　(b) 6B 区

(c) 6C 区

图 13.3-21　6 层时程荷载输入示意图

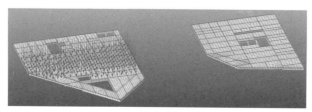

(a) 4A 区

(b) 4B 区

图 13.3-22　4 层时程荷载输入示意图

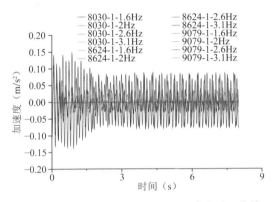

图 13.3-23　4B 区域小部分人原地踏步时程曲线

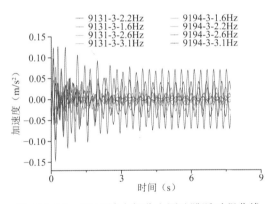

图 13.3-24　4C 区域小部分人原地跳跃时程曲线

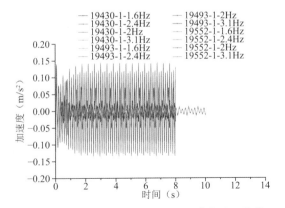

图 13.3-25　6B 区域小部分人原地踏步时程曲线

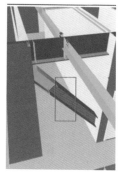

图 13.4-2　全专业 BIM 协同设计模型室内效果及碰撞检查

图 13.4-3　建成后室内支撑体系空间效果

第14章　贵州省图书馆暨贵阳市少儿图书馆

图 14.1-1　建筑实景

图 14.1-2　建筑鸟瞰图

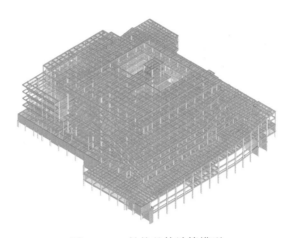

图 14.2-3　结构整体计算模型

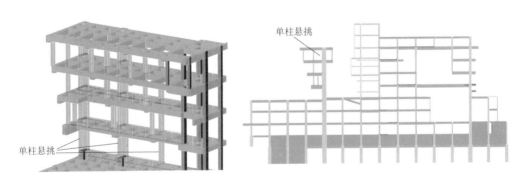

图 14.2-4　局部单柱悬挑部位及结构横向剖面图

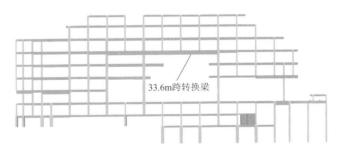

图 14.2-5　结构典型纵向剖面图

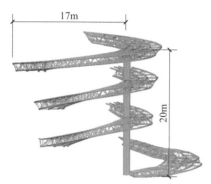

(a) 螺旋交通体结构模型

(b) 与主体结构连接部位

(c) 建成实景

图 14.2-6　螺旋交通体

(a) "书岛"结构模型

(b) 建成实景

图 14.2-7　中庭"书岛"

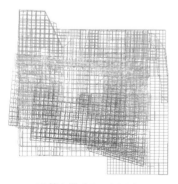

(a) 第 1 阶（$T_1 = 1.37s$）

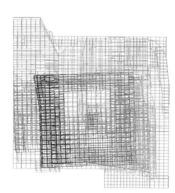

(b) 第 2 阶（$T_2 = 1.29s$）

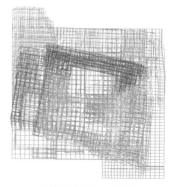

(c) 第 3 阶（$T_3 = 1.09s$）

图 14.3-1　结构前 3 周期振型（SATWE 计算）

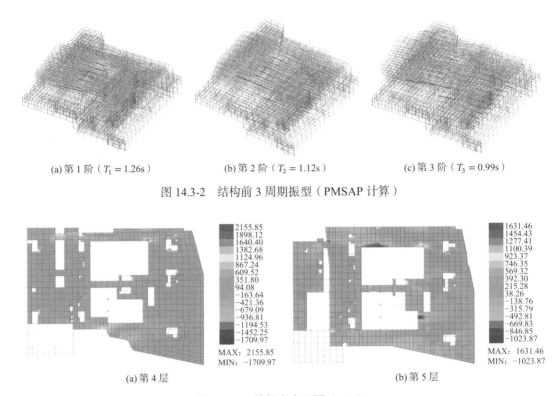

(a) 第 1 阶（$T_1 = 1.26s$）　　(b) 第 2 阶（$T_2 = 1.12s$）　　(c) 第 3 阶（$T_3 = 0.99s$）

图 14.3-2　结构前 3 周期振型（PMSAP 计算）

(a) 第 4 层　　　　　　　　　　　　　　(b) 第 5 层

图 14.3-3　楼板应力云图（kPa）

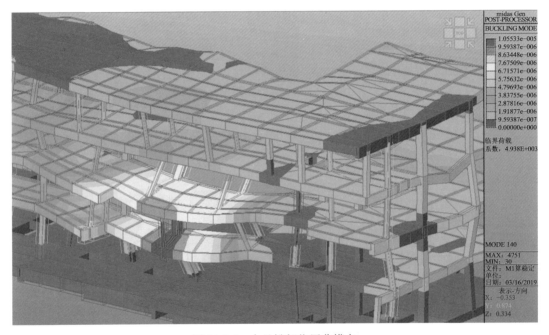

图 14.3-4　大悬挑部位屈曲模态

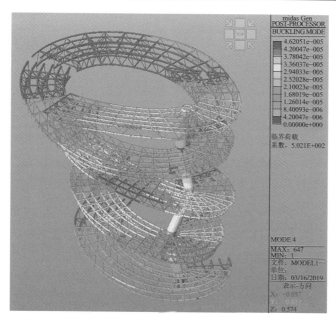

图 14.3-5　钢结构螺旋交通体屈曲模态

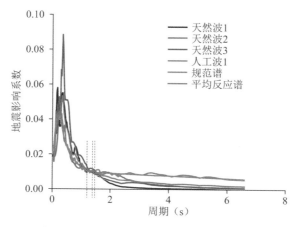

图 14.3-6　各组地震波与规范反应谱对比

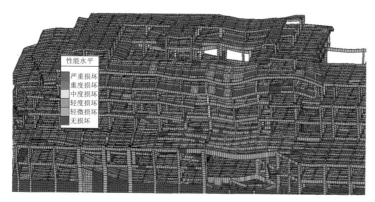

图 14.3-7　关键部位框架性能情况

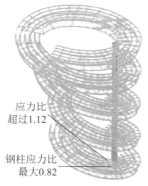

图 14.3-8　螺旋交通体验算

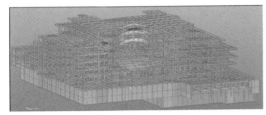

(a) 第 1 阶（$f = 2.89\text{Hz}$）

(b) 第 2 阶（$f = 3.39\text{Hz}$）

(c) 第 3 阶（$f = 3.56\text{Hz}$）

图 14.3-9　结构整体模型 1～3 阶竖向自振模态

(a) 7 层分析区域

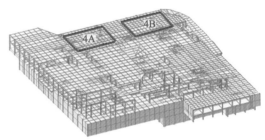

(b) 4 层分析区域

图 14.3-10　楼盖舒适度分析区域

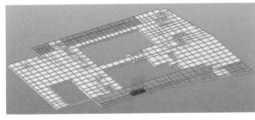

(a) 7A 区

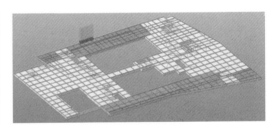

(b) 7B 区

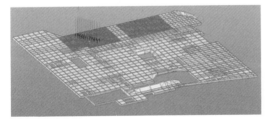

(c) 4A 区

(d) 4B 区

图 14.3-11　各区域时程荷载输入示意图

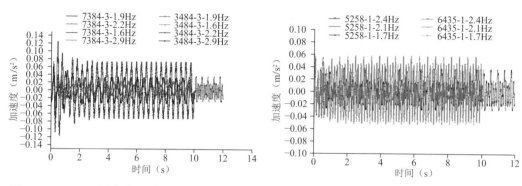

图 14.3-12　7A 区小部分人群原地跳跃时程曲线　　图 14.3-13　7B 区小部分人群原地踏步时程曲线

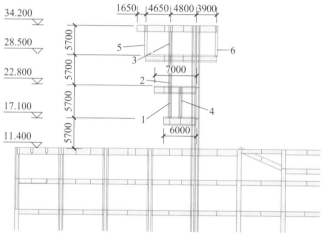

图 14.3-14　单柱悬挑部位杆件编号

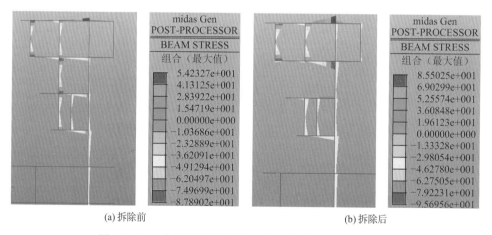

(a) 拆除前　　　　　　　　　　　　　　　　(b) 拆除后

图 14.3-15　单柱悬挑框架拆除杆件 2 前后应力图（MPa）

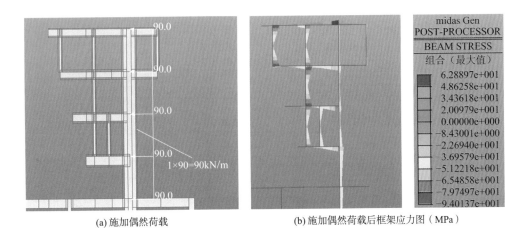

(a) 施加偶然荷载　　　　　　　　　(b) 施加偶然荷载后框架应力图（MPa）

图 14.3-16　型钢混凝土单柱施加偶然荷载验算

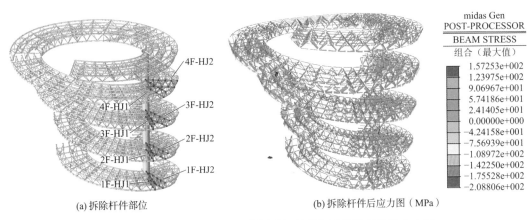

(a) 拆除杆件部位　　　　　　　　　(b) 拆除杆件后应力图（MPa）

图 14.3-17　钢结构螺旋交通体拆除杆件部位及拆除杆件后应力图

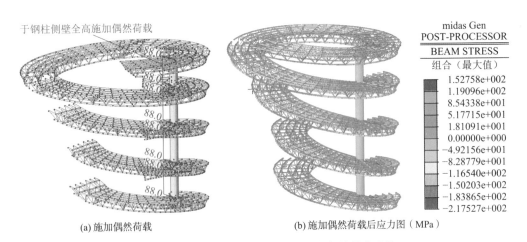

(a) 施加偶然荷载　　　　　　　　　(b) 施加偶然荷载后应力图（MPa）

图 14.3-18　螺旋交通体钢柱施加侧向偶然荷载验算

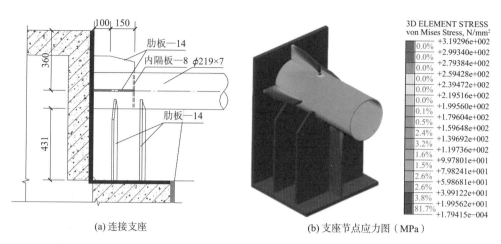

(a) 连接支座 (b) 支座节点应力图（MPa）

图 14.3-19　钢结构螺旋交通体与主体结构连接支座及节点应力图

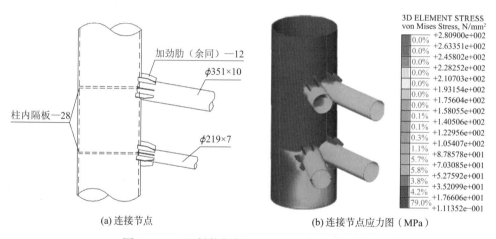

(a) 连接节点 (b) 连接节点应力图（MPa）

图 14.3-20　悬挑桁架与钢柱连接节点及其应力图

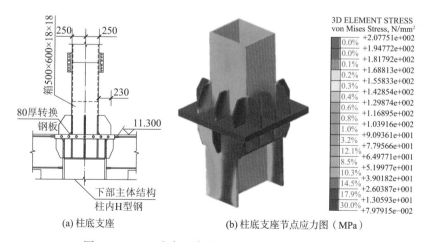

(a) 柱底支座 (b) 柱底支座节点应力图（MPa）

图 14.3-21　"书岛"房中房柱底支座及节点应力图

第15章 凉都体育中心及贵州医科大学体育中心

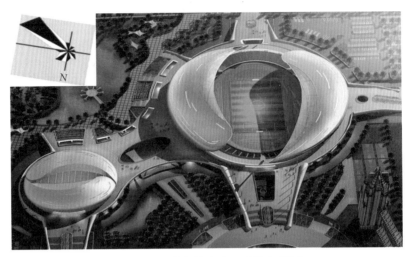

图 15.1-1 凉都体育中心建筑鸟瞰图

图 15.1-2 凉都体育中心建筑立面图

图 15.1-3 凉都体育场实景

图 15.1-4 凉都体育馆实景

(a) 管桁架上部看台混凝土支座

(b) 管桁架弦杆底部支座

图 15.2-4　体育场钢罩棚铸钢支座节点

图 15.2-5　体育场、体育馆风洞试验现场

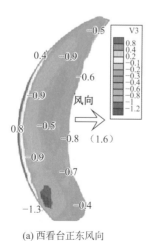
(a) 西看台正东风向

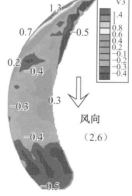
(b) 西看台正南风向

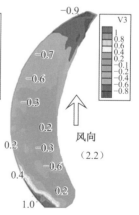
(c) 西看台正北风向

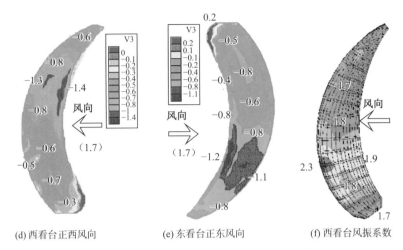

(d) 西看台正西风向　　　(e) 东看台正东风向　　　(f) 西看台风振系数

图 15.2-6　体育场看台体型系数及风振系数

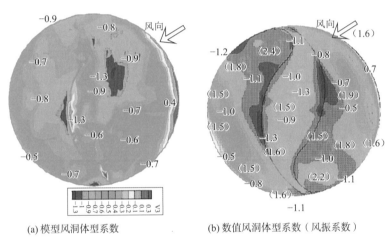

(a) 模型风洞体型系数　　　　　(b) 数值风洞体型系数（风振系数）

图 15.2-7　体育馆体型系数

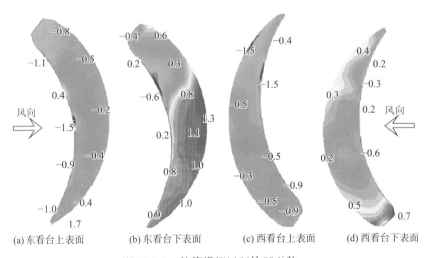

(a) 东看台上表面　　(b) 东看台下表面　　(c) 西看台上表面　　(d) 西看台下表面

图 15.2-9　数值模拟风洞体型系数

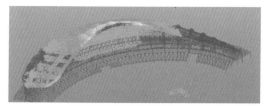

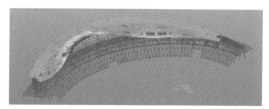

(a) 第 1 阶   (b) 第 2 阶

(c) 第 3 阶   (d) 第 4 阶

图 15.2-11   体育场第 1～4 阶振型

图 15.2-12   体育场第 1 阶屈曲模态

图 15.2-13   体育场第 45 阶屈曲模态

图 15.2-14   体育场第 87 阶屈曲模态

图 15.2-15　体育场第 91 阶屈曲模态

(a) 实体网格模型与整体模型组合　　　　　　　(b) 节点应力图（MPa）

图 15.2-16　体育场罩棚弦杆底部铸钢支座"多尺度法"有限元分析

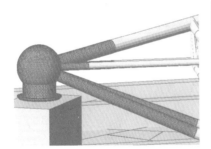

(a) 实体网格模型与整体模型组合　　　　　　　(b) 节点应力图（MPa）

图 15.2-17　体育场罩棚末端铸钢支座"多尺度法"有限元分析

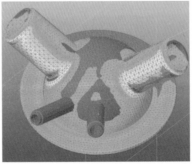

(a) 实体网格模型与整体模型组合　　　　　　　(b) 节点应力图（MPa）

图 15.2-18　体育场罩棚上部铸钢支座"多尺度法"有限元分析

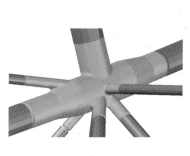
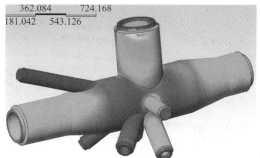

(a) 实体模型与整体模型组合   (b) 节点应力图（MPa）

图 15.2-19　体育场罩棚管桁架复杂铸钢节点"多尺度法"有限元分析

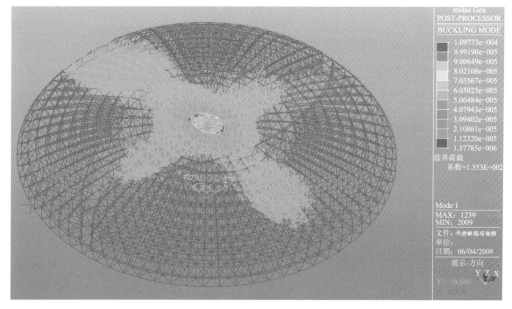

图 15.3-4　第 1 阶屈曲模态

图 15.5-1　贵州医科大学体育中心鸟瞰图

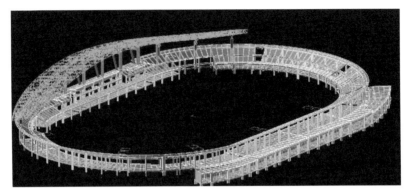

图 15.5-3　体育场结构模型

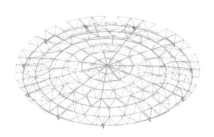

(a) 游泳馆屋盖

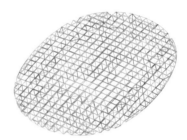

(b) 球类综合训练馆屋盖

图 15.5-4　游泳馆和球类综合训练馆屋盖模型

图 15.5-7　体育场看台支座节点有限元分析

图 15.5-8　体育中心建成后鸟瞰图

第 16 章　黄果树游客集散中心钢结构超限设计

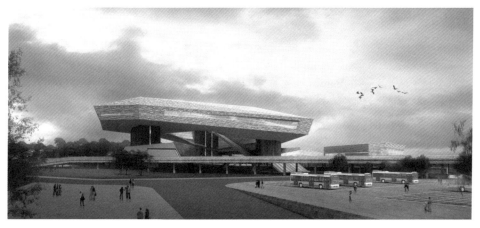

图 16.1-1　建筑效果图

图 16.1-2　钢结构实景

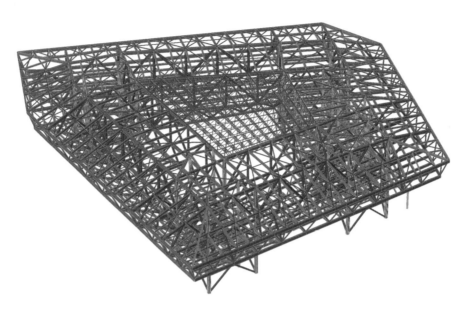

图 16.2-1　钢结构三维模型

图 16.2-2　钢结构模型（立面视角）

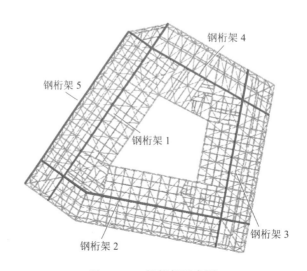

图 16.4-1　钢桁架示意图

图 16.4-6　第 1 阶模态
（$T = 0.3068\text{s}$，$f = 3.26\text{Hz}$）

图 16.4-7　第 2 阶模态
（$T = 0.2740\text{s}$，$f = 3.65\text{Hz}$）

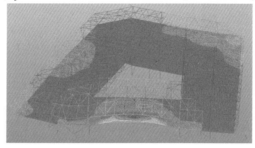

图 16.4-8　第 3 阶模态
（$T = 0.2670\text{s}$，$f = 3.75\text{Hz}$）

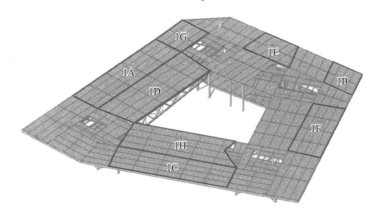

图 16.4-9　楼盖舒适度分析区域

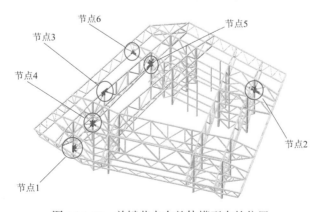

图 16.4-10　关键节点在整体模型中的位置

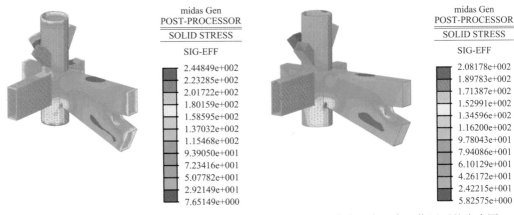

图 16.4-11　节点 5 在组合 1 作用下的应力图　　　　图 16.4-12　节点 5 在组合 2 作用下的应力图
（MPa）　　　　　　　　　　　　　　　　　　（MPa）

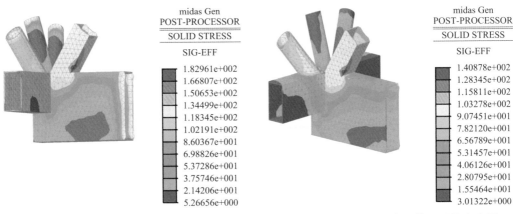

图 16.4-13　节点 6 在组合 1 作用下的应力图　　　　图 16.4-14　节点 6 在组合 2 作用下的应力图
（MPa）　　　　　　　　　　　　　　　　　　（MPa）

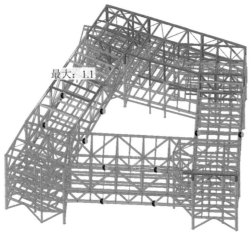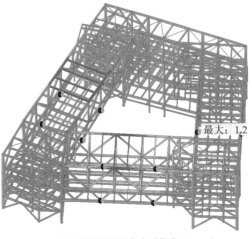

(a) Dx方向变形图（最大水平位移 1.1mm）　　　　　(b) Dy方向变形图（最大水平位移 1.2mm）

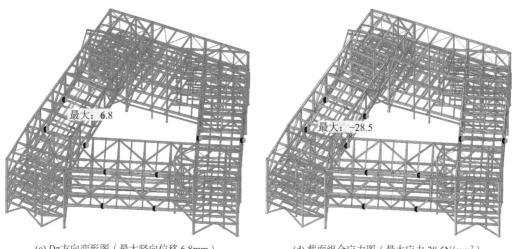

(c) *Dz*方向变形图（最大竖向位移6.8mm）　　　(d) 截面组合应力图（最大应力28.5N/mm²）

图16.4-16　阶段（2）支撑筒结构间大跨度桁架安装

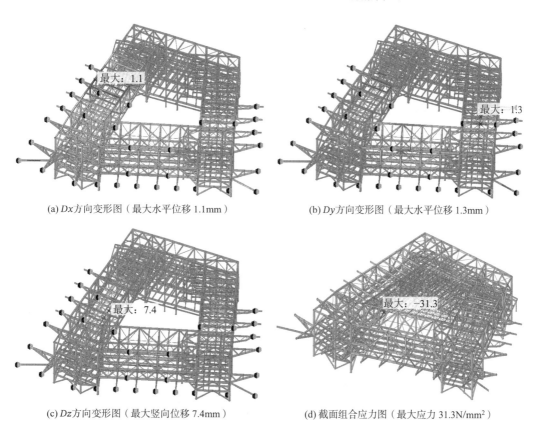

(a) *Dx*方向变形图（最大水平位移1.1mm）　　　(b) *Dy*方向变形图（最大水平位移1.3mm）

(c) *Dz*方向变形图（最大竖向位移7.4mm）　　　(d) 截面组合应力图（最大应力31.3N/mm²）

图16.4-17　阶段（5）2～3层三角悬挑桁架安装

第 17 章　江门市邮电通信枢纽楼

图 17.1-1　建筑实景

图 17.1-2　大堂入口实景